装配式住宅建筑
设计与建造指南

著作权合同登记图字：01-2017-0592 号

图书在版编目（CIP）数据

装配式住宅建筑设计与建造指南：建筑与类型 /（德）菲利普·莫伊泽编著；高喆译 .—北京：中国建筑工业出版社，2019.6

ISBN 978-7-112-23772-2

Ⅰ.①装… Ⅱ.①菲…②高… Ⅲ.①住宅—预制结构—建筑设计—英文②住宅—预制结构—工程施工—英文 Ⅳ.① TU241 ② TU745.5

中国版本图书馆 CIP 数据核字（2019）第 097802 号

Construction and Design Manual Prefabricated Housing, Volume 2: Buildings and Typologies, by Philipp Meuser
All rights reserved, whether the whole or part of the material is concerned, specifically the rights of translation, reprinting, recitation, broadcasting, reproduction on microfilms or in other ways, and storage or processing in data bases.

Original copyright © 2019 DOM publishers, Berlin/Germany
www.dom-publishers.com
Chinese translation copyright © 2019 China Architecture & Building Press

本书由DOM Publishers授权我社翻译出版

责任编辑：姚丹宁　段　宁
责任校对：王　烨

装配式住宅建筑设计与建造指南
——建筑与类型

[德] 菲利普·莫伊泽　　　编著

[德] 尤塔·阿尔布斯
[俄] 阿纳托利·贝洛夫　　参与编写
[俄] 谢尔盖·库兹涅佐娃

高　喆 译

*

中国建筑工业出版社出版、发行（北京海淀三里河路9号）
各地新华书店、建筑书店经销
北京雅盈中佳图文设计公司制版
深圳市泰和精品印刷厂印刷

*

开本：965×1270毫米　1/16　印张：27　字数：719 千字
2019 年 9 月第一版　　2019 年 9 月第一次印刷
定价：398.00 元
ISBN 978-7-112-23772-2
（34053）

版权所有　翻印必究
如有印装质量问题，可寄本社退换
（邮政编码 100037）

装配式住宅建筑设计与建造指南
——建筑与类型

[德] 菲利普·莫伊泽　　编著

[德] 尤塔·阿尔布斯
[俄] 阿纳托利·贝洛夫　　参与编写
[俄] 谢尔盖·库兹涅佐娃

高　喆　译

中国建筑工业出版社

目录

导论
　　装配式住宅建筑基础（菲利普·莫伊泽）……………………6
　　关于装配式住宅质量的讨论
　　（阿纳托利·贝洛夫和谢尔盖·库兹涅佐娃的对话）……………18

装配式建造历史与理论（菲利普·莫伊泽）
　　建筑和建筑类型学 …………………………………… 30
　　装配线上的城市规划 ………………………………… 40
　　从建筑材料到建筑系统 ……………………………… 48
　　1950年以来装配式住宅的里程碑事件 ……………… 80

类型学与设计参数（菲利普·莫伊泽）
　　装配式住宅五个代际 ………………………………… 88
　　建筑设计十个参数 …………………………………… 100

建造技术基础（尤塔·阿尔布斯）
　　建筑结构基础 ………………………………………… 150
　　木结构建造体系 ……………………………………… 160
　　瑞士项目案例 ………………………………………… 170
　　钢构件和钢结构建造体系 …………………………… 173
　　混合材料结构体系 …………………………………… 175

典型建筑案例及建筑体系

1　"SkyVille" 住宅项目
　　WOHA 建筑设计事务所 ……………………………… 186

2　Wellton Park 住宅楼
　　KROST 建筑集团 / A-Proekt.k / buromoscow 建筑设计事务所 … 200

3　"PIK 1" 系列项目
　　PIK 建筑集团 / buromoscow 建筑设计事务所 ……… 216

4　"Grad-1M" 系列项目
　　莫顿建筑集团（Morton）/ DSK Grad 预制构件厂 …… 238

目录

5 "Altyn Shar II" 住宅区
　　GLB 住宅建设联合企业 / SA 建筑师事务所 …………… 262

6 "Brock Commons" 学生宿舍项目
　　Acton Ostry / Hermann Kaufmann 建筑师事务所 …………… 280

7 "DOMRIK" 系列
　　DSK-1 / 里卡多·波菲 /Taller de Arquitectura 建筑师事务所 ……… 292

8 "糖山" 区社会保障住宅项目
　　戴维·阿德贾伊建筑事务所 …………… 312

9 奥运村 N15 公寓
　　格伦·豪厄尔斯建筑师事务所 / 尼尔·麦克劳克林建筑师事务所 …… 326

10 "maxmodu" 建筑系统
　　马克斯博格公司 …………… 342

11 "大卫·拉切贝尔" 住宅区项目
　　巴斯·凯拉拉建筑师事务所 …………… 356

12 湖畔学生公寓
　　ABMP 建筑师事务所 …………… 366

13 "通用设计区" 住宅项目
　　布鲁尔荷顿建筑师事务所 / 考夫曼木结构系统公司 …………… 384

14 "林德斯泰格" 住宅项目
　　Graser 建筑师事务所 …………… 396

15 模块化难民住宅
　　Klebl 公司 /aim 建筑师事务所 …………… 408

附录

索引 …………… 428
专业词汇 …………… 430
编后语 …………… 432

导论
装配式住宅建筑基础

菲利普·莫伊泽

随着全球建筑领域数字化、信息化时代的来临，以及家庭规模和家庭结构的演变，将带来住宅建筑领域的根本性变化。这种变化将会对未来住宅建筑尺度及建筑设计的自由度产生重要影响。因此极简主义风格的小尺度住宅将有可能成为未来住宅建筑发展的方向，混合结构体系，也将成为住宅建筑领域研究的重点。未来住宅建筑的公共空间将根据空间需求单独设计，而标准化的居住单元也应具备系列化预制生产和连续制造的潜力。这种系列化的生产制造不再沿用传统的建造技术，以生产相同规格尺寸，均质化居住单元为目标。未来的住宅建筑的设计建造将不再是单调无趣的"住宅城堡"，随着建筑技术的发展，将根据项目情况进行有针对性的设计，将不会再出现尺寸规格整齐划一的混凝土"大板"建筑形象，这一点在建筑界得到了普遍共识。只有这样，我们才能在工业化预制技术的支持下，设计和建造高品质的住宅建筑。由于生产技术的逐步完善，装配式住宅领域正在经历一场划时代的革命。如果我们的设计实践可以佐证，当今建造活动中大部分建筑构件，都可以采用工业化预制的方式进行标准化生产的话，那么必将带来整个建筑体系的变革。回顾过去，几十年延续至今的"单调无趣"的住宅建筑体系将走向历史。面向未来，曾经由建筑工程师主导的建筑技术发展，将由建筑师以基于人的建筑尺度，采用现代建筑设计语言进行新的诠释。

注：上述内容摘自 2016 年 11 月 29 日在莫斯科举办第十八届国际建筑论坛（水泥、混凝土、干拌料）的发言内容。

当今建筑设计师一旦涉足预制装配式住宅领域，都将不可避免地和建筑工程师的工作产生交集。在建筑工程师的世界里，建筑设计理念会被寡然无味的建筑结构所取代，建筑风格问题会秩序井然的建筑轴网所限制，建筑空间表达也会被预制技术水平所制约，这一切将会导致建筑设计师，在预制装配式建筑领域迷失方向无所适从。对于混凝土"大板"的建筑美学审视和认知，以及将此类建筑类型视为异类或者舶来品的想法，都会导致建筑设计师们倾向于彻底回归到设计建造模式。近几年来，随着建筑领域对于预制装配技术的重新审视，以及新的设计手段和数字化技术的发展，特别随着 DXF（Drawing Interchange Format）和 BIM 技术的成熟，在实现复杂建筑整体设计的同时，避免由于不同设备系统之间的切换导致数据丢失，这些都为预制装配式建筑的"复苏与新生"奠定了基础。当今的工业化制造技术也使得个性化预制构件的设计生产成为现实。

但预制装配式建筑的全面推广与先进建筑技术的应用，需要建筑行业，特别是建筑教育界和建筑设计界共同努力。在建筑师的眼里，采用预制混凝土墙砌筑的多层社会福利住宅的建筑设计项目，并不会被认为是一项有吸引力的设计工作。放眼当今的建筑界和房地产领域媒体，我们可以看到另一番景象，如果哪位建筑师的设计作品想在国际建筑杂志发表并吸引读者眼球的话，通常会被建议采用参数化设计，要么以从未出现的标新立异的建筑造型呈现给读者，要么就要在建筑结构设计方面做到无可复加的极限。然而在 21 世纪前卫建筑设计的讨论中几乎都没有意识到，参数化外立面设计和工业化预制墙体在设计方法上如此接近。在建筑项目开展伊始，两者都需要详尽的节点设计才能确保项目的顺利实施，建筑师必须对所有建筑形式和建筑结构的问题作出决策，以保证所有建筑构件的预制生产，以及在施工现场组装工作的顺利开展。这是一项高度复杂的综合性工作，许多问题在计算机辅助设计的时代比使用墨水和绘图纸的时代更容易解决。鉴于此，我们是否需要重新审视预制装配式

德国维森布隆的阿克曼公司为住宅建筑生产的自由形式的建筑构件

资料来源：菲利普·莫伊泽

导论

装配式住宅建筑基础

2017年，斯诺赫塔建筑事务所在沙特阿拉伯王国宰赫兰市设计的阿卜杜拉阿齐兹国王世界文化中心项目中使用的预制混凝土构件

资料来源：菲利普·莫伊泽

建筑？是否也能采用标准化的技术手段实现参数化复杂建筑造型？是否标准化预制墙板并不像印象中那样单调无聊，令人厌烦？

当我们以更加宽广的视野，深入讨论这个问题：回顾汽车工业一百多年的发展过程中，汽车制造商通过每一款新车型的开发，向使用者展示和推介汽车技术创新发展成果，但人们并不一定会追问，应用这些技术是否会提高驾乘体验或者提高安全系数。将标准化、规模化制造的产品作为独一无二的商品销售出去，这也是汽车制造商的高明所在。既然如此，为什么我们建筑师仍然执念于所有建筑造型都必须和其他建筑不同的观点呢？当我们日常的生活被各种广泛适用的法律法规所约束和规范时，对于最昂贵和最复杂的日常生活载体——住宅，大多数人却奉行了强烈的个人主义，但对于这些人来说，他们可能终其一生也无法拥有一套属于自己的不动产。因此，要改变住宅建筑领域的现状，需要从根本上调整思路，而工业化预制方式的推广或许有助于改变这种状况。

纵观战后欧洲标准化住宅项目的发展历程，或许众多以失败告终的建筑案例，是造成目前住宅建筑现状的原因。也就是说，在过去的几十年间，以标准化建造方式推动的大规模社会住宅项目通常进展不顺利。在德国由政治家们主导并引以为傲的大规模社会住宅项目最终都黯然收场，例如，位于德国科隆的"乔沃勒"项目的失败，以及最终以拆除结束的德国武尔芬市"梅塔城市"项目。以及在巴黎市郊，以工业化预制方式建造的高层建筑及建筑群，逐步演变成了"问题社区"，其内部居民也逐步被边缘化。如果人们一定想找到导致这些"烂摊子"的原因，答案很简单，是结构类型，而不是工业化预制方式！还有就是大多数失败的项目中，平均主义的社会福利入住政策也注定了这种住宅项目难以为继。因此在广大民众的印象中，预制混凝土"大板"建筑成为"失败建筑"的代名词。今天当我们重新面对欧洲预制装配式住宅"复兴"的话题，在深入探讨解决途径时，将无法回避关于"居住方式"、"建筑美学"和"技术适用性"的讨论。

1975年位于德国武尔芬市"梅塔城市"项目建造现场
建筑师：理查德·J·迪特里希
资料来源：德国联邦档案馆/F044364-0027

1982年位于法国巴黎市郊蒙提尼勒布雷通讷的"环湖拱廊"预制住宅项目（Arcades du Lac）

建筑师：里卡多·博菲尔（Ricardo Bofill）

资料来源：让-菲利普·胡格伦

1985年位于法国大诺瓦西市的"巴勃罗毕加索竞技场"预制住宅项目
建筑师:Manuel Nuñez-Yanowsky
资料来源:让-菲利普·胡格伦

导论

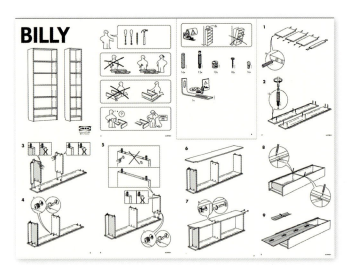

宜家"BILLY"品牌书柜的组装原理和标准化现代住宅的原理一致

设计师：吉利斯·伦德格伦，1978年

资料来源：宜家基金会

柏林市政府推出《经济适用房指南》一书，提到要积极开发适用于扩建和改造的个性化标准建筑模块

资料来源：柏林住房安置机构

从四居室家庭宜居住宅到自由转化的居住空间单元

未来我们将如何居住？现代化数字技术的突飞猛进，正在以前所未有的速度颠覆我们的住房需求。21世纪的住宅世界将不再追求数量而是追求质量。随着欧洲家庭结构的改变以及家庭规模的逐渐缩小，在柏林这样的欧洲大都市中，单身及小型家庭的数量已经超过了传统类型的家庭数量。小型家庭（户）已经成为主流家庭，因此对小型住宅的需求特别高。与此同时，对于小型住宅空间的需求并不代表降低住宅品质的要求。随着移动社交媒体的盛行以及信息化技术的普及，许多人选择了灵活自由的工作和生活方式，在住宅或公寓处理日常工作，成为广大新兴行业从业者的典型工作方式。通常住宅被认为是私密的个人空间，并打上了鲜明的个人生活烙印，而今住宅的居住功能正在逐渐向酒店客房功能转化，成为居住者休憩独处、放松身心的场所。传统意义上的住宅的非居住功能正在逐步弱化，就餐、社交等功能将逐步被公共活动空间所取代。换言之，居住功能的分离与非居住功能的集体化发展此消彼长。

当我们着眼未来数字化的住宅起居方式，那么我们必须首先从日常生活的住宅空间着手。住宅是最小单位面积的私人空间，这种空间的狭窄将通过最大程度的设计来补偿——也就是要达到五星级酒店标准客房的水准。长久以来，我们的日常生活已经被现代艺术和产品设计所倡导的极简主义所引导，但这一点我们可能根本没意识到。Smart微型汽车和瑞典宜家的成功恰恰展示了这种现象。总部设在斯图加特的戴姆勒汽车公司在微型车设计领域遥遥领先，从1994年开始设计开发了一款技术和设计都成熟的Smart双座车，这种汽车通过高质量的产品设计弥补了车内空间狭窄的不足，并将其打造成为移动社会的代名词，它的产品价值和社会影响已经不再是汽车尺寸可以衡量的。

具备高设计水准，同时采用批量化生产模式制造的产

导论

适用于个人家居装饰的系列化工业产品——瑞典家具制造商的产品系列

资料来源：克里斯蒂安·克雷布斯 / 宜家基金会

具有个性化装饰细节的系列化工业产品——Smart 品牌微型车的内饰。

资料来源：戴姆勒汽车公司

13

装配式住宅建筑基础

苏联列宁格勒绵延不断形象单调的住宅建筑群（1977年）
资料来源：RIA Novosti

美国拉斯维加斯各具特色的住宅建筑群（1997年）
资料来源：Michael Valdez / iStock

品无处不在，宜家作为全球知名的家具制造品牌，诠释了这种标准化产品模式。放眼世界，从旧金山到首尔，遍布全球的高品质标准化家具生产与销售网络，通过相同的通信设备进行产品的生产和调度。如果产品网络出现任何沟通问题，这种问题不是由于语言障碍造成的，而是产品系统出现问题。

对于建筑行业，这意味着什么呢？从建筑类型学研究的角度来讲，住宅建筑所具备的私密个人空间属性将逐步弱化，而公共活动属性则逐步加强，未来将从个性化但使用功能单一的传统住宅形式，逐步向配有公共就餐、工作及休闲区域的标准化空间单元过渡。如果将Moissei Ginsburg（苏联解构主义建筑师——译者注）在莫斯科设计建造的"Narkomfin"项目，在当今西方大都市建造并销售的话，这些住宅单元可能会在几分钟内被全部预定。居住在配备标准化家具设施的小空间住宅，使用微型车和共享停车库，正体现了这种生活方式。

长久以来，我们在选择家具和和交通工具时接受并认同了高度标准化的理念，但铺天盖地的广告却在诱导消费者最大限度地实现个性化和设计变化。那么当我们审视住宅建筑，为什么我们会害怕搬进一个标准化平面图的工业化预制住宅呢？

从单调的混凝土板到参数化立面

当我们在标准化和工业化预制率方面,比较和分析五十年前的建筑和当代的建筑,我们将很快意识到,在工业化住宅鼎盛时期的20世纪60年代的标准化程度远远赶不上今天的建筑标准。当然,建筑风格也不像今天这么多元化,这是由于当时的技术手段制约了建筑设计发展。随着近年来计算机辅助设计技术的普及和发展,实现了从建筑草图到施工建造的无缝衔接,也将建筑形式从传统的结构方式中解放出来,越来越多的建筑师用标新立异的设计手法相互超越。

这种现象首先出现在参数化立面设计方面,这需要高精度的设计手段和工业化的制造技术才能实现。建筑行业的发展在不自觉的遵循着"Smart 和宜家"的足迹前进,进行着标准化产品研发,这些产品几乎可以由建筑师以任何方式进行设计和制造。五十年前的建筑行业,只有对同一类型的工业化预制板材进行规模化量产才能得到相应的经济回报,而当今现代化的预制生产系统可以像生产"拼图游戏"的拼图板玩具那样,根据需要进行定制化生产。当然这种个性化的定制是以标准化材料、标准结构体系、标准生产方法为基础的。预制构件的形式在很大程度上仍然由建筑师掌握话语权。就这点来讲,看似平淡无奇混凝土预制板,成为建筑师们自由施展、展示参数化立面设计的舞台。然而,有一点必须强调,这并不意味着可以随心所欲地进行"形式解构",或无视建筑基本原理进行所谓的创新。

因此我们反复强调,要让建筑师战胜对于工业化预制的恐惧,现代化的生产技术意味的不是相同构件的简单上千遍的重复,而是生产建筑师需要的预制构件。简言之,多样性胜过简单重复。

(由克拉丽斯·诺尔斯将俄文翻译为德文。)

参考书目
2004年至今出版

Albus, Jutta, *Prefabrication and Automated Processes in Residential Construction*, Berlin, 2017

Anderson, Mark et al., *Prefab Prototypes. Site-Specific Design for Offsite Construction*, New York, 2007

Bachmann, Hubert et al., *Bauen mit Betonfertigteilen im Hochbau*, Berlin, 2010

Bergdoll, Barry et al., *Home Delivery. Fabricating the Modern Dwelling*, New York, 2008

Davies, Colin, *The Prefabricated Home*, London, 2005

Dörries, Cornelia et al., *Container- und Modulbauten, Entwurfshilfe und Projektsammlung*, Berlin, 2016

Furter, Fabian et al., *Göhner Wohnen. Wachstumseuphorie und Plattenbau*, Baden, 2013

Grundke, Manfred et al., *Modularisierung im Hausbau. Konzepte, Marktpotenziale, Wirtschaftlichkeit*, Munich, 2015

Herbers, Jill, *Prefab Modern*, New York, 2004

Knaack, Ulrich et al., *Systembau. Prinzipien der Konstruktion*, Basel, 2012

Musso, Florian, *Vom Systembau zum Bauen mit System*, Kiel, 2016

Nerdinger, Winfried et al., *Wendepunkte im Bauen. Von der seriellen zur digitalen Architektur*, Munich, 2010

Reas, Casey et al., *Form + Code in Design, Art, and Architecture*, New York, 2010

Sakamoto, Tomoko et al., *From Control to Design. Parametric / Algorithmic Architecture*, Barcelona, 2008

Schein, Markus et al., *Parametrische Flächenmodule*, Norderstedt, 2007

Staib, Gerald et al., *Elemente + Systeme. Modulares Bauen*, Basel / Boston / Berlin, 2008

装配式住宅建筑基础

1957年柏林预制板产品,墙体构件在露天施工现场直接在钢模版内完成浇筑。
资料来源:bpk-images

2017年格勒布齐希市构件厂的预制板产品，通过摆放在钢制操作平台上的个性化定制钢模版完成构件浇筑。

资料来源：菲利普·莫伊泽

关于装配式住宅质量的讨论

阿纳托利·贝洛夫和谢尔盖·库兹涅佐娃的对话

在2007年大约有1450万人生活在欧洲最大的城市莫斯科，这里的人口在过去的几年间增加了五分之一，时至今日，十年后的莫斯科人口规模已达到1700万，人口数量的爆发式增长给住宅市场带来巨大压力。莫斯科市政府于2017年初制定了拆除和新建住宅的城市更新计划。该方案计划拆除约一半五层的"预制大板住宅"，这些住宅是苏联时期第一代预制住宅的典型代表，这其中包括在赫鲁晓夫时代建造的8000栋预制住宅建筑中的4000栋。该计划另一部分是住宅新建计划，对于莫斯科房地产市场产生了重大影响。早在2012年莫斯科城市发展规划中确定了要重点发展城市西南部地区，这一计划将使莫斯科市总面积增加2.4倍。就这点而言，在俄罗斯首都开展如此宏伟的住宅建造计划，工业化预制装配势必会发挥更大的作用。针对目前欧洲最大规模的住宅建造项目，建筑评论家阿纳托利·贝洛夫和莫斯科建筑规划师谢尔盖·库兹涅佐娃之间进行了深入的交流，以下的对话对于深入了解该计划的政策背景、规划设计意图，以及项目实施方案，具有重要的参考价值，而不是简单地从规划指标和建设总量进行简略概述。

注：此对话最初以俄文发表：Anatoly Belov / Irina Kuznetsova: Massovoye Domostroyeniye v Rossii: Istoriya, Kritika, Perspektivy, Moscow, 2017.

阿纳托利·贝洛夫（Anatoly Belov，以下简称 A. B.）：在苏联时期，住宅建筑被作为一种强化意识形态或推动社会变革的工具出现。但随着苏联解体以及市场经济体制在俄罗斯的确立，住宅建筑演化成为可供交易的商品。这种变化对于城市面貌的改观，以及建筑院校的教育并没有较大的影响和改观。对于那些1990~2000年间设计建造的项目而言，虽然建筑设计水平和施工建造质量并不是购房者关心的首要问题，但理论上来讲，房地产开发商应该积极主动地确保相应的建筑质量。为什么这一切并没有发生？这仅仅是因为，无论如何购房者都会购买住宅？这一切在现今有什么变化？您作为建筑师参与了许多建筑项目的设计工作，同时也从2012年开始作为莫斯科市的首席建筑顾问，代表联邦政府处理一些相关事务。您活跃在建筑业的前沿地带，游走于甲乙方之间，对于建筑业的情况应该掌握得最全面，能对上述的情况发表您的见解吗？

谢尔盖·库兹涅佐娃（Sergey Kuznetsov，以下简称 S. K.）：您说得非常对！对于居住空间的质量意识是我们较晚才逐渐形成的。究其原因，这一切源于苏联时期的住宅政策，当时的人们只需要有一个栖身之所，居住空间可以是任何类型和形式。在赫鲁晓夫实施苏联城市规划改革，大力推进建筑领域工业化改造之前，苏联广大人民居住环境非常糟糕，居住在军营，地下掩体……赫鲁晓夫推动的大规模住宅建设计划，突然之间让他们拥有了属于个人的住宅，同时还能有自己的厨房和卫生间。在过去的几十年间，这种"从天而降"的喜悦，掩盖了批量化住宅建设中出现的所有负面因素。当然，即使在苏联解体后，这种幸福的感觉仍然持续了相当长一段时间，这种惯性思维主导了人们的思想。随后人们才开始重新审视这些"简陋的住所"，并把住宅当作有价值固定资产看待。

A. B.：为什么会发生这种情况？

S. K.：因为居民有相当多的事情要去做，以应对现实生活中的困难和挑战，除此之外没有更多的精力将所有的居

位于莫斯科科蒙纳尔卡镇 Mikrorajon Edalgo 某住宅建筑外立面艺术造型
资料来源：KROST

民组织起来，建立相关的委员会，去讨论和他们居住环境相关的议题。

这种形式的组织其实是有必要的，以此来管理和提升他们社区品质和居住环境，他们有权要求社区居民精心打理自己的庭院，或者共同协商如何提升社区基础设施等。但这一切却没有发生，他们似乎更愿意默默承受着这一切，不做改变。这很难去评判，一方面这是很自然的，从较温和的态度上来讲，国家并没有鼓励出现这样的社区环境，因为一旦出现大量相关观点、志同道合的人士联合起来，势必被认为是政府潜在的威胁。另外一方面，社会责任感并不是天生就能具备的，这需要被教育和灌输。近几十年来没有人真正在俄罗斯花费时间和精力考虑这些事，尽管这是政府的一项工作。总而言之，首先必须让政府行动起来，积极改善社区和居民居住环境，同时要求主管机构和居民共同行动起来。政府和社会大众必须建立对话机制。莫斯科近年来，特别是谢尔盖·谢苗诺维奇·索比亚宁成为市长之后（2010年成为莫斯科市长），在这些方面开展了积极的工作。特别是启动了一系列提升和改善莫斯科城市公共空间——街道，公园，广场和庭院等场所的计划。"Portal Aktiver Bürger"活动的兴起，旨在鼓励市民们公开表达他们的意见。政府出台的第305-PP号决议也进一步规定，在莫斯科新的开发建筑项目中，必须遵循更加人性化的设计和建造标准。当然，对莫斯科市政府的批评声音依然很多，这是无法避免的。但这是一件好事，这意味着莫斯科市民感觉到他们的意见正在被倾听，他们能够以某种方式影响政府决策。这种状况在不久之前基本上没有出现过。当然在大多数情况下，许多批评源于缺乏理解和沟通，以及未能正确领会政策意图，这在我看来，也是俄罗斯社会不成熟的表现。我们现在谈论的东西看似偏离了建筑这个主题，但是在没有考虑到所有这些方面的情况下，我们无法解释为什么在苏联时代和后苏联时代，我们的城市始终无法营造舒适的公共环境，即使我们已经为这座城市准备了所有必要资源和条件。

A. B.：如果您不介意的话，我希望重新回到建筑这个主题，重点讨论批量化预制装配式建筑。很少有俄罗斯建筑师否认20世纪50年代由赫鲁晓夫在发起的城市规划改革运动中，对于建筑的定位以及后续俄罗斯建筑的发展，从某种意义上导向了功利主义发展道路。莫斯科政府2015年5月出台的第305-PP号决议可以说为这种"钻进死胡同"的发展方式找到了新的出路。这一决议终结了单调呆板的批量化预制装配式建筑。这一决议是如何出台的？该决议的出台有什么样的背景和动机？您领导的团队在协助决议出台的过程中，是否借鉴了西方或亚洲国家大都市发展经验？或者借鉴了俄罗斯著名的房地产开发企业，例如KROST或Urban Group等的成功经验？

S. K.：对我个人来说，我认为该决议恰恰是政府积极主动扮演社会关系调节者角色的结果。同时也积极制定了相应的规则和标准清单，规定房地产开发企业必须遵守的质量标准。市民们应该注意到，政府正在以负责任的态度，通过行之有效的方式解决住宅与居住问题。市民们期待的正是这种积极主动的行事风格，这些我们刚刚已经谈到。政府正在住宅问题上进行着大刀阔斧的改革，当面积较大的住宅被设计和建造出来，满足家庭生活需要，那么人口出生率也会相应增加。关于这些情况在决议的草案酝酿阶段被反复提及……

A. B.：抱歉打断您一下，但我必须问：这个决议的出台仅仅是莫斯科政府的倡议？或者还有源自其他方面的呼吁或要求？

S. K.：是的，这是政府方面主动提出的。如果这个决议是由广大民众发起的倡议并积极推动的话，我将非常乐意看到，但是我们的市民并不像我们所希望的那样活跃。积极的主要是那些为了批评而批评，以及为了树立个人声誉而批评政府的人。

导论

«Ja zur Platte!» 当俄罗斯政府为新建项目制定质量标准后，掀起了工业化住宅建筑的复兴运动。住宅建筑政策的调整伴随着高质量专业书籍的出版发行

2017年由阿纳托利·贝洛夫和伊莲娜·库兹涅佐娃出版的《集体住宅在俄罗斯——历史，批评与观点》（Massoroye Domostroyeniye v Rossii: Istoriya, kritika, Perspektivg）

资料来源：Yolka Press

《New Standards》第77期（2015年），建筑杂志《Project Russia》专门为俄罗斯住宅建筑提出的新质量标准

资料来源：Project Russia

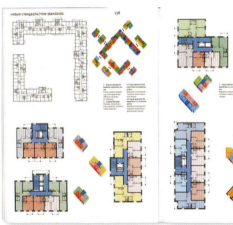

关于装配式住宅质量的讨论

莫斯科市北部泽列诺格勒区的装配式住宅外立面
建筑师：PIK 建筑集团 / Buromoscow
资料来源：丹尼斯·艾萨科夫

我个人认为，详细回忆和描述决议起草过程意义不大，这其中涉及太多的细节，这是一件乏味的事情。但是在决议起草的过程中，我们与建筑企业和房地产开发企业进行的沟通，主要与这些企业的工程师群体进行交流，倾听他们的建议，共同商讨在满足经济技术条件下好的实施建议，同时我们也和许多政府部门进行沟通。我们另一个重要的工作出发点就是遵循市场规则，倾听市场声音。在这一过程中，小型可供出租的住宅，这一需求经常被提及。这一切都与户型优化、标准化、批量化、小尺寸，以及如何最有效合理的利用建筑空间等方面有关系。从我们的角度来看，目前主要问题是大规模建造的住宅已经完全丧失了灵魂。大规模建造的装配式住宅已经变成了单一类型的方盒子和单调呆板外立面组合的产物，成为毫无生活气息又没有精神内涵的空间而已。

A.B.：我想这也是自苏联时代到现在广大住宅的特征。

S.K.：是的，但不管怎样，至少在那个年代一些实验性住宅被创造出来，而且也开展了关于如何提升和改善这种状况的专业讨论，有时会邀请一些非专业人士参与讨论。至少还是有很多的讨论在持续进行。

A.B.：我同意您的观点。这也就是说，要在机械化的生产流程中引入人的因素。

S.K.：是的。那么如何区分好的住宅与差的住宅？毫无疑问，设计水平和室内空间非常重要，但在我看来，这些都是次要因素。我想重要的是，也是居民们会想到的是透过这些住宅的窗户可以看到些什么，也就是住宅周边的居住环境。在纽约曼哈顿或莫斯科特维尔区的小户型住宅将要比莫斯科东部 Birjuljowo 区相同的住宅更有价值，这并不是因为后者设计得不好。

如果住宅的购买者在购置住宅的时候，还能拥有精心设计的庭院，照明效果良好的楼梯间，专属的停车位。不仅能在街角食品和日用品商店便利购物，还能在底层咖啡馆和朋友见面聊天或在那里阅读早报放松身心。那么这座住宅对于潜在购买者来讲将会更有吸引力，它不仅仅是重要的不动产资源，而且会使人和住宅，及其周边环境产生个人情感。住宅的购买者会感觉到他们是周边环境中的参与者和塑造者。我希望我们制定的决议文件，能够帮助居民们克服居住地的距离感和陌生感，同时改变以往居民们的想法，"我只是在这里暂住一段时间，然后，只要有机会我会搬走，最差的情况，无非就在这里终老。"这也就是说，我们要把住宅从人们停留驻足的空间变成人们安居乐业的场所。这一点非常重要，这里的居民要和他周边的环境融为一体。这是我们建筑师受欢迎的原因。

A.B.：这也是在决议条款中对于调整建筑层数，以及改变立面设计等规定背后的原因……

S.K.：是的！这些内容都在决议中提及了，目的在于推定房地产开发企业在进行项目建设的同时积极营造周边环境，使这里的居民和环境深度融合，让住宅的购买者可以骄傲地向其他人介绍"我住在这里！"

A.B.：我想再次回到我的问题，在起草该决议的过程中，是否借鉴了西方国家和亚洲国家的经验，或者只是总结了俄罗斯的经验？

S.K.：当然，这是肯定的。我可以毫不谦虚地说，我作为建筑师的经验与俄罗斯 ROSE 建筑集团的合作被证明是非常有帮助的。当我还在 SPEECH 公司任职的时候，与谢尔盖·卓班一起设计了"森林社区"项目。这份决议里的许多想法和思路，在我们位于莫斯科州的克拉斯诺戈尔斯基区项目中进行了尝试和应用。其中包括离散型排布的建筑群，调整建筑高度、丰富外立面设计、设计和建造居民专属的庭院、实施严格的人车分流等等。

从某种意义上来讲，我认为这个项目是一个新的开始，是一次机会难得的建筑实验。可以说从基础设施建设到设计方案建造，都和项目基地周边的环境进行了很好的融合。

关于装配式住宅质量的讨论

该项目距离莫斯科环城路超过 5 公里，附近也没有地铁站，但住宅售价要比距离莫斯科中心更近，且比有地铁线路的 Pyatnitskoe shosse 附近的住宅售价更高。还有一点就是该项目如此庞大的整体建筑体量，目前在世界上其他国家和地区还没有出现过。因此，谈论我们抄袭或借鉴其他国家和地区经验的说法都是站不住脚的。当然我们也走过很多地方，看了很多相似的项目，但是和我们类似的项目还没有被发现。

A. B.：2015 年我们曾经在同一间办公室讨论过相同的话题，但在当时莫斯科还没有出现一座遵循 305-PP 决议的精髓设计和建造的住宅区。当时我们主要讨论的是，决议的起草以及决议的规定如何在建筑行业推广实施。现在我们可以看到这个决议成果，目前在莫斯科已经有超过 10 个符合该决议精神的居民区建成或正在建造，您如何评价这些结果？

S. K.：这一切都是积极的信号。这些项目能在这么短的时间内按照决议的要求顺利完工，并达到很高的技术标准。通过媒体和自媒体的积极反馈和高度评价，以及相关展览活动的开展，本身就说明问题。试想一下，俄罗斯的预制装配式建筑企业已经变成了一块招牌。过去谁能想到这些也能被出版并做展览？迄今为止，几乎所有的项目都已在俄罗斯的主要建筑展览会，如 Zodchestvo 和 ARCH Moscow 上发布过。当然也在重要的建筑出版物，如 Project Russia 撰文发表。

A. B.：如果我们从经济学的角度来看待这种情况，这种新建筑类型的公寓需求如何？是不是比苏联时代或后苏联时代那些"大板"预制建筑的需求要高？大多数的民众还是会关心价格。

S. K.：很遗憾，我手头上没有相关的统计数据。但有句俗语说"人们获得，他们一直在努力争取的东西"，我想这句话是至理名言。如果断言民众马上转变个人偏好，不再去购买那些"大板"预制建筑，我想这是错误和不负责任的。很多情况下，对新事物的价值评判，需要一定的时间沉淀。但请注意，在这一领域积极参与实践的 PIK 建筑集团最近刚刚收购了 Morton 和 Zentr-Invest 两家房地产企业，这意味着该集团目前处于一个快速发展且经营良好的状态。对我来说，这是创新对企业发展产生积极影响的案例。近段时间以来，我经常听到房地产开发商说他们准备改变，不想在竞争中始终处于下风。这意味着，目前竞争激烈的状况，一旦开始，将不会停止。该决议产生了积极影响，最初我们对我们的想法抱有很大的怀疑，但参与了这场"新游戏规则"的企业发展非常迅速，导致其他企业也纷纷跟进，形成了良性循环。

让我们再次回到您的问题，现在谈论比较具体的指标，探讨显著的技术进步目前为时尚早，但是人们意识的转变是巨大的。我们可以自信地说，所有在莫斯科从事与房地产相关工作的人员，都会或早或晚感受到这场建筑行业现代化变革的浪潮，也都会毫无保留地拥抱这场创新。

A. B.：请允许我提出一个可能让您不愉快的问题。就我个人而言，我很喜欢 PIK 建筑集团建造的住宅建筑，尤其是在 Warshawskoje shosse 和 Jarzewskaja uliza 的项目。与苏联建造的阴森的水泥森林相比，这些项目就像一股清流。但当我重新审视整个街区，由 PIK 建筑集团设计的"五彩缤纷"的住宅建筑时，我在问自己，是不是看起来比苏联时期的住宅区设计规划要好呢？老实说，我一点也不确定。是否可以这样理解，俄罗斯预制装配建筑的基本问题，并不是陈旧的建筑标准和差劲的设计，而是由于没有大型的建筑企业或房地产开发企业在市场上占据主导地位？

S. K.：确实存在这样的问题，当然这也不是俄罗斯特有的。任何商业活动和房地产项目开发，都要追求业绩增加和业务扩张，任何一家公司都希望能垄断市场。前段时间我和柏林市政府前任建设委员会主任汉斯施蒂曼先生谈过类似的话题。他告诉我柏林也是类似的情况，在市场上出现的大

位于莫斯科市西部 Yartsevskaya ulitsa
项目的工业预制住宅的建筑立面
建筑师：PIK 建筑集团 / buromoscow
资料来源：丹尼斯·艾萨科夫

导论

关于装配式住宅质量的讨论

翻转工作平台：位于莫斯科的 ZhBI-6 混凝土工厂中 LSR 系列的屋面板的脱模过程

资料来源：菲利普·莫伊泽

型房地产企业,他们逐利的本性,希望尽可能拿到最大的地块进行开发。尽管开发的项目户型单一,甚至是设计水平不高的住宅,但销售情况却非常好。毫无疑问,当一个城市是由大量的中小型房地产企业开发建设的时候,这是最好的。这会使得城市空间更加多样化,更有趣,更温暖等。但是基于经济发展的规律和现实情况,人们没有办法改变这种情况。我们了解这种状况,因此尝试一条新的途径。我们成立城市规划咨询委员会,和建筑集团以及房地产开发企业进行持续沟通,协助和监督项目顺利实施。您也知道,任何好的想法重复1000次时,它就会贬值……我们的工作就要避免这种情况出现。

莫斯科的新趋势:由LSR建筑集团设计开发的住宅项目,该项目由不同高度的独立住宅建筑单体围合而成的封闭街区。
建筑师:ZhBI-6 Factory / MSR Perspektiva
资料来源:LSR建筑集团

A. B.:这让我想起了俄罗斯建筑杂志的前总编阿列克·谢姆拉托夫的一篇文章,谈到位于Novorizhskoe Shosse的Monolit别墅区项目。他提到,当超过100座新古典主义风格的别墅在250公顷的土地上重复出现时,新古典主义的风格特点将消失殆尽。我引用文章的原话"当别墅失去对于周边环境的驾驭能力和统治能力时,建筑将失去它本身应有的体面角色,沦落为常见的联排普通住宅"。

S. K.:是的,完全正确。总的来说,立面设计的多样性是我们必须努力改进的唯一领域。许多其他方面的困难我们已经克服,这是一场博弈。我们正在设计全新的街区,那里有不同高度的建筑空间,有明亮、通透的,向所有住户开放的首层空间。我们必须向呆板无趣的外立面宣战,我对此非常乐观,我相信我们可以做到。除此之外,目前由LSR建筑集团在SIL工厂旧址上开发的"SILART"项目,在很多方面具有推广意义并得到广泛的赞誉。这无疑是305号决议推广和实施的成果,决议中确定的很多重要原则得到了体现。该项目重新定义了城市街区,充满生活气息的建筑首层空间,变化多样的外立面设计,层数不等的建筑单体,这一切进行了完美融合。我甚至相信,即便在这个街区出现一些设计水平参差不齐的建筑,也不会破坏或者降低整个街区的氛围。因为一旦所有的建筑遵循相同的规划设计原则,就会产生有质量保证的环境。

A. B.:我还有最后一个问题,您觉得现代化改造和引入新的标准和规则,仅仅是临时性的政策还是将持续进行下去?

S. K.:我认为,这只是刚刚开始。这段时间我们正在进行区域规划设计法规的修订工作,这是我们下一步工作的重点。随后将会把我们目前积累的经验在整个俄罗斯联邦推广,我将继续从事相关的工作,这是全新的领域,非常前景。

(由约翰·尼科尔森将俄文翻译为德文。)

2015 年 5 月 21 日莫斯科市政府颁布的第 305-PP 号决议的部分内容：

（莫斯科城市规划和建筑设计规范中，关于多层住宅设计建造若干问题的条款修订，由莫斯科政府预算资助完成。）

1. 适用范围

1.1 根据莫斯科市财政预算制定的，关于多层住宅建筑规划设计和建造实施规定（以下简称《城市规划和建筑设计方案规定》）是依据俄罗斯联邦及莫斯科市相关法律法规编制而成，旨在推动舒适宜居的城市住宅建设发展。

1.2 《城市规划和建筑设计方案规定》的起草中，是依据《俄罗斯联邦城市规划法》及《莫斯科市 2008 年 6 月 25 日第 28 条法令》第 54.13330.2011 条款中，关于"多层住宅建筑"规定（SNIP 31-01-2003 修订版），第 42.13330.2011 条款、第 2.07.01-89 条款中关于"城市规划设计"的规定，以及第 GOST R 54858-2011 条款中关于"城市用地"的规定，修订而成。

1.3 本规定适用于在莫斯科市建造的三层或三层以上的多层住宅（其中包括附属用房、走廊通道、复式／跃层结构建筑、混合功能建筑等）。

1.4 本规定包括了城市规划决策的相关内容，以及首层建筑空间使用规划、建筑层高以及外立面设计的相关规定。

2. 规划设计要求

2.1 关于城市规划和建筑设计要求：

2.1.1 封闭街区的的规划原则，应该保证在封闭街区出现不同建筑类型。

2.1.2 在居民区整体规划和建筑面积配比时，应以充分使用封闭街区的街角空间为前提。

2.1.3 新建住宅在空间布局和室内面积分配时，必须遵循城市规划法规（在技术条件许可的条件下，允许封闭街区布局调整）。

2.1.4 住宅建筑室内空间及面积自由组合，允许在封闭街区出现不同高度楼层和不同的建筑层数。

2.2 与建筑层数相关的建筑组成和面积组织的要求：

2.2.1 在封闭街区内部必须每一楼层住宅平面体现个性化设计。

2.2.2 在封闭街区内部空间，必须在阳台，连廊和外立面等部位存在变化。

2.2.3 居住空间的室内净高不应低于 2.65 米。

2.2.4 住宅内部空间布局应该兼顾室内设计的多样性需求，或允许出现可移动式墙体。

2.2.5 安装空调设备时（中央空调系统的住宅建筑除外），应考虑安装位置和室外空调机组安装的技术要求，应将其放置到建筑外侧设备框中，在进行外立面设计时，需考虑便于安装室外空调机组的开启扇的位置，同时将设备管线在隐蔽位置铺设。

2.3 关于首层空间的设计要求：

2.3.1 住宅建筑的出入口应同时面向临街面和内庭院开放。布置在首层的商业空间仅面向临街面开放。

2.3.2 布置在首层的商业空间或公共活动空间的承重结构设计应灵活设计，以满足首层建筑布局的需要。

2.3.3 对于残障居民应布置相关无障碍设施和进行无障碍改造：

- 同一楼层相同标高，入口和电梯入口之间没有台阶；
- 减小入口大厅和街道的高差（在大的建筑群以及存在显著高差的地方，根据实际情况进行高差处理，在特殊情况下可通过调整建筑高度，土方平衡等调整地形的方式，来改变自然地坪，以创造舒适的出入口空间和建筑前庭）。

2.4 关于外立面的设计要求：

2.4.1 外立面设计应具备多样性和高辨识度的特点，重点关注建筑临街面和内庭院的外立面设计。

2.4.2 当建筑设计中出现室外人行通道时，应增加外立面窗户出挑，塑造建筑整体立体造型。

2.4.3 每一个封闭街区至少出现一个不同的外立面设计（至少有三种不同的材料组合，可以通过纹理、颜色和造型进行区别）。

2.4.4 在建筑较低的楼层应采取更多引入自然采光的措施与（上面的楼层相比）。

2.4.5 在每一座住宅建筑的入口区域采取相应的采光设计。

（此决议可作为当地建筑设计标准使用。）

装配式建造历史与理论

菲利普·莫伊泽

工业化建造方式是工业革命以来开创的全新建造模式，过去近一个世纪，批量化生产的工业化建筑产品，在推动工业化建造方式发展的进程中取得了不少成绩。随着新的预制技术和新型建材的不断诞生，以及同期发生的社会革命和政治改革，也对工业化建造起到了推波助澜的推动作用。作为具有实验性和开创性的建造方式，奠定了1945年以后人类历史上最大型住宅建设项目的基础。特别是在饱受战火蹂躏的欧洲重建时期，和席卷苏联的城市化浪潮中，出现了前所未有的住宅需求。因此，工业化建造方式利用预制建筑产品建造的住宅在满足要求民众对于住宅渴求的同时，也不可避免的沦为冷战时期东西方阵营展现其制度优越性的工具。

本章将围绕1850~1950年间工业化建造的百年发展历程中的经验与教训这个话题展开。

在这一时期内，人类社会的工业化进程比建筑行业的工业化速度要快很多，这是有目共睹的事实。20世纪20年代和40年代后期，由于要在短时间内建造大量的住宅，因此工业化建造方式在这一时期得到了迅速发展，同时也在较短的时间内造成了呆板单调的预制住宅在很多地方出现。同时由于错误的入住政策，导致这些预制住宅成为社会大众关注的焦点问题，从而忽视了工业化技术的发展潜力和预制构件所蕴含的美学意义。今天我们关注"预制装配式建筑的复兴"，当我们重新回顾这段历史，工业化建造方式以及预制装配式建筑的历史和理论，为今天的辩论提供了许多新的论点和论据。

本章内容摘自《预制板美学》这本书，回顾苏联斯大林时期到戈尔巴乔夫时期的住宅建设，该书作者菲利普·莫伊泽，2015年由DOM出版社发行

建筑和建筑类型学

建筑构件的工业化预制历史可以追溯到19世纪中叶。可以说预制技术的出现和发展，是工业化时代，及由此引发的技术革命和产品创新的产物。遵循工业化的发展脉络也导致汽车行业的流水线生产模式直接移植到了第一座预制板工厂。

自工业革命以来，工业化进程推动了城市空间扩张及城市人口暴增，传统的城市形态已经不能适应这一时期城市的发展。1914年之前备受关注的"田园城市"的讨论，旨在反对传统城市发展模式，随后出现了众多的城市发展理论和城市发展模型。就在20年后，关于城市规划理论的讨论，倾向于明确城市功能定位，将居住、工作、娱乐等功能进行分离。第二次世界大战结束后面对满目疮痍的城市，由勒·柯布西耶提出，并在1943年正式出版的《雅典宪章》阐述了城市规划和城市建设的原则，以及对于城市规划、土地利用、交通组织等问题的思考，深刻地影响着战后的城市重建。《雅典宪章》对建筑理论界的影响深远，在建筑史上的地位无与伦比。时至今日，宪章倡导的精神塑造了当今世界城市形态格局，对城市规划领域产生了深远的影响，也造就了无数几何空间结构布局的住宅社区。

另外就是第一次世界大战后在欧洲进行的最低生活水平和贫困线的讨论，对欧洲国家和苏联产生的集体住宅产生重大影响。这一话题引申开来，是关于最小尺度居住空间的讨论，涉及社会文化和政治体系等多层面问题。众所周知，德国和苏联都是欧洲人口最多的国家，两国在近现代发展历史上有着千丝万缕的联系。特别在战后重建阶段，为解决住宅难题，寻找这一重要社会问题的解决方案，为民众提供健康，经济适用的栖息场所，不仅演变成了政治问题，甚至在第二次世界大战后的东西方冷战时期，这个问题被上升到了不同政治阵营彰显政治制度优越性的高度。[1]

---

1 社会主义阵营国家设定的政治目标，在一定的时间内，将住宅问题作为突出的社会矛盾进行解决。民主德国1963年设定的目标是，在1990年为所有的家庭提供新的或改建的住宅。

装配式建造历史与理论

建筑工业化预制生产发端于1851年的伦敦，在为搭建第一届世界博览会场馆而设立的工厂内，进行了大量的预制建筑构件生产。该场馆由建筑师约瑟夫·帕克斯顿设计建造，他在玻璃温室设计方面积累了大量的经验。由于他的设计方案可以在世界博览会开幕之前，以最短的时间完成建造，因此从众多的设计方案中脱颖而出。

第一届世界博览会成功举办之后，位于伦敦海德公园的"水晶宫"被拆卸，移至伦敦南部的西汉姆，并以更大的尺寸重新建造。直到1936年约瑟夫·帕克斯顿设计的这座玻璃和金属结构的"庞然大物"，被誉为工业化预制装配式建筑的代名词。在当时以24×24（平方英尺）为轴网，建造长为560米、宽为137米的巨型建筑是不可想象的事情。[2]

1850年在伦敦水晶宫施工现场安装预制构件
资料来源：康拉德·瓦格斯曼《建筑的转折点》，该书于1959年在威斯巴登出版，第15页

但并不是所有同时代人都对工业预制结构的"水晶宫"表示欢迎。当时英国著名的艺术史学家和社会哲学家约翰·罗斯金，在第一届世界博览会开幕前发表《建筑艺术的七盏明灯》[3]书时提出，除了专业人士以外，"水晶宫"的设计不能被广大民众理解和接受。但"水晶宫"以其卓越的建筑结构，和简洁实用的建筑设计，预示着建筑功能性发展研究的新方向，直到今天，被誉为19世纪现代建筑史发展的源头。[4]

约翰·罗斯金作为英国工艺美术运动的发起人之一，充分意识到"水晶宫"的出现对建筑行业产生的影响。他提醒和警告人们："要警惕建筑和艺术作品丧失其鲜明的个性和特征。"他甚至使用"建筑艺术的欺骗"的说法来表达他的忧虑。他提到："一，虚假结构伪装，通过本不存在的承重柱，就像在哥特晚期的建筑顶部悬挂装饰。二，虚假粉饰，通过建筑表面的涂绘，展现其他材料的特性，而不是它应有的材料特点。（例如：把木材做成大理石花纹状或

伦敦水晶宫的屋顶玻璃的安装过程中，工人们坐在特制的工作车上进行机械化安装
资料来源：康拉德·瓦格斯曼《建筑的转折点》，该书于1959年在威斯巴登出版，第19页

2　摘自恩斯特·沃纳《1851年伦敦水晶宫》一书。该书于1970年在杜塞尔多夫出版。
3　翰·罗斯金的《建筑艺术的七盏明灯》于1849年在伦敦出版。
4　摘自弗里茨·内迈耶《建筑理论的源头》一书，第227-231页。该书于2002年在慕尼黑/柏林/伦敦出版。

采用塑料装饰）。三，应用生铁铸造或机器生产的装饰物。"⁵

柏林著名建筑理论家弗里茨·内迈耶对于约翰·罗斯金这样评价：《建筑艺术的七盏明灯》是对没有灵魂的工业世界的控诉，以及对哥特式建筑的赞美诗，约翰·罗斯金认为建筑应该是展现人性光辉艺术的缩影。⁶

英国人可能没有意识到，这些思想碰撞以及建筑批判，为20世纪初期在德国开展得如火如荼的设计运动，以及涉及技术和设计话题的讨论提供了思想武器。

19世纪下半叶开始，世界格局发生重大变化，最先发生在英国的社会转型，席卷了整个欧洲和北美。工业革命推动了社会经济和工业生产领域的变革，也推动了建筑技术的创新发展。这一时期涌现了大批伟大的科学发明和医学技术突破。人口数量也在这段时间急剧增长，仅在1850~1900年间，世界人口就增加了三分之一。在欧洲新兴的工业城市人口也在迅速膨胀，大批农村居民涌入城市寻找工作机会，但城市却并没有做好各种准备。从1871~1890年，柏林的城市人口从826341人增加到1578794人，20年间增长了将近90%。城市郊区的人口增加得更多，从1890~1910年，381353人增加到1665440人。⁷在这一时期，伦敦和巴黎的人口增长率也同样惊人。在美国，1880~1913年间人口数量翻番，当然这和移民数量的增加有关。

这些工业城市的住宅短缺现象，可以从居住空间最大限度利用，以及高周转率体现出来，甚至需要每隔八小时租用一次睡觉的地方。在工业革命的持续推动下，第一次世界大战前夕，工业发展水平达到新高度。在美国，从1914年1月14日福特公司的第一辆汽车装配线下线以来，汽车工业蓬勃发展。通过不断的技术升级，福特T型车的售价从850美元降至370.8美元。⁸截至1926年福特公司共生产了1500万辆该型号的汽车。福特汽车工厂的高效率及其低成本的生产策略，提升了美国工业界的知名度，也推动了工业制造的普及。经济学界用"福特主义"这一术语，来描述在装配线生产过程中，采用高度专业化的技术，进行大规模标准化生产。⁹福特公司标志性的黑色T型轿车成为20世纪前30年汽车工业美学的先锋。直到大众汽车公司甲壳虫车型问世之前，福特T型轿车的"奇迹"没有被撼动。

随着工业化的进程，关于技术和设计融合的讨论已经在建筑领域展开。1907年德国著名的工业设计师和建筑师彼得·贝伦斯，也是"德意志制造联盟"的重要发起人之一，提出了"工业产品应该是艺术、工业和手工业融合的产物（是功能和审美的统一），要在教育、宣传和讨论中不断提升"的观点，这也是他在"德意志制造联盟"成立大会上的发言主旨，他的观点大胆针砭时弊，振聋发聩，直到今天仍旧有巨大的影响力。¹⁰他所从事的研究和实践，最成功的地方在于影响了一大批现代主义建筑大师，如密斯·凡·德·罗，沃尔特·格罗皮乌斯与勒·柯布西耶等都曾在他的事务所工作和学习。

1910年，彼得·贝伦斯在德国不伦瑞克市，召开的德国电气工程师协会第18届年会发表演讲时，针对艺术与技术的关系，提出了具有前瞻性和指导性的观点。他提出"在没有科学技术发展，以及应用技术转化所驱动的社会发展是不可想象的。尽管从表面上看，我们的时代精神在推动人类文明不断发展，但在我们公共生活中展现的却是，我们被这个时代的文化需求掌控着"¹¹第一次世界大战前，彼得·贝

5　摘自约翰·罗斯金《建筑艺术的七盏明灯》的德文译本第230页。该书翻译者为威廉·谢尔曼于1900年在莱比锡出版，重印于2002年。

6　摘自弗里茨·内迈耶《建筑理论的源头》一书，第226页。[弗里茨·内迈耶（Neumeyer）是国际知名的建筑理论家，目前在柏林工业大学担任建筑理论教授。——译者注]

7　摘自艾尔斯纳·艾克阿特/M·赖因哈特《从繁荣时期的终结到首都重建》一书，第131-135页。关于柏林区域人口增长的数据来源于柏林市统计局2006年第3期简报。

8　摘自亨利·福特《我的生活与工作》一书，该书于1922年在纽约出版。德文译本库尔特·夏辛和玛格丽特·夏辛翻译，并于1923年在莱比锡出版。

9　摘自弗里德里希·冯·古特勒—奥特尔恩菲尔德：《福特主义》一书，关于工业和技术理性部分，该书于1924年在耶拿出版。

10　摘自"德意志制造联盟"研究文献，出版于2008年6月27日。

11　彼得·贝伦斯《艺术和技术》出版于1910年6月2日，第552-555页。

伦斯受到德国电器工业公司（AEG）邀请，领导该公司设计研发工作，他对于工业产品的形式语言进行了深入的研究分析，着重研究了个性化艺术创作和批量化生产的关系，以满足工业化生产需求。在此期间，彼得·贝伦斯对于工业产品设计的理论体系逐渐成熟，他提出"在机器化大生产的时代应尽量避免繁杂的装饰，这不利于在规模化生产过程中，高品位艺术形式的展现，同时也和高艺术品位的追求背道而驰。人们会在丰富的造型语言和简便的机器生产之间无所适从。装饰不应具备过多个人色彩和个人特色，最好装饰是简单的几何造型"。[12] 彼得·贝伦斯非常赞同奥地利建筑师阿道夫·卢斯，此前在他发表的文章中，提到的关于装饰的观点："装饰浪费劳动力，也浪费了健康，它总是这样，但是今天，它也是意味着浪费材料，也就意味着浪费资本"[13] 阿道夫·卢斯也在他的建筑作品中践行着他的设计哲学，位于维也纳米歇尔广场的项目中（建于1909~1911年），他提出在平滑的建筑外立面上减少过度的形式语言，材料本身就是最好的装饰。阿道夫·卢斯关于装饰的观点在当时引起了巨大的争论，舆论的风向在推动工业化造型和标准化生产，与坚持艺术独特性，追求艺术表现力之间左右徘徊。

彼得·贝伦斯的学生沃尔特·格罗皮乌斯在1913年德意志制造联盟年鉴中关于"艺术在工业和贸易"一节中写道："商业界逐渐认识到，工业界的新价值是由有思想和智慧的艺术家的工作创造的。艺术家应被作为顾问对待，艺术家以其卓越的艺术理解力，致力于工业产品艺术造型的创作与艺术水准的提升，同时展示艺术多样性。"[14] 1914年在科隆举办的德意志制造联盟展览期间，沃尔特·格罗皮乌斯再次在年鉴中表达了相同的观点。这一次，他将自己观点聚焦在造型设计合理化上，他提出："深刻透彻地了

底特律福特T型车生产线（1914）
资料来源：福特汽车公司

俄罗斯里加的巴尔特C-24/40型汽车（1910）
资料来源：俄罗斯赫鲁尼契夫国家航天研发中心

12　彼得·贝伦斯《艺术和技术》出版于1910年6月2日，第552-555页。
13　原文见于阿道夫·卢斯《装饰与罪恶》（1908）。本文摘自格卢克·弗朗兹《阿道夫·卢斯》于1962年在维也纳/慕尼黑出版，第282页。
14　沃尔特·格罗皮乌斯《艺术在工业和贸易》发表于1913年德意志制造联盟年鉴，第17-22页。该书于1913年在耶拿出版。

建筑和建筑类型学

解材料，最小限度地占用时间和空间，是现代建筑艺术家们找寻形式语言的先决条件。"[15] 他补充道："每一件建筑作品都应该实现技术条件和艺术形式的协调一致，通过作品展现出来的形式语言和功能特点，都是人类思维和创造力的终极目标，只有具备强大的意志力才能实现两者的和谐统一。"[16] 这次科隆展览平息了，德意志制造联盟内部的意见分歧，比利时建筑师亨利·范·德费尔德和德国建筑师赫尔曼·穆特修斯的观点曾经尖锐对立，他们争议的核心是，身为普鲁士政府官员和建筑师双重身份的赫尔曼·穆特修斯，长期以来致力于住宅类型学的研究和推广宣传工作，他曾撰写了十篇文章，宣传标准化工业构件，以提高普鲁士相关产品出口。而比利时建筑师亨利·范·德费尔德，时任萨克森大公爵创办的魏玛市立工艺美术学校的校长，却极力维护个性化产品的地位。[17] 在公开的讨论中，德国著名的前卫艺术和建筑艺术赞助人卡尔·恩斯特·奥斯特豪斯，发表了他对于标准化的看法，他提到"类型这个词并不是空洞没有实质意义的定义，在德意志制造联盟发起这场讨论中，我们可以看到它清晰的面貌。据我所知，关于建筑类型的思考，源于设计建造工人住宅，解决该群体的居住问题。因此当我们将墙体、门窗、供暖系统等建筑组成部分，进行分门别类的整理归纳时，就能够组成几种基本建筑类型，可以建造工人们负担得起住宅。我们不应该只把眼光局限在传统的住宅形式"[18] 卡尔·恩斯特·奥斯特豪斯本人并非建筑师，但是他对于标准化的见解，以及从标准化的角度，阐述设计和建造标准化工人住宅的表述却非常到位。标准化、合理化的住宅需求与建造成本有着密切联系，正如亨利·福特在汽车行业所推行的那样，通过大批量标准化生产，将价格控制在可负担的范围之内。但随着第一次世界大战的爆发，在建筑和工业设计界关于设计造型和质量问题的讨论戛然而止。

1915年，魏玛市立工艺美术学校的校长亨利·范·德费尔德退休，他推荐沃尔特·格罗皮乌斯作为他的继任者，随后魏玛市立工艺美术学校与魏玛艺术学院实现合并。1919年魏玛共和国成立后，沃尔特·格罗皮乌斯被正式任命为这所合并的新学校——包豪斯建筑学院的校长，这也预示着建筑新时代的开启。对于沃尔特·格罗皮乌斯而言，这所学校为他提供了一个平台，继续推进战前德意志制造同盟的讨论，并不断延伸。他提到："几十年以来人们一直在思索，如何实现艺术、手工业和工业这三者的结合。现在这种局面会慢慢到来，因为连接它们的内在纽带作为艺术创造力的源头已经逐步生根发芽，这一点已得到公认。"[19] 在尚未确定实施细节的情况下，沃尔特·格罗皮乌斯将木结构建筑，确定为1920年的实践研究课题，并宣称："新时代需要新形式。"[20] 1923年工业化预制木结构板，开始在实验性的标准化建筑中得到应用。与此同时，沃尔特·格罗皮乌斯的前同事密斯·凡·德·罗，提出将之前从未使用的建筑材料应用于住宅建造。他提出了引入钢筋混凝土作为住宅建筑的建筑材料的必要性："在应用钢筋混凝土之前，需要对整个建造过程进行最精确的设计和推演，在这方面建筑师们可以从船舶工程师那里进行学习。在砌体结构建筑建造中，如果计划不周，在建筑封顶的情况下，进行供暖系统和其他内部安装改造，很有可能在较短的时间内将尚未建成的房屋变成废墟。这种情况不会在钢筋混凝土建筑中发生，因为只有通过有组织的建造工作才能实现目标。"[21]

---

15 沃尔特·格罗皮乌斯《交通》发表于1914年德意志制造联盟年鉴，第29-32页。该书于1914年在耶拿出版。
16 哈特姆特·鲍勃斯特和克里斯蒂安·塞得里希《沃尔特·格罗皮乌斯》，第59页。
17 摘自罗兰德·冈特《德意志建造同盟及其成员1907-2007》，该书于2009年在诶森出版。
18 摘自安娜·克里斯塔·冯克《卡尔·恩斯特·奥斯特豪斯和赫尔曼·穆特修斯在德意志制造同盟的争论》，该书于1978年在哈根出版。

19 沃尔特·格罗皮乌斯《新建筑—木建筑》，发表于1920年德国《建筑报》第二版，德国木建筑协会副刊。
20 哈特姆特·鲍勃斯特和克里斯蒂安·塞得里希《沃尔特·格罗皮乌斯》，第59页。
21 密斯·凡·德·罗《建造》发表于造型设计杂志1923年9月第二期，第1页。

一方面，密斯·凡·德·罗指出要借鉴造船业钢筋混凝土使用经验，正如著名建筑师埃里希·门德尔松在他的设计爱因斯坦塔项目时，所描述的那样——超过建筑尺度的远洋巨轮的建造活动是现代工业发展的创举，造船业和建筑业存在着诸多关联性。另一方面，密斯·凡·德·罗强调，无论采取现浇还是采取工厂预制的方式，在规划设计阶段都需要对钢筋混凝土结构的材料性能以及建造计划进行详尽的考虑，如果更进一步的话，可以利用钢筋混凝土自由成型的特点，在设计阶段预留配套设备及其相关辅助空间，做到一次成型。

沃尔特·格罗皮乌斯的另外一位同事勒·柯布西耶（原名 Charles-Edouard Jeanneret）也对钢筋混凝土，在住宅建筑及其他类型建筑的应用潜力深信不疑。从今天的角度来看，他应该被称为现代主义的思想家和倡导者。1923 年他将以勒·柯布西耶的笔名，在法国杂志 L'Esprit 上发表的所有文章集结成册出版，这就是著名的《走向新建筑》。在书中他宣扬现代主义是一种几何精神，一种构筑精神与综合精神，提出"房屋是居住的机器"的著名观点。[22]

他预言"在未来的 20 年中，所有的建筑材料将被现代工业分门别类的制造出来，就像冶金行业一样。与建筑相关的结构、供暖、照明、设备以及系统化施工方法将会超出我们目前的知识水平和认知范畴。

建筑施工现场将不再以分离的方式（手工业劳动方式）出现，在那里所有的问题混杂在一起，随着施工进程的不断推进，这些问题将不断累积。施工现场的组织管理工作将会日趋复杂，很多工作需要通过协调沟通来完成，就像常见的行政机构一样。社会组织和金融机构也将参与其中，共同解决住房问题，它们将会以合理有效的方式发挥重要作用。城市和郊区的居民区将以线性和长方形等几何的方式进行规划，不会再出现杂乱无章、四处蔓延的状况。在建造过程中，

1909 年，彼得·贝伦斯在柏林莫阿比特区设计的德国电器工业公司（AEG）涡轮工厂的外观节点

阿道夫·卢斯位于维也纳米歇尔广场的项目（1911）
资料来源：菲利普·莫伊泽

22 勒·柯布西耶《走向新建筑》，第 197 页，该书于 1926 年在柏林／莱比锡出版。

建筑和建筑类型学

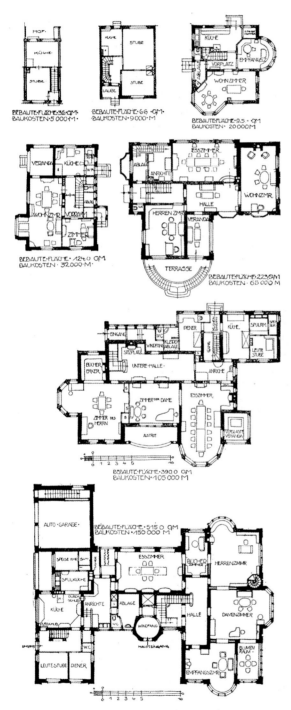

赫尔曼·穆特修斯：房屋的基本形式（1915年）
资料来源：赫尔曼·穆特修斯《我如何建造我的房子》，1917年，慕尼黑出版，pp. 18-19

将允许系列化建筑构件的应用，并实现施工现场的工业化。居民区将在达到一定建筑容量的情况下停止建设活动。"[23] 这也是勒·柯布西耶在彼得·贝伦斯事务所工作期间，一直坚持并不断与他人讨论的核心内容。

1914年勒·柯布西耶研发的"多米诺"住宅系统，是钢筋混凝土结构通过混凝土柱进行支撑的开放式平面系统，从今天的视角来看，这也是一项具有开创性的设计创新。但使用的复合材料并不是新发明的，在建筑施工中的应用还不成熟。1903年世界上第一座钢筋混凝土高层建筑在美国俄亥俄州辛辛那提市完工。这座16层的建筑英格尔斯大厦由美国埃尔兹纳和安德森联合建筑公司设计，在施工过程中使用了滑模施工浇筑法。这一点对于理解勒·柯布西耶研发的"多米诺"住宅系统的创新性和开拓型非常重要，因为埃尔兹纳和安德森联合建筑公司在施工过程中将混凝土作为建筑外墙材料使用，按照勒·柯布西耶的设想，墙体和结构分离，墙体悬挂在建筑结构上不承重，实现了建筑外立面设计最大限度的灵活性。勒·柯布西耶就自己的住宅设计，提出著名的"现代建筑五元素"，对现代主义建筑发展产生了非常深远的影响，成为全世界公认的设计标准。

勒·柯布西耶和他的画家朋友，也是《新精神》（L'Esprit Nouveau）杂志的联合撰稿人的欧珍方（Amédée Ozenfant），敏锐地捕捉现代主义思潮，有意识地将同时代国际现代主义先驱们的思想和主张进行整理，共同造就了20世纪最具影响力的建筑理论刊物。勒·柯布西耶也深知，只有将他的设计和想法公开发表，让公众们更多的了解和认识，才能推动现代主义建筑的长远发展。在他主编的《新精神》杂志上，他撰写了一系列文章，随后汇集为《走向新建筑》一书，这本书也成为现代主义建筑发展史上的经典之作。

长久以来，在建筑领域不断提出的建筑设计和工程技

23　勒·柯布西耶《即将到来的建筑艺术》，第197页，该书于1926年在柏林／莱比锡出版。

术分离讨论，让人回想起第一次世界大战前德国制造同盟的辩论，甚至提到"建筑工程师的任务是结构计算和控制造价（»calculer etéconomiser«）；建筑设计师的任务是设计造型和建筑形式（ordonner etcréer）"[24]。对于这样的言论，勒·柯布西耶用他风趣幽默，且通俗易懂的方式说："房子是生活的机器，扶手椅是一种坐着的机器。"[25] 他作为现代主义建筑的先驱者，认为建筑是现代生活的工具，技术和设计无法割裂，同时驳斥必须从建筑历史和建筑艺术中找寻建筑风格的理论。

1921年，勒·柯布西耶在设计雪铁龙住宅项目时，开始尝试引入工业化预制方法。该项目的命名使人不由自主联想起法国雪铁龙汽车制造厂。勒·柯布西耶是这样解释命名的由来："换句话说，房子就像汽车一样，设计和建造的过程就像生产观光车或者轮船的客舱。今天住宅需求可以被精确地限定，同时可以制定切实可行的解决方案，我们必须和住宅空间浪费做斗争。人们必须把房子作为一个住宿的机器或工具（时间压力＝制造价格）。当你经营一家工厂时，你会购买必要的工具，而当你结婚时，你却必须租住非常糟糕的住宅。"[26]

勒·柯布西耶持续为现代主义建筑摇旗呐喊，"人们不应该为住在一座没有尖顶的住宅，或拥有像金属片一样薄的墙壁，以及与厂房类似的窗户，而感到脸上无光。人们应该为能够拥有一套如同打字机一样精密建造的住宅而自豪。"[27] 勒·柯布西耶的论点很明确：通过发展批量化建筑类型和工业化生产方式，使制造价格和以需求为出发点的住宅建筑相匹配。柯布西耶还提到了在生产过程中应用"泰勒制"科学管理法。这种在短时间和重复性步骤中分解生产的方法，通过设计工作流使生产效率与生产数量最大化。该理论强调了

24　勒·柯布西耶，1926，S XI。
25　勒·柯布西耶《即将到来的建筑艺术》，第75页，该书于1926年在柏林／莱比锡出版。
26　勒·柯布西耶《即将到来的建筑艺术》，第204页，该书于1926年在柏林／莱比锡出版。
27　同上。

位于俄亥俄州辛辛那提市的第一座钢筋混凝土高层建筑（1903年）
资料来源：The Cincinnati Enquirer

建筑和建筑类型学

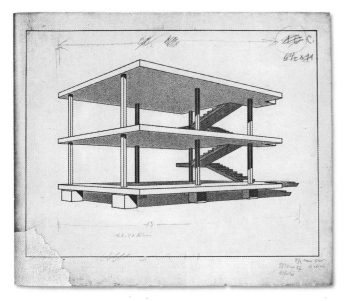

"多米诺"住宅系统：这个缩写是勒·柯布西耶从"多米诺"和"工业化"两个概念组合而成，是他对工业化住宅建筑理想的展现（1914年）

资料来源：勒·柯布西耶基金会

要对设计和建造任务的关系，进行系统性的研究，透过标准化与客观分析的方式，将住宅建造过程中的每一个环节融入规模化工业生产环节，由专业训练的技术人员完成。

当我们回顾这段历史，在20世纪前15年欧洲建筑界关于设计和技术关系的讨论中，彼得·贝伦斯为两者之间的关系确定了基调。曾跟随他学习的密斯·凡·德·罗，沃尔特·格罗皮乌斯与勒·柯布西耶都以自己的方式，从老师的鲜明的态度和经典的理论中受益匪浅。但这三位建筑师都没有将自己局限在满足社会需求的住宅领域。彼得·贝伦斯的学生们在第二次世界大战后，完成了大量城市规划和建筑设计任务，书写了现代主义建筑不朽的篇章，他们的作品包括办公建筑、博物馆建筑，学校建筑和新城规划等等。但在他们早期参与工业化预制和模块化建筑的讨论和研究，对他们随后的职业生涯产生一定影响。特别是勒·柯布西耶模块化建筑类型的研究，影响了战后欧洲和社会主义国家的城市建设，满足了社会需求。勒·柯布西耶的《走向新建筑》，这部具有划时代意义的现代主义建筑理论著作，在全世界范围内广泛流传，他倡导的现代主义建筑五要素为原则的建筑设计也不断涌现。我们选取中亚地区乌兹别克斯坦塔什干市建成的两座住宅建筑为例，让我们简单比较一下这两座建筑和勒·柯布西耶设计的异同。第一个项目是1968年在塔什干市竣工的Z-5住宅区项目，该项目和勒·柯布西耶在波尔多—佩萨克项目的设计思路如出一辙，都是六座两层建筑立方体，以模块化的方式排列组合，形成棋盘状的建筑平面布局。该项目在用地条件相对局促的情况下实现了高密度的建筑设计，而这种大片低层建筑规则排布的场景，出现在从北非到中亚之间广大区域，成为典型新建城市的特有建筑形态。在塔什干市的第二个项目，可以看到该项目建筑师深受勒·柯布西耶理论的影响，建筑师将传统的住宅与户外庭院在高层建筑设计中进行结合，该设计和勒·柯布西耶1922年在别墅区设计空中花园的构思完全一致。

装配式建造历史与理论

勒·柯布西耶：别墅空中花园（1922年）

资料来源：勒·柯布西耶，1926年，p.213

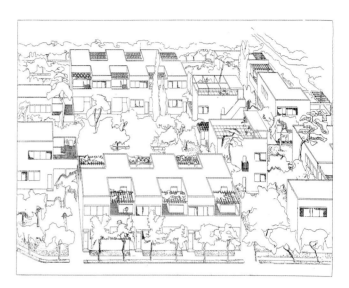

1924年，波尔多佩萨克住宅项目。本图展示了该住宅小区的部分场景，该项目主要建筑材料是水泥。该项目的标准建筑模块都经过精心设计，将不同的标准模块通过各种连接方式进行组合，最终展示出丰富多彩的建筑造型。在这个项目中展示了真正的工业化施工现场

资料来源：勒·柯布西耶，1926年，p.220

建筑师欧蒂塔·埃蒂诺娃设计的塔什干三层花园住宅（1984年）

资料来源：菲利普·莫伊泽

塔什干市C-5住宅区项目

设计：Projektinstitut ZNIIEP schilischtscha，1968年

资料来源：RIA Nowosti

装配线上的城市规划

《雅典宪章》的封面页，原书于1943年出版

西格弗里德·吉迪恩的著作《空间，时间和建筑》（1941年）

勒·柯布西耶始终站在建筑发展潮流的前列，对建筑设计和城市规划的现代化起到了极大的推动作用。他倡导的"现代建筑五要素"为全世界年轻建筑师们指明了前进的道路，同样在城市规划领域，他通过对于工业化产品、汽车工业，以及生产原理与汽车类似的工业化预制住宅的研究，率先提出将工业化思路延伸至城市规划和景观设计领域的设想。通过改造交通体系，完善传统城市中心区的集聚功能，通过提高建筑密度的方法，解决城市拥挤问题，他期望借助技术发展的推动力实现城市新旧空间形式的更替，以及在时间和空间维度上的延续。[28] 1928年，由勒·柯布西耶及其同时代的现代主义建筑的先驱者们，在瑞士洛桑发起并成立的国际建筑师的非政府组织"国际现代建筑协会"（CIAM），标志着现代主义建筑理论在欧洲逐渐成熟，系统化的城市规划思想不断演进，共同推动创建跨越文化体系的城市发展模型。在1929年召开的会议上，讨论了低收入群体的住宅问题，提出"最小生存空间"概念。在1930年第三届CIAM大会上讨论主题，由居住问题转向关注城市规划与城市建筑功能。

在第四届CIAM大会上，选举了由西格弗里德·吉迪恩（Sigfried Giedion），勒·柯布西耶和埃斯特恩（Cornelis van Eesteren）组成的领导层。[29] 这届原定于在苏联首都莫斯科举办的会议改在地中海举办，此次会议期间恰逢勒·柯布西耶为莫斯科消费者合作社中央联盟设计的总部完工。在这次传奇的马赛到雅典的"SS Patris II"号邮轮航程中发表的《雅典宪章》，第一次提出了"功能城市"的理论。[30] "这次

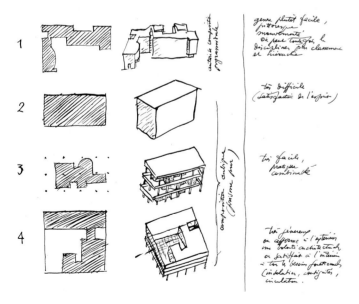

勒·柯布西耶和皮埃尔·让那雷的四幅建筑草图：1、拉罗歇-让纳雷住宅；2、加尔什住宅；3、斯图加特住宅；4、萨伏伊别墅
资料来源：威利·博伊辛格/汉斯·基斯伯格《勒·柯布西耶1910-1965》。该书于1967年在苏黎世出版，p.45

---

28 菲利普·莫伊泽《后工业时代的思想工厂》，从建筑模块到城市建设基石．贝尔恩德·施泰特贝格／安娜路易斯·穆勒：《莱茵河右岸观察》1990-2020年，后工业时代的科隆城市规划和城市建筑。第32-43页，该书于2011年在柏林出版。
29 CIAM大会拒绝苏联方面安排的背景。弗里尔·托马斯《世界革命的叛变》斯大林，勒·柯布西耶和1933年失败的CIAM莫斯科会议，该书预计于2020年在柏林出版。
30 西格弗里德·吉迪恩《空间，时间和建筑》新传统的产生，第421页，该书于1965年在拉芬斯堡出版。

会议主题及讨论的内容，在随后几十年间不仅对现代主义建筑风格产生了深远影响，而且也为建筑评论家们提供了理论基础，为后世的建筑发展提供了参照和启示。在邮轮甲板上的进行的集体讨论，也使得这次传奇的会议在独特的氛围下举行，与会者还一同参观了古希腊建筑遗迹"。[31] 在此次会议结束十年后，彼时已经在国际建筑界声名鹊起的勒·柯布西耶撰文，详细回忆了被当时建筑界忽视的邮船会议。大概也是由于1943年处于德国占领区的法国维希政府，准许出版并宣传《雅典宪章》的理念。因此勒·柯布西耶也曾被贴上政治投机主义的标签，尽管他对城市规划的理解与专制统治者的愿景南辕北辙。[32]

勒·柯布西耶由于在战争期间对待维希政府暧昧的政治态度被后人诟病[33]，但在第二次世界大战后，雅典宪章的内容在欧洲战后重建中得到了足够重视。在1940~1945年间，除了少数城市幸免以外，欧洲几乎所有城市都遭到了战争破坏，遍布战争废墟满目疮痍的大城市，对于城市规划和战后重建的工作量非常巨大[34]，宪章中提出的城市功能分区，将城市活动划分为居住、工作、游憩和交通四大活动，提出城市规划研究的"最基本分类"。

汽车作为欧洲战后主要交通工具在城市规划中扮演了重要作用，在以城市功能分区为指导现代主义规划设计中，虽然解决了城市无序蔓延，野蛮发展的状况，保证了城市居民可以在绿色城市景观环境中生活，但是急剧增加的交通压力，以及在城市扩张过程中对于传统城市结构的破坏，在五六十年代欧洲战后重建过程中逐渐显现。在东欧和亚洲的社会主义国家，这种以交通导向的规划设计思路的弊端，直到20世纪90年代初才逐渐显现出来。1957年在西柏林举办的国际建筑博览会，以"明日之城"为主题，按照现代主义城市规划理论设计建造的层次分明、宽敞绿色的现代主义城区，却被认为是意识形态正确的"美国进口货"，可以行驶汽车的"景观道路"和郊区住宅，成为与欧洲传统城市发展相违背的模式。1941年西格弗里德·吉迪恩在美国出版的《空间，时间和建筑》一书中这样描述："就像从时代精神迸发的创作活力一样，汽车行驶在'景观道路'的意义和美感，不应该从单一的角度去分析和解读，如同人们透过凡尔赛宫的窗口窥探整个花园一样。'景观道路'的美感只有身临其境的人，才能让人强烈地感受到'空间与时间'的流淌，就像我们手握方向盘，以交通规则允许的速度穿行其间，当我们翻过山丘，穿过地道，通过斜坡，驶过桥梁，就能体验到与我们的车轮一样多的感受。"[35] 直到1959年"国际现代建筑协会"解散，西格弗里德·吉迪恩作为秘书长和会议记录者，参加了历次会议。他的规划思想和国际现代建筑协会的首席理论家勒·柯布西耶关于城市和景观的看法并不一致。他认为，"景观道路"不得不止步于城市"庞大坚实的躯体"面前，"景观道路"无法渗透到城市中，因为城市结构正在逐步僵化，举步维艰，逐渐陷入困境。[36] 但这种状况，勒·柯布西耶也并非没有意识到，他提出的垂直花园城市模型就是对于19世纪后期以来逐渐固化的城市结构和建筑形象的大胆创新。[37]

虽然第一次世界大战之前建筑理论界讨论的焦点集中在装饰艺术，工艺美术和工业化等议题，但从1920年开始城市发展的问题成为讨论的重点。几乎与此同时，路德维希·西尔贝斯埃蒙（Ludwig Hilberseimer）和勒·柯布西耶发表了理想化的城市规划设计方案，将该方案命名为三百万人口

---

31 《CIAM4，功能性城市》苏黎世联邦理工学院GTA档案馆与荷兰EFL基金会合作的研究与出版项目，海牙。格雷戈里·哈布施/穆里尔·佩雷斯/艾薇琳·范·勒斯/丹尼尔·莱斯（Hg）.《功能性城市图集》CIAM4与城市分析比较，该书于2014年在苏黎世出版。

32 科恩·让·路易斯《从废墟到维希统治下的法国重建》耶尔恩·杜埃尔/尼尔森·古绍夫（Hg.）《因祸得福—欧洲的战争与城市规划》第130页，该书于2013年在柏林出版。

33 达尔林普尔·西奥多《勒·柯布西耶建造—比战争摧毁更糟糕》发表于2011年11月16日《世界报》。

34 耶尔恩·杜埃尔/尼尔森·古绍夫，2013。

35 西格弗里德·吉迪恩《空间，时间和建筑》新传统的产生，第491页，该书于1965年在拉芬斯堡出版。

36 同上。

37 勒·柯布西耶《城市规划词汇》，该书于1945年在巴黎出版。

装配线上的城市规划

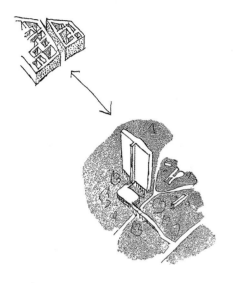

垂直的"花园城市"是将城市规划的传统从军事防御工事的束缚中释放出来

资料来源：勒·柯布西耶《城市规划词汇》，1945年，巴黎

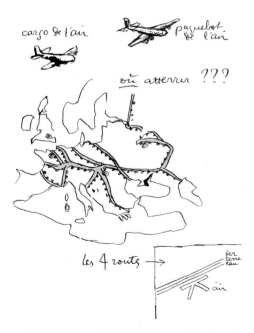

勒·柯布西耶：线性工业城市布局沿着交通干线、轻轨线路以及河流—机场将成为未来的运输线路（1945年）

资料来源：勒·柯布西耶《城市规划词汇》，1945年，巴黎

现代城市。在这个方案中，规则排列的城市建筑群不断延展，最终呈现一座具有现代化几何构图的城市图景。这两位建筑师将他们规划设计建立在对城市发展的憧憬中，却忽视了城市发展的历史现状。

勒·柯布西耶基于相同的理论，提出巴黎老城建设摩天大楼的新方案，同时时期路德维希·西尔贝斯埃蒙在柏林弗里德里希区，也提出了标准建筑高度为六层的城市新区计划。虽然这两个项目都没有得以实现，但对于他们对于未来城市的构想，对20世纪的城市规划理论产生了巨大影响，"在对称的网格状道路系统中，遍布如机器复制般的建筑，冷峻的建筑外表下，个性被建筑群所淹没，塑造了现代主义城市的精神"。[38] 这场关于城市规划的争论，是一场与城市工业化发展相关的深入探讨和分析，其内容不仅涉及规划和设计内容，也关系到城市弱势群体的社会和政治综合解决方案。

在此之前，社会乌托邦主义追求改善城市生活条件并协调城乡发展水平。关于这方面权威的著作是由弗里德里希·恩格斯在1872~1873年间撰写的伦敦贫民窟观察报告，这一系列报告最初发表在《人民国家》杂志上。[39] 这位企业家的儿子恩格斯，在1848年与卡尔·马克思共同撰写了《共产党宣言》[40]，当他把深感震惊的伦敦贫民窟见闻发表之后，得到了德国共产党和工人运动的呼应。他在文中提到，"废除私有住房制度是革命思想的最高成果和宏伟愿望之一，这源自于追求革命理念的决心，也必须成为社会民主首要目标。"[41] 恩格斯跳过了土地私有权问题，勾勒出一个没有阶级的城市作为理论产物。高密度的城市贫民窟是资本主义对产业工人剥削的后果，只有通过城市功能分区进行化解。

---

38 V·M·兰普尼亚尼，《20世纪的城市—愿景、设计、建造》第一册，第297页，该书于2010年在柏林出版。

39 弗里德里希·恩格斯，《住宅问题》，连载于1872年No. 51、52、53、103、104，以及1873年No. 2、3、12、13、15、16的莱比锡《人民国家》杂志。

40 卡尔·马克思和弗里德里希·恩格斯，《共产党宣言》。该书于1848年在伦敦出版。

41 弗里德里希·恩格斯，《住宅问题》，在资本主义社会及其过渡时期，对于住宅问题的基本论点。

与此同时，西班牙交通工程师索里亚·玛塔（Arturo Soria y Mata）吸收了分散式城市发展理念，提出"线性城市"概念，即沿着交通运输线布置聚居区。这种呈线性分布的城市形态模型首先出现在马德里市东部。该区域以交通干道为轴，沿着道路平行布置有轨电车线路，在交通干道左右两侧是纵深 200 米的居住区。其目的是将工业区、农业劳作区、居民区和休闲娱乐区分开，让城市的居民既能享受城市工作生活的便利又不脱离自然。城郊的建筑密度较低，基本不超过两层。由于政府财政问题，虽然在 1892 年规划的 48 公里的"线性城市"项目只完成了 5 公里，但却对现代主义城市规划的发展树立了"样板"。在 20 世纪 40 年代左右，勒·柯布西耶也提出了横贯欧洲大陆的线性居住带，将欧洲大城市连接起来的"索里亚"设计方案。此前在苏联也曾有官员提出类似"线性城市"的设想，并在国际城市规划会议中展示，该方案将工矿企业呈线型排布，并紧邻建设工人居住区，但两者功能相对独立。1930 年任职于苏联人民财政委员会的尼古拉 A·米卢廷（Nikolai A. Miljutin），在他的建筑理论著作《新社会主义城市》（Sozgorod）介绍了马克思主义思想烙印下的城市规划发展和居民生活方式的愿景。[42] 该书对于西方规划设计理念的认可，以及对于线性城市规划理念的推崇，使他被建政不久的苏联定为"潜在的国家公敌"遭到禁言，其著作也被禁止阅读。因为"1932 年开始，所有和苏联斯大林主义建筑原则相违背的作品都会在出版不久下架。"[43] 勒·柯布西耶在莫斯科的第一个项目，消费者合作社中央联盟总部项目竣工以后，他与苏联同事们关于建筑原则的讨论，不仅影响了建筑师们，也影响着周边其他的朋友们，这是苏联当局所不愿看到的。"对于未来城市的规划设计，非建筑师出身的昂尼德·萨布索维奇（Leonid Sabsovich）和米哈伊尔·奥奇托维奇（Michail

---

42 尼古拉·A·米卢廷，《新社会主义城市》，研究社会主义城市规划问题，该书于 1930 年在莫斯科 / 列宁格勒出版。
43 D·赫梅利尼兹基，《尼古拉 A·米卢廷和新社会主义城市》，苏联历史的幕后，该书于 2008 年在柏林出版。

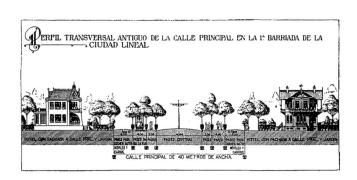

索里亚·玛塔：线性城市规划模型（1902 年），线性城市交通干道道路断面设计（1914 年）

资料来源：Lampugnani, 2010 年, p. 39

勒·柯布西耶："飞机飞往这座城市。这座城市是古老的，腐朽的，可怕的，疾病的，对人是无情的。这一切将要终结，机器文明已经结束"

资料来源：勒·柯布西耶《空气的力量》, 1935 年, 巴黎, p. 100

伊万·伊尔吉切什·列奥尼多夫：带状城市的图片拼接—马格尼托哥尔斯克城市规划，其目标是"建造一座具有影响力的苏维埃飞机工业城市"

资料来源：Sovremennaya Architektura, issue 4/1930, 封二

装配线上的城市规划

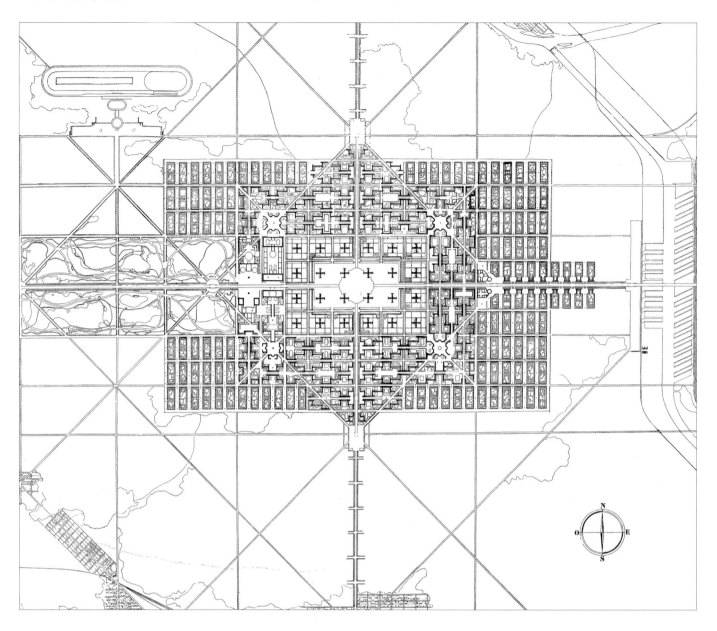

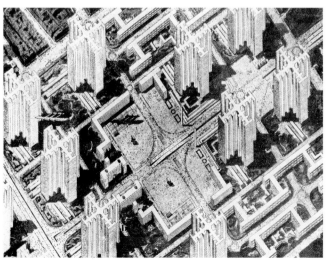

1922年勒·柯布西耶提出"三百万人口现代城市"规划。市中心矗立着24座采用标准建筑平面的高层建筑，能满足50000人办公需求。这些建筑采用十字交叉布局，设计理念源自于工业化建造方式。

资料来源：威利·博伊辛格/汉斯·基斯伯格，1967年，p. 317（上）
路德维希·西尔贝斯埃蒙，1927年，p. 13（左）

装配式建造历史与理论

路得维希·希贝尔塞默：一百万居民的大型城市设计（1922年），采用该理念设计的柏林高层建筑城市（1928年）

资料来源：路德维希·西尔贝斯埃蒙，1927年，p.17（上）；路德维希·西尔贝斯埃蒙，1963，p.23（左）

装配线上的城市规划

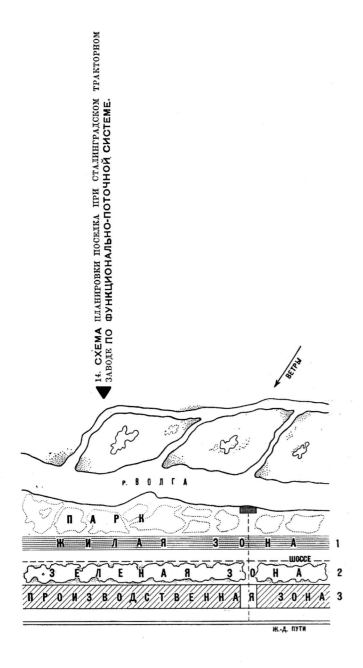

"带状城市"没有起点和终点:OSA 建筑师事务所参照组装流水线系统进行设计的居民区,该项目毗邻斯大林格勒拖拉机工厂(1930 年)

资料来源:Miljutin,1930 年,p.29

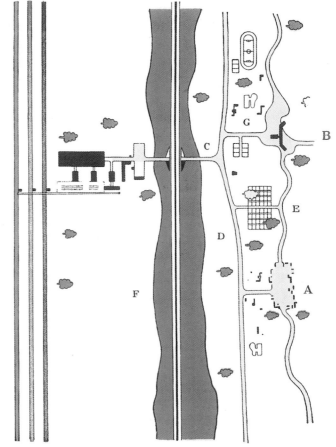

ASCORAL 建筑师联盟设计的工业化带状城市,资料来源于法国 CIAM 组织(1942/1943 年)

A 按照"花园城市"理念水平排布的独栋小型家庭住宅

B 相同住宅户型垂直叠加,形成风格统一的住宅街区和"垂直花园城市"

C 连通工厂和主干道的马路

D 主干道连通住宅区和社区建筑

E 散步的小径和支路(机动车辆禁行)

F 绿化区分隔住宅区和工厂区

G 住宅以外的区域布置公共设施:幼儿园、小学、电影院、图书馆、运动场所满足日常需要(足球、网球等)

资料来源:Boesiger/Girsberger,1967 年,p.337

Ochitovich）在宣传当时流行的柯布西耶风格。"⁴⁴ 社会学家兼经济统计学家萨布索维奇和同为经济学家兼哲学家的奥奇托维奇，曾经针对"城市中心化和去中心化"的议题展开过激烈的争论。"萨布索维奇将城市视为一个边界明确的封闭空间，交通工具在城市内部扮演重要角色，而奥奇托维奇则把现代化交通工具，视作新型社会关系发展手段，改变了将城市作为市民居住地的模式，并最终打破城市边界无限延展。"⁴⁵

一方面，"线性城市"模型以其快速的交通工具为联系，在没有起始点的城市化的过程中，"离心扩散和空间排斥的趋势明显"。⁴⁶ 因而时间维度的重要性凸显出来，缩短去中心化聚居区的空间距离。另一方面，传统城市的发展模式，以城市中心为主导，从中心到外围呈放射状排布。这种传统的方式受到了尼古拉·A·米卢廷在其著作《新社会主义城市》中的严厉批判，最重要的是，他批判的矛头直指莫斯科，这座苏联最大的城市和政治中心。"在我们这个时代，我们不能再延续传统的商业街的模式开展建筑活动，我们城市建设的指导思想也应该摒弃传统的方式。以往典型的建筑模式是以家庭为单位建造的家庭住宅，而城市规划也是以城市历史广场为中心展开，这种城市的典型就是莫斯科。尽管迄今为止在莫斯科城市建设上耗资巨大，但几乎没有任何创新的东西出现，因为我们的建筑活动仍然沿袭莫斯科大公国时代的模式，并围绕着历史悠久的城市广场展开。"⁴⁷

当时在斯大林独裁统治下的苏联，领导人的审美决定一切。斯大林喜欢传统城市规划设计和新古典主义建筑风格。尼古拉 A·米卢廷这些言论自然无法获得政治认同，他的著作从问世那天，就注定要被列为禁书的命运。特别 1931 年莫斯科的斯大林政府效仿四年前举办的日内瓦国际联盟总部建筑设计竞赛，发起了"苏维埃宫"项目建筑竞赛。当年国际联盟总部建筑设计竞赛引起了国际关注，共有来自 25 个国家的建筑师，提交了 378 份设计草案。⁴⁸ 截至 1931 年 12 月，莫斯科举办的"苏维埃宫"项目建筑竞赛共收到 272 份设计方案，其间经过多轮修改，直到 1934 年 2 月份才最终确定建筑设计方案。⁴⁹ 苏联中央委员会于 1932 年发布了"基于社会主义的现实主义"文艺方针，开始了苏联建筑领域新古典主义建筑风格一统天下的局面。"苏维埃宫"项目以建筑师鲍里斯·约凡（Boris Jofan）的方案为基础，最终建筑方案的设计高度超过 400 米，这种将建筑异化为巨型纪念碑的做法，给建筑造型、建筑结构、功能分区等方面带来了很大困难，这也预示着该项目必将难以实现。直到 1954 年赫鲁晓夫执政时期终止该项目建设，"苏维埃宫"成为苏联斯大林主义狂妄自大的最好注释。这一时期，复古潮流占据统治地位，构成主义和其他前卫艺术流派受到打压。在这种氛围影响下，随着 1935 年莫斯科城市总体规划制定完成，关于城市发展模式的讨论戛然而止。尼古拉·A·米卢廷也早已离开政府城市规划委员会主席的职位，他的许多前同事和朋友都成为历次政治运动的拘禁和迫害对象。⁵⁰ 让人唏嘘不已的是，这场始于 20 世纪 20 年代的轰轰烈烈的关于城市与建筑的讨论，在 20 世纪 30 年代中期以诽谤和迫害而告终。"线性城市"描绘的田园城市美景无法撼动彼时纪念碑式的放射型城市的政治地位。

---

44 雅尼娜·乌俄萨瓦，《新莫斯科—影像中的苏维埃城市 1917-1941 年》，第 181 页，该书于 2004 年在科隆出版。

45 雅尼娜·乌俄萨瓦《新莫斯科—影像中的苏维埃城市 1917-1941 年》，第 403 页，该书于 2004 年在科隆出版。

46 同上。

47 D·赫梅利尼兹基《尼古拉·A·米卢廷和新社会主义城市》苏联历史的幕后，第 9 页，该书于 2008 年在柏林出版。

48 日内瓦大学建筑研究所：1927 年日内瓦国际联盟总部设计竞赛。展览目录，第 9 页，1995 年。

49 Tarchanow, Alexej/Kawtaradse, Sergej,《斯大林时代建筑》，第 33 页，该书于 1992 年在慕尼黑出版。

50 米哈伊尔·奥奇托维奇被人告密，于 1935 年被捕，后死于狱中。他是建筑和规划设计专业领域在斯大林执政时期最著名的受害者之一。哈拉尔德·博登莎兹和 克里斯蒂安·普斯特（Hg.），《斯大林阴影下的城市建设》苏联 1929~1935 年——社会主义城市建设的国际探索，第 307 页，该书于 2003 年在柏林出版。

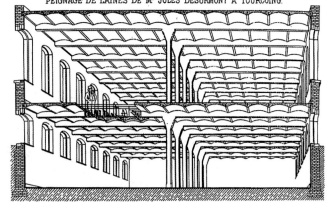

亨尼比克系统：法国土木工程师和钢筋混凝土应用领域的先驱弗朗索瓦·亨尼比克，1904 年发明了预制框架和 T 型梁承重结构系统，并在工业化建筑项目中应用

资料来源：加拿大建筑中心，蒙特利尔

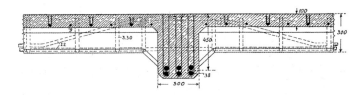

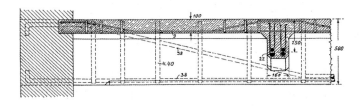

弗朗索瓦·亨尼比克于 1892 年发明的钢筋混凝土复合结构专利

资料来源：德国混凝土工业协会

从建筑材料到建筑系统

除了关于建筑类型、城市功能分区讨论之外，针对小型住宅的辩论是全面了解 20 世纪工业化预制住宅发展历程的第三个重要因素。从今天的角度来看，全部采用预制装配方式完成施工建造过程也是非常困难的。即使库尔特·荣汉斯（Kurt Junghans）在他的代表作《所有人的住宅》（Das Haus für alle）（1994 年）中也没有给出明确结论。然而从历史角度来看，推动预制装配发展最重要的动力来源于军事领域。

1788 年，俄国奥地利土耳其战争期间，约有 20 间移动医院设施被运往多瑙河前线。1790 年，英国舰队甚至运送了一座预制医院到澳大利亚。[51] 但是，预制建筑的研究和广泛应用还没有展开，当时主要为增加部队的机动性，而需要木制的"活动板房"。我们今天所理解的系列化预制建造以及模块化建筑的概念，始于 19 世纪下半叶较晚的时间。它的起源可能在美国、法国或英国，由于早期工业化预制的建筑无迹可寻，因此现在无法考证出确切的起源。但不管是从哪里开始，当时经济社会发展环境和技术条件，都应具备新型建筑材料研究，及大规模生产应用的条件。当我们回顾这段历史，我们可以清晰地分为：材料与施工专利技术研究、建筑系统创新与发展，以及工业化批量生产这三个阶段。可粗略地描述为：工业化第一阶段关注点在基础材料层面，主要是预制混凝土构件、砌块和板坯等材料。随着工业革命的产物——蒸汽机在欧洲广泛普及，使材料生产发生了质的变化。在 19 世纪末和 20 世纪初建筑业创新发明不断，申请专利的数量急剧增加。在这一阶段，工程师们使用铸铁混凝土（后来的钢筋混凝土）可加工制造出任何造型，并能承受压力和张力的建筑构件。通常情况下，这些构件在施工现场临时搭建的作坊内进行，如果构件尺寸便于运输的话，

---

51 库尔特·荣汉斯《所有人的住宅》德国预制建造历史，p. 11，该书于 1994 年在柏林出版。

则在附近的工厂进行加工,再运到工地。这种加工方式一直延续到 20 世纪 50 年代,直到法国工程师雷蒙德·加谬(raymond camus)发明的"大板"技术专利,才真正实现了预制构件的工业化大规模生产。

在英国,随着工业革命的推动,创造发明的数量比欧洲其他国家都多。1755 年,土木工程师约翰·斯米顿(John Smeaton)发现煅烧过的石灰石产生的石灰遇水硬化,是性能良好的建筑材料,在土木工程领域应用范围广泛。30 年后,瓦匠约瑟夫·阿斯平丁(Joseph Aspdin)通过在石灰窑里煅烧白垩和黏土,并将烧结的结块研磨成粉末,获得波兰特水泥专利。十年之后,艾萨克·查尔斯·约翰逊(Isaac Charles Johnson)通过烧结水泥技术显著改善了材料性能。[52] 通过热处理的波特兰水泥,显示了特有的硬度和坚固性,这有助于其迅速占领市场,直到今天仍是最重要的建筑材料之一。

法国的发明家们引领了现代建筑材料的第二次创新革命。约瑟夫-路易斯·兰博特(Joseph-Louis Lambot)是铸铁水泥的发明者,他通过编制的铁网上覆盖水泥、沥青或焦油,以增强结构应力。他最初研究的出发点是为造船厂寻找木材的替代品,以抵御海水侵蚀。约瑟夫-路易斯·兰博特在 1855 年以"Ferciment"的缩写提交了他的专利申请。同一时期,经验丰富的园丁约瑟夫·莫尼尔(Joseph Monier)尝试将铁丝网和水泥结合起来,制成各种造型的花盆和人造石。1867 年他命名的"Monier"的花园容器注册了第一个专利,因此他被誉为钢筋混凝土的发明人被载入史册。时至今日,"Moniereisen"也成为混凝土钢筋的代名词。在约瑟夫·莫尼尔的名下也记录了 20 项与铁和混凝土相关的专利。[53]

布罗迪系统:英国土木工程师约翰·布罗迪 1905 年在伦敦北部的莱奇沃思市,建造了第一座预制装配式住宅。他致力于开发适宜人居住的廉价住宅。

资料来源:史蒂夫·卡德曼

阿特伯里系统:美国建筑师格罗夫纳·阿特伯里从 1902 年开始试验预制钢筋混凝土构件,并在 1918 年纽约长岛"森林山"项目中开始应用。每座住宅由 170 个预制构件组装而成,部分构件的尺寸甚至和层高一致。在工厂预制墙板过程中使用了特殊的墙板模具。在该项目取得成功后,美国人将这套系统输出到欧洲。马丁·瓦格纳将这套技术在柏林弗里德里希斯菲尔德区,施普朗曼项目上进行了应用。

资料来源:《住宅经济》,第三期,1926 年

---

52 弗里德布莱特·肯特-巴考斯卡斯《发展中的混凝土技术》一文收录在德国水泥工业协会编写的《混凝土建筑图集——钢筋混凝土在高层建筑设计中的应用》,第 9 页,该书于 2002 年在巴塞尔、波士顿,柏林出版。
53 雅克·德热纳/伯纳德·玛瑞,《约瑟夫·莫尼尔和钢筋混凝土的诞生》,该书于 2013 年在巴黎出版。

从建筑材料到建筑系统

瓦格纳系统：施普朗曼项目中两层或三层的住宅（1977年），即该项目完工后50年被列为建筑文物保护项目

资料来源：菲利普·莫伊泽

赫克默勒系统：从1923年开始在阿姆斯特丹预制混凝土构件试验。照片展示的是应用50厘米宽条状构件的安装情况

资料来源：国家档案馆/Spaarnestad Photo/Het Leven（SFA004000257）

1927年在柏林弗里德里希斯菲尔德区，由市政建设官员马丁·瓦格纳推动的德国首个预制混凝土板式建筑项目

资料来源：《住宅经济》，第三期，1926年

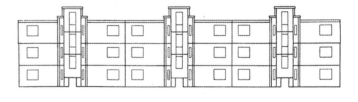

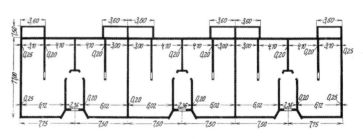

柏林弗里德里希斯菲尔德区三层住宅的立面图和平面图（1926年）

资料来源：库尔特·荣汉斯，《所有人的住宅》，柏林，1994年，p. 121

随着相关专利制造技术的持续发展，逐渐开展组合拼装专利研究，从而构建整个建筑系统。同样来自法国的另一位土木工程结构先驱——弗朗索瓦·亨尼比克（François Hennebique）于1892年将其发明的钢筋混凝土复合结构技术申请专利，并于1904年将其研究的预制框架和钢筋混凝土承重结构施工系统，在工业化建筑项目中进行应用。

然而在工业化预制住宅建筑方面，又是英国人处于领先位置。土木工程师约翰·布罗迪（John Brodie）于1905年，使用预制混凝土建造了一幢两层"埃尔登街"住宅，该项目在伦敦附近莱奇沃思市举办的"低成本住宅展览"中展出，引起轰动。这座小型住宅不仅是一座预制装配式的试验性建筑，而且是约翰·布罗迪对于解决社会住宅问题的尝试。他生活在工业城市利物浦，非常了解居住在贫民窟里的工人阶级对于住宅的需求。他想寻找一种建造模式，可以在他们经济承受范围内，以最短的施工时间，建造牢固耐用的廉价住宅。1979年"埃尔登街"住宅被认定为英国首批钢筋混凝土建筑之一，当然也是世界范围内首批住宅项目之一，被列为英国历史文化保护建筑。在"埃尔登街"住宅问世之前，法国人托尼·加尼埃（Tony Garniers）为适应城市大工业发展需求，提出了"工业化城市"规划方案（1901~1904），引发了人们对于工业化城市住宅建筑的讨论。约翰·布罗迪或许是借鉴了，法国乌托邦式的城市规划方案中两层工人住宅的建筑形象。

与1900年前后钢筋混凝土结构在工业建筑中应用的意义相当的是，20年后美国建筑师格罗夫诺·阿特伯里（Grosvenor Atterbury）在他的住宅建筑中也开始应用钢筋混凝土结构，并试验预制钢筋混凝土构件。1918年，在他设计的纽约长岛的"森林山"项目中，标准住宅由170个预制构件组装而成，部分构件的尺寸甚至和层高一致。在墙板的预制过程中使用了特殊的建筑模板。在该项目取得成功后，美国人将这套预制钢筋混凝土系统传到了欧洲，最初在荷兰以"Bron"的名字命名专利名称，并在阿姆斯特丹的"混凝土定居点"项目中使用[54]，在此之后，马丁·瓦格纳将这套技术引入德国，以"Occident"的名字作为许可证注册名称，获得了在柏林弗里德里希斯菲尔德区，施普朗曼项目的应用机会。[55] 马丁·瓦格纳作为一位具有社会民主主义倾向的市政建设官员，通过对于纽约"森林山"项目的深入研究，积极推动施普朗曼试点项目的建造机会，并于1926年将该项目委托给年轻建筑师威廉·普里姆克（Wilhelm Primke）。

这是在德国首个预制混凝土板式建筑项目。该项目的建筑基础，地下室墙壁和地下室顶板，仍按照传统方式建造。然而，受到当时条件所限，建筑师对于混凝土板预制工作流程考虑不周。当时为避免较长的运输过程，将混凝土板预制工作安排在施工现场完成，然而为了使混凝土预制构件干燥硬化，并达到相应的强度，则需要十天的时间。由于20米宽的门式起重机只能在固定的位置进行吊装作业，满足同一排住宅建造需求，因此，完成尺寸7.5米×3米、重量为7吨的预制构件的组装，是一项相当有挑战性的工作。特别是在起吊和装配过程，这些构件需要进行特别加固处理。此外，在安装过程中门窗已集成到预制墙板中，为避免可能存在损坏，也需要在搬运过程中进行特殊处理。马丁·瓦格纳在该项目完工之后的总结报告中指出，该技术尚未完全成熟，当建造住宅数量较少时，将无法经济有效地，开展成本高昂的施工现场物流组织。当时施普朗曼项目共建造27栋建筑，共计138套住宅，这些住宅的房间数量介于1.5~3.5之间，住宅层高为3米。[56]

54　20世纪前二十年完成的阿姆斯特丹的"混凝土定居点"项目是新建筑技术的试验场。通过"Bron"专利实现了预制混凝土板生产，采用"赫克默勒"系统完成了建筑组装。

55　三种系统的比较，冈特·彼特斯（Günter Peters）用不同的三个名称"Atterbury"、"Bron"和"Occident"进行表述。冈特·彼特斯《工业化建筑历史》从起源到20世纪中叶，根据2001年11月10日他在柏林近郊的玛灿－海勒斯多夫区，发表的地方演讲整理而成。

56　即使在施普朗曼项目完工之际，该项目依然在建筑业界引起很大争议。胡斯·弗里德里希的《新预制混凝土板住宅》一文收录在1926年《德国建筑工人行业协会》杂志第30期，pp. 122-123。
A·莱昂（Lion, A.）的《预制混凝土板建造住宅》一文收录在1926年《新建筑》杂志第8期，pp. 148-149。《新型快速建造法》一文（作者不详）收录在1926年《建筑工程》杂志第7期，p. 287。芭芭拉·苏家托（Sorgato, Barbara）：《里希腾贝格的施普朗曼项目，德国第一个预制混凝土板居住区》，该书于1993年在柏林出版。

除了建筑结构和施工现场物流的问题以外,马丁·瓦格纳认为,最主要的困难是在小规模的建筑项目和小型的建筑工地中,经济合理的推广和应用预制混凝土板式建筑。[57]

因此,在颇具实验意义的施普朗曼项目完工后,马丁·瓦格纳积极推动在柏林舍嫩贝格区南部开展 15000 套预制住宅项目。该项目由于得到美国查普曼银行财团向柏林市政府提供的 1.5 亿德国马克支持,因此也被称为"查普曼"项目,当时邀请德国建筑师奥托·巴特宁(Otto Bartning)设计[58],可惜由于各种原因没能完工。1923 年 11 月 15 日魏玛共和国决定停止将政府债务货币化,同时发行新货币以终结恶性通货膨胀带来的经济社会问题,此举措结束了德国的经济停滞,带来了期待已久的经济繁荣。雄心勃勃的住宅建设项目也随即遍布德国,大部分采用了当时最新的建造技术。此时在法兰克福政府任职的埃恩斯特·梅(Ernst May)也尝试着在住宅项目中应用预制混凝土板。马丁·瓦格纳从 1920 年开始主导《社会建筑经济》杂志的出版与发行,通过大众传播媒介积极推动预制住宅发展的同时,埃恩斯特·梅也在《新法兰克福》[59]杂志上积极撰文为预制住宅的发展摇旗呐喊。这两本杂志都在不遗余力的推广和介绍工业化和预制住宅的成果,推动构件标准化和规模化生产。这些杂志得到了政府支持,同时也承担了部分杂志的发行工作,这也从侧面反映了,当时的政府寻找快速、低廉住宅解决方案的迫切心情。1925~1930 年期间,埃恩斯特·梅负责六个住宅项目的建造工作,共计 15000 多套住宅。大多数住宅都采用了砖石砌体结构建造。截至 1933 年,在埃恩斯特·梅德努力下,共有大约 1000 套预制住宅完工。[60] 其中大多数住

---

57 胡特尔·卡尔 – 海因茨《柏林建筑 1900~1933》,第 161 页,该书于 1987 年在柏林出版。
58 关于"查普曼"项目的详细描述,参见卢多维卡·斯卡帕 Scarpa, Ludovica,《马丁·瓦格纳与柏林》,第 65 页,该书于 1986 年在布伦瑞克和威斯巴登出版。
59 《新法兰克福》杂志于 1926 年 – 1933 年发行,1933 年 3 月该杂志更名为《新城市》
60 彼得·苏尔泽,《埃恩斯特·梅的预制混凝土板式建筑系统》,收录于《建筑世界》杂志 1986 年第 18 期,第 1062 页。

(对页图)
1927 年法兰克福预制混凝土板的安装现场。起重机已经成为现场施工不可或缺的重要工程机械。

资料来源:德国艺术档案,NL 埃恩斯特·梅,B-9(6)

法兰克福普拉恩海姆住宅区:预制墙板和屋面板在起重机的协助下进行安装工作。

资料来源:建筑世界杂志,1986 年,第 28 期

从建筑材料到建筑系统

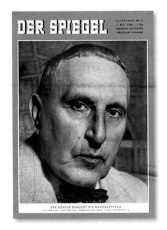
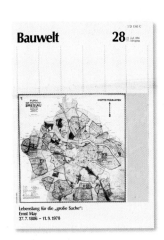

极少有建筑师能有埃恩斯特·梅的影响力荣登德国《明镜周刊》杂志封面（左）。1955年第18期对其进行专门报道，1986年在他100周年诞辰之际德国《建筑世界》杂志推出纪念专刊（右）
资料来源：明镜周刊，1955年，第18期；建筑世界杂志，1986年，第28期

宅位于法兰克福尼达博根区（Niddabogen），那里的建筑基地地势低洼，虽然有内涝的风险，但购置土地的费用较低。毕竟建造经济适用住宅时，成本特别是地价是非常重要的因素。与马丁·瓦格纳在柏林施普朗曼项目使用"Occident"建筑系统不同的是，埃恩斯特·梅负责的项目中，在预制墙体生产过程中不安装窗框和门框。

典型的预制墙体每层由三部分组成，墙体和窗户部分均为1.10米，门楣/过梁的尺寸为0.40米高。值得注意的是，该项目为建筑尺度相对较小的住宅建筑，因而设计生产了大量尺寸规格不同的预制混凝土板，这些墙板标准厚度为20厘米，均由添加浮石等轻质材料的混凝土制成。标准化规格和少量变化相结合的产品研发思路，与工业化大生产的原则不谋而合。不同尺寸规格的预制混凝土板生产，对于预制建造和现场物流的有效组织是一个考验。"每天工厂生产量波动较大。通常情况下，居住面积65平方米的两室一厅标准户型，需要18名工人使用约100立方米的预制混凝土板，耗时一天半组装完成。预制混凝土板的生产可以由没有经过培训的工人完成。"[61] 当时的法兰克福市和RFG协会致力于预制建筑的推广和应用。（译者注：RFG协会是1927~1931年在魏玛共和国时期注册的致力于提高房屋质量，降低造价的建筑研究协会）。因此在该项目完工后，对项目使用的预制构件，包括墙体和顶棚、门窗、设备及厨房等进行了相应的评估和鉴定。虽然预制构件采用了工业化、批量化的生产方式，但在施工现场仍然有大量的手工劳动。因为将不同规格的预制构件组装成完整的建筑空间，必须通过嵌缝、抹灰等大量人工的施工方法完成。埃恩斯特·梅的建筑体系更像是一个模块化系统，通过大量尺寸不同的标准化建筑构件，组装成标准户型。在由爱德华·吉布斯特·席得勒（Eduard Jobst Siedler）撰写的评估报告中，对比了

---

[61] 彼得·苏尔泽（Sulzer, Peter），《埃恩斯特·梅的预制混凝土板式建筑系统》，收录在《建筑世界》杂志1986年第18期，第1063页。
（RFG协会是1927~1931年在魏玛共和国时期注册的致力于提高房屋质量，降低造价的建筑研究协会。——译者注）

装配式建造历史与理论

1927 年埃恩斯特·梅系统：工业化住宅从流水线生产模式到实现汽车工业自动化生产的距离不太遥远。（左）工人在法兰克福预制混凝土工厂夯实预制墙体。（上）在预制混凝土工厂的车间内成型的预制构件在进行干燥储存

资料来源：德国艺术档案，埃恩斯特·梅，B-9（15）

从建筑材料到建筑系统

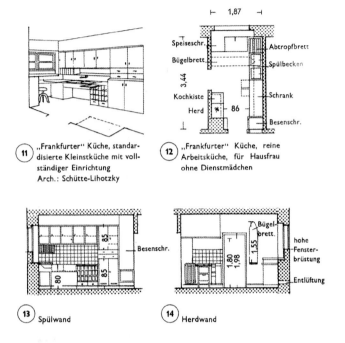

"法兰克福厨房经过帝国研究会详细检验和评估,在后续的使用过程中继续改进:将 18 个储物柜改为 12 个,并将其放置在较高的、儿童无法触摸到的位置。操作台的厨余垃圾最好通过抽拉储存箱进行存放。食物保暖箱可以取消。控水板是必须配置的。厨房的宽度应当增加(专家鉴定摘录)"
资料来源:恩斯特·诺伊费尔特,《建筑师设计手册》,1936 年,柏林,p. 103

(左)1927 年由玛格蕾特·舒特·理荷丝基设计的法兰克福厨房,现代整体式厨房的鼻祖
(右)三十年代汉斯·施密特在苏联,以法兰克福厨房为基础为标准化住宅设计的厨房操作间。
资料来源:德国艺术档案(左);汉斯·施密特遗物,收藏于苏黎世联邦理工学院(右)

常规砌体结构建筑和预制装配模式的优缺点。他指出,由于预制混凝土板每平方米的单位造价较低,通过缩短建造时间,进而可以降低整体项目造价。通过减少墙体厚度,增加住宅实际居住面积的同时,也需要在外墙覆盖足够的保温层。[62] 同时还要积极应对在窗台和外墙出现结露、冷凝水等现象。

受混凝土强度和建筑结构技术所限,该项目建筑高度仅为两层。然而,令人感到意外的是,导致当时在德国大规模推行预制混凝土板建造方式的原因,居然源自对预制构件经济性的认识。正如评估报告所述,虽然预制构件具有价格优势,然而只有在大量订单支撑的情况下才能实现盈利。[63] 还有一点就是,尽管可以生产出许多不同形状的预制构件,但模块化系统的适用性依然不强。

埃恩斯特·梅将工业化生产原则不仅应用于预制混凝土构件的制造过程,同时积极倡导居家生活方式转变,提倡新时代需要新的生活方式。他提出"为新人类创造新建筑"的口号[64],号召建筑师遵循现代哲学理念,为居民创造舒适便捷的生活条件。1926 年奥地利女建筑师玛格蕾特·舒特·理荷丝基(MargareteSchütte-Lihotzky)受到埃恩斯特·梅委托,为法兰克福预制住宅项目设计满足工业化生产流程的厨房。这就要求在有限的空间内以符合人体工程学的方式,通过空间组合与搭配,将厨房工作流程以最合理地方式呈现出来。建筑师首先使用秒表将厨房所有活动的耗时情况记录下来,随后对组合式厨房进行整体设计优化。她的标准化组合厨房设计大获成功,甚至还被应用在火车餐车上。[65] 由于该厨房设计源于法兰克福预制住宅项目,因此得名"法兰

62 爱德华·吉布斯特·席得勒 Siedler, Eduard Jobst(Hg.),《关于法兰克福普拉once海姆住宅区项目和外斯特豪森项目的最后报道》,法兰克福,1933。
63 在总结报告中避免提到具体的数字。彼得·苏尔泽(Peter Sulzer)在《建筑世界》杂志 1986 年第 18 期的文章结尾处提到,"每个工厂年产量需要达到上千套住宅,才能实现标准化生产盈利"。
64 关于这点。福里茨·纽迈耶(Fritz Neumeyer),《新人类 - 现代主义的身躯与结构》。维托里奥·M·拉姆普纳尼/欧玛娜·施奈德(Lampugnani, Vittorio Magnago/Schneider, Romana)《德国现代主义建筑 1900-1950——表现主义与实事求是》,第 15 页,该书于 1994 年在斯图加特出版。
65 对于玛格蕾特·舒特·理荷丝基生平的回忆在其逝世后发表。卡琳·卒格迈尔 Zogmayer, Karin(Hg.)《玛格蕾特·舒特·理荷丝基,为什么我成为一名女建筑师》,第 145 页,该书于 2004 年在萨尔斯堡出版。

克福厨房",同时被公认为现代整体式厨房的鼻祖,并被收录到各种建筑著作中。时至今日,由德国建筑师恩斯特·诺伊费尔特编写的《建筑师设计手册》,作为建筑学的经典书籍仍在出版印刷。当该书于1936年首次出版时,书中就收录了六张介绍标准化组合厨房的插图。厨房的整体标准尺寸为1.87米×3.44米,配备了当时最先进的家用厨房设备,甚至还有电炉灶,完全符合埃恩斯特·梅对于空间优化的需求。在1927~1929年之间完工的法兰克福"罗马城居住区"项目中,建筑内部装备了当时非常新颖的"法兰克福厨房",这种厨房使烹饪流程更加合理,由于采用了交流电作为厨房能源供给,因此也改变了当时人们的烹饪和烘焙习惯。为此当时专门开设烹调课程或者安排专人向家庭主妇们传授新型厨房使用要领。在埃恩斯特·梅的领导下,在法兰克福的预制住宅项目顺利完工。这也促使西格弗里德·吉迪恩在巴塞尔召开的CIAM大会筹备会议中,建议将1929年第二届CIAM大会的会址确定在法兰克福,同时将会议的主题确定为"最低生活水平住宅"。[66] 在魏玛共和国时期,实验性住宅项目为现代主义建筑提供了国际影响力的展示舞台。1927年德意志制造同盟在斯图加特的魏森霍夫区举办现代住宅展览。在这次著名的住宅展览中,以降低造价为目的的工业化预制住宅并没有扮演重要角色,也许是因为马丁·瓦格纳和埃恩斯特·梅当时任职于政府部门,同时也是政府房地产政策的捍卫者,因此未被邀请参加。但埃恩斯特·梅安排标准化研究部门的同事费迪南德·克拉默(Ferdinand Kramer)参与了此次展览,并让他参与魏森霍夫部分住宅的室内设计。

沃尔特·格罗皮乌斯是与马丁·瓦格纳和埃恩斯特·梅并驾齐驱的德国工业化预制建筑的先驱者。在斯图加特魏森霍夫住宅展览中,他设计建造的第十七号住宅,尝试寻找"装

(左)斯图加特魏森霍夫住宅展览,沃尔特·格罗皮乌斯设计建造的第十七号住宅的钢支架;(右)住宅预制外墙板安装情况
资料来源:德意志制造联盟(编),《住宅与建造》,斯图加特,1927年,p.63

钢支架在住宅搭建过程中展示的结构美学:安装过程使人联想到建造工业化住宅或者预制工厂车间
资料来源:德意志制造联盟(编),《住宅与建造》,斯图加特,1927年,p.63

---

66 西格弗里德·吉迪恩《关于新建筑的国际会议》收录在CIAM／法兰克福城市建设局联合出版的《最低生活水平住宅》,第7页,该书于1930年在法兰克福出版。

从建筑材料到建筑系统

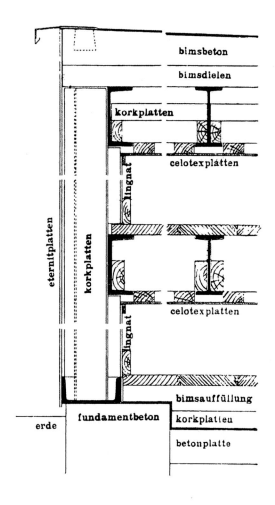

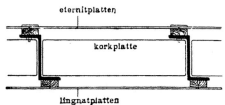

1927年，沃尔特·格罗皮乌斯在斯图加特魏森霍夫设计建造的没有地下室的第十七号住宅。本图为外立面剖面图，钢支架和6毫米厚的石棉板直接连接。
资料来源：德意志制造联盟（编），《住宅与建造》，斯图加特，1927年，p.64

配式施工建造新方案"[67] 在这座实验性的住宅中，沃尔特·格罗皮乌斯提前准备了相应的预制构件。"在施工现场浇注的混凝土底板上，铺设基本模数1.06米的Z型钢骨架。骨架间隙填充了8厘米厚的膨胀软木板。在钢骨架外侧覆盖6毫米石棉条板，在内侧覆盖阻燃纤维板，可根据不同用途将板材替换为隔音板、甘蔗渣板或石棉板等。"[68]

建筑结构创新并不意味着可以降低建筑造价，减少建造成本，从而降低租金。这座130平方米的钢骨架结构住宅的建造成本为25000德国马克，因此"对于广大民众来说仍是无法承受的。正是出于此种原因而指责建筑师。民众认为这片住宅区并不是建某种类型的小型住宅区以供居住，而是借机举办以"住宅"为主题的展览，展示不同现代主义住宅类型。"[69] 就建筑面积而言，这里的住宅面积超过埃恩斯特·梅在法兰克福建造住宅的两倍。沃尔特·格罗皮乌斯的钢骨架结构住宅的房租为每平方米两个帝国马克，也是法兰克福预制住宅的两倍。也就是说，在相同住宿条件下，当时斯图加特的房租是法兰克福的四倍。因此包豪斯校长沃尔特·格罗皮乌斯在斯图加特魏森霍夫住宅展览中推出他雄心勃勃的"五点计划"。

在德绍的包豪斯学校，沃尔特·格罗皮乌斯早已为工业化批量生产建筑提供理论支持，他指出："今天任何购买汽车的人，都不会考虑这是批量化工业生产的产品。这是明显的，只有系列化批量生产，也就是说只有以无数标准件为基础，才能制造出相对完善车型，为什么我们的住宅不应该按照相同的理性原则进行建造，这是令人难以置信的。"[70]

因此，从某种意义上来说，沃尔特·格罗皮乌斯的立场

---

67 德意志制造联盟（Hg.）《建造与住宅 – 斯图加特魏森霍夫住宅展览》，第59页，该书于1927年在斯图加特出版。
68 杰拉尔德·斯台普 / 安德鲁·杜尔霍夫 / 马尔库斯·罗森塔尔（Staib, Gerald / Dörrhöfer, Andreas / Rosenthal, Markus）：《构件与系统 – 模块化建筑设计、结构与新技术》，第25页，该书于2008年在巴塞尔、波士顿、柏林出版。
69 莉泽洛特·翁格尔（Ungers, Liselotte）：《寻找新的住宅形式 – 居住区的发展从二十年代到现在》，第171页，该书于1983年在斯图加特出版。
70 沃尔特·格罗皮乌斯：《德绍的包豪斯建筑》，第153页，该书于1930年在慕尼黑出版。

与勒·柯布西耶几乎相似。1929年4月4日，沃尔特·格罗皮乌斯在一次演讲中，提到1913~1928年间美国价格指数变化情况（见右图）。他指出，这段时间福特汽车的制造成本已经减半。同期相比，建筑成本则上升到200%，生活成本每年上涨10%，累积上涨高达150%。与福特汽车相比，建筑成本价格已上涨4倍，因此必须积极推动建筑工业化、标准化、产业化的发展来解决这些问题。

与此同时，沃尔特·格罗皮乌斯还是"德国住宅应急机构"（Dewog）领导小组成员之一，来自柏林的马丁·瓦格纳，马格德堡的布鲁诺·陶特（Bruno Taut）以及来自法兰克福的埃恩斯特·梅都是领导小组的成员。多年以后，这位前包豪斯校长对于埃恩斯特·梅，多年来持续不断的以实践为导向，将"新建筑国际会议"思想付诸行动的精神深表钦佩，而他只是在包豪斯做了理论方面的一些工作。[71] 最重要的是，埃恩斯特·梅以低成本为导向的住宅设计，是沃尔特·格罗皮乌斯和他在魏森霍夫区钢骨架结构住宅所不能比拟的。尽管如此，沃尔特·格罗皮乌斯参与了德绍陶尔滕区住宅项目的指导性设计方案，当然该方案不是以低成本作为出发点，而是优先考虑建筑结构可实施性。该项目分为三个施工阶段，共建造了314栋联排住宅和2栋达到批量化生产水平的独立住宅，其中第一期为58套，第二期和第三期分别为100套和256套。施工后期阶段逐渐递增的工作量，是沃尔特·格罗皮乌斯采取平行作业、交叉作业等快速施工组织方法的重要原因。就像在工厂一样，施工现场组织就像流水生产线，工人们在完成某些部分工作之后，就可以进入下一轮相同的工作，因此在建造完一组建筑，或4~12个住宅单元后，可以开始新的工作。

德绍陶尔滕区住宅项目的规划和建设是在RFG协会的指导下完成的，该协会也是建筑师玛格蕾特·舒特·理荷丝基设计的"法兰克福厨房"的鉴定单位。沃尔特·格罗皮乌斯在该

<hr />

71 尤斯图斯·布吕克施密特（Bueckschmitt, Justus）：《埃恩斯特·梅》，第9页，该书于1963年在斯图加特出版。

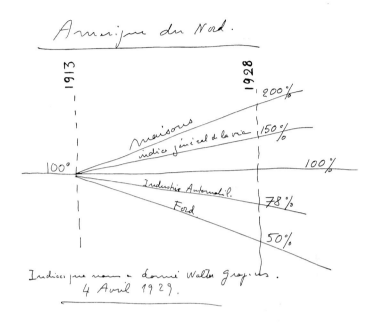

勒·柯布西耶在沃尔特·格罗皮乌斯关于1913~1928年美国价格指数变化的报告会上绘制的草图。报告中提到，当建筑成本价格翻番的同时，福特汽车的制造成本已经减半。
资料来源：国际现代建筑协会CIAM/法兰克福城市建设局（编），《最低生活水平住宅》，法兰克福，1930年，p. 23

沃尔特·格罗皮乌斯在1927年提出的"五点计划"
1. 在大型企业实现住宅的工厂化批量生产
2. 应用新技术和新材料，以优化空间使用和减少材料数量
3. 基于装配和"干作业"的合理化施工组织流程
4. 切合实际的建设规划
5. 投资者有远见的融资计划
资料来源：翁格尔，1983年，p. 163

从建筑材料到建筑系统

1926年在德绍陶尔滕区住宅项目施工现场开展预制生产：由矿渣混凝土浇筑而成的预制墙体用作横向分隔墙。
资料来源：柏林包豪斯档案馆

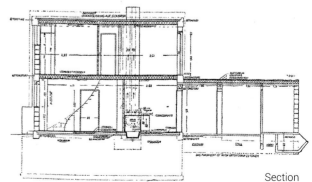

Section

装配式建造历史与理论

沃尔特·格罗皮乌斯在 20 世纪 30 年代初期尝试使用金属建造住宅，即所谓的"铜房子"。该类型建筑在施工现场采用干作业方式建造。这张照片展示的是 1932 年在柏林某项目中，在没有起重设备的情况下进行外墙安装。该项目应用的产品是 Hirsch Kupfer- & Messingwerke 公司在同一年刚刚推出。

资料来源：柏林包豪斯档案馆

从建筑材料到建筑系统

1928年在德绍陶尔滕区项目的共建造314栋联排住宅，居住面积介于57平方米和75平房民之间。

资料来源：德绍包豪斯基金会

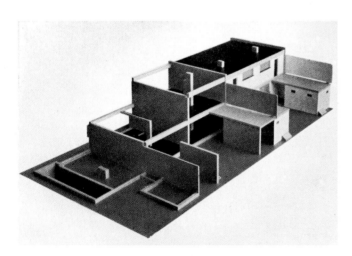

德绍陶尔滕区项目联排住宅，采用纵墙承重结构系统，从而使建筑外立面可以自由组合。

资料来源：路德维希·西尔贝斯埃蒙：《城市建筑》-包豪斯系列丛书第三卷，斯图加特，1927年

项目中选择了横墙承重结构体系。联排住宅的分隔墙兼具承重作用的公共墙体，该墙由矿渣混凝土浇筑而成，同时对横向贯穿住宅的预制梁起到支撑作用。在施工现场架设的轨道式起重机，负责预制钢筋混凝土梁的起吊和组装工作。

通过非纵墙承重结构体系，沃尔特·格罗皮乌斯可以将纵向外墙构件设计为非承重构件，从而实现更大的设计自由度。然而，15厘米厚的外墙不能起到很好的保温效果，因此当居民们入住后，又在建筑墙壁外侧铺设了一层壁板。"当居民们将临街面的窗户改造成传统的木制窗户时，国家社会主义极端分子们对包豪斯现代主义风格建筑产生敌意"。[72]

这三位工业化住宅领域早期的倡导者和推动者，以他们的开拓创新精神，在20世纪20年代将德国工业化住宅理论研究和实践活动，推向了全新的高度。当我们以非常简单的粗线条脉络来描述他们的成就时会发现，针对过重的大型预制混凝土板，马丁·瓦格纳提出了施工物流解决方案，针对预制混凝土板的嵌缝密封，埃恩斯特·梅提出了建筑结构解决方案，而沃尔特·格罗皮乌斯也在他的斯图加特钢结构住宅中，尝试了降低建筑造价的解决方案。他们之前公开宣称，以工业化、低成本居住空间为目标，通过产品化生产方式，解决广大社会阶层的住宅问题，但现实的路径是曲折的。不可否认的是，他们作为先行者，尝试工业化建造活动中的不同结构方式。20世纪50年代在民主德国时期开展的工业化住宅的讨论，也都能从这三位先行者的实践活动中找到答案。当马丁·瓦格纳选择了预制混凝土"大板"作为结构元素时，埃恩斯特·梅则选择了起重设备起吊组装的建筑模块。当马丁·瓦格纳采取纵墙承重结构体系，外墙作为外围护承重墙时，沃尔特·格罗皮乌斯则偏爱横墙承重结构体系，将外墙从承重体系中解放出来。尽管这些建筑方案有很多的不足，但满足社会发展和生活需求的住宅领域的创新

---

72 Wüstenrot基金会：《现代主义的建筑文物保存——当代建筑遗传保护方案》，p. 212，该书于2011年在斯图加特、苏黎世出版。

却从未停止。广大民众,早就知道实验性住宅项目和住宅展览的存在,政府从社会治理的角度来讲,需要用建造的建筑实例来佐证,他们向社会贫困阶层许诺的,可负担的住宅并非天方夜谭。特别是德绍陶尔滕区住宅项目第三阶段最后 130 座建筑的建造速度相当惊人,将建筑构件的生产和运输时间包含在内的话,仅用 88 天便完成了整个建造过程,相当于不到一天时间建造一座建筑。"从那以后,这个成就始终无法企及。"[73] 这也证明,在较短时间内建造现代住宅的目标并非遥不可及。

这些在德国建造的实验性建筑各有特点,如果项目由政府出资建设,同时也能影响土地价格的话,可以控制建造成本,租金或售价也可以承受。[74] 因此在魏玛共和国时期,每次关于新建筑的讨论,总会演变为一场关于解决民众住宅问题和家庭保护的社会辩论。

1929 年在法兰克福召开的以"最低生活水平住宅"为主题的第二届 CIAM 大会,就是关于"小型住宅"辩论的典型讨论。1930 年沃尔特·格罗皮乌斯在公开发行的会议文件中写道:"在满足人类生存最基本条件——空气、阳光等之后,空间相对局促的小型住宅,不是阻碍人类全面发展和展示其生命机能的约束条件。从生物学的角度来讲,健康的人是离不开空气和阳光的,但对于增大居住空间的需求并不是那么迫切,因此把增大居住空间作为人们保证健康生活的论点是站不住脚的。因此曾经多次提到'扩展窗户尺寸,节约卧室空间'的观点是非常有意义的"。[75]

在沃尔特·格罗皮乌斯的建筑方案中,他提出缩减建筑面积,降低建造成本的思路。对于他的观点,马丁·瓦格纳

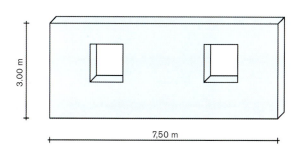

预制混凝土"大板"建造方式,可承受 7 兆帕压力,柏林
建筑师:马丁·瓦格纳(1924 年)

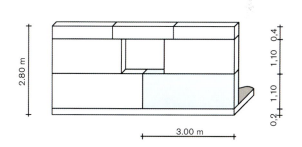

预制建筑模块分为三层,法兰克福
建筑师:埃恩斯特·梅(1925 年)

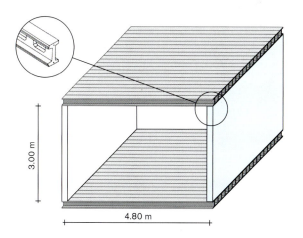

横墙承重结构,以预制梁进行连接,德绍
建筑师:沃尔特·格罗皮乌斯(1926 年)

三种使用混凝土预制构件结构体系的设计原则
(1924~1926 年)

---

73 莉泽洛特·翁格尔:《寻找新的住宅形式/二十年代和当今的住宅区》,p. 120,该书于 1983 年在斯图加特出版。与之相比较的是:民主德国 WBS70 预制标准化建筑类型的组装建造过程仅需 18 小时。

74 莉泽洛特·翁格尔在对魏玛共和国时期的现代住宅的研究过程中,也对制造成本因素进行了关注,这在以前的同类型研究中比较少见。翁格尔,1983 年。

75 沃尔特·格罗皮乌斯:《为城市居民创造小型住宅的社会学基础》收录在 CIAM /法兰克福城市建设局联合出版的《最低生活水平住宅》,该书于 1930 年在法兰克福出版。

从建筑材料到建筑系统

国际现代建筑协会 CIAM 与法兰克福城市建设局于 1930 年在法兰克福联合出版的《最低生活水平住宅》

从社会民主主义的角度，在《住宅经济》撰文回应道："很遗憾，住房政策在格罗皮乌斯，及其国际朋友宣扬的观点中，偏离了解决住宅问题的核心。应该将"扩展窗户尺寸，节约卧室空间"的思路转变为"提高收入水平，增强家庭购买力，降低住宅价格"来积极应对，因为这是社会生产的问题，解决住宅难题必须首先解决这个问题。"[76] 一方面积极倡导建筑实用主义，另一方面以社会乌托邦观点进行回应，这就是魏玛共和国后期关于解决住宅问题的真实写照，然而这两种诉求都是没有政治前途的。伴随着席卷全球的经济危机，以及 20 世纪 30 年代初期开始的德国政坛动荡，在随后的二十年间整个德国经济社会发展陷入完全停滞状态。

如果欧洲在二战前没有进行深度的理论探索和建筑实践，战后现代主义的工业化住宅建设将是不可想象的。当然，战争破坏和战后规划深刻改变了欧洲城市结构，功能分离的城市规划思路需要建筑行业进行回应。20 世纪 20 年代建筑设计师和建筑工程师关于工业化建造方式的争论，以及依据这些理论完成的实验性建筑，成为战后欧洲和苏联地区推广工业化预制住宅的基础。尽管战后这些工业化住宅的追随者的姓名，随着岁月流逝，湮没在历史的长河中，但是仍有先驱者铭记在这段光辉的建筑发展史上。当我们回顾这段历史，有两个重要的名字被反复提起。其中一位是以标准化理论研究著称的瑞士建筑师汉斯·施密特（Hans Schmidt, 1893~1972 年）[77]，另一位是法国建筑工程师雷蒙德·加缪（Raymond Camus, 1911~1980 年）他的加缪专利系统为世人熟知。

汉斯·施密特曾担任东柏林建筑学院建筑类型研究中

76　Martin Wagner, 'Minimalwohnungen', in : *Die Wohnungswirtschaft*, issue 17/1930.

77　"完全标准化"概念是在 1958 年 7 月 10~14 日的德国统一社会党党第四次党代会上提出。理查德·保利克（Paulick, Richard）:《贯彻执行"激进标准化"是当前工业化建筑发展进程中的主要环节》收录在前民主德国建筑科学院第二十八次全体会议文件，《激进标准化 – 在工业建筑中推动工业化发展》中，p. 35, 于 1962 年在柏林出版。根据 2013 年对马丁·威莫尔（Martin Wimmer）采访，推测"完全标准化"概念的提出，更多是当时民主德国宣传机构为建筑师群体提出的工作动员口号。

（对页图）
《最低生活水平住宅》收录户型资料是当时 CIAM 会议文件
资料来源：国际现代建筑协会 CIAM / 法兰克福城市建设局（编）,《最低生活水平住宅》, 法兰克福, 1930 年

装配式建造历史与理论

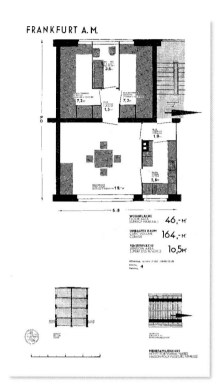
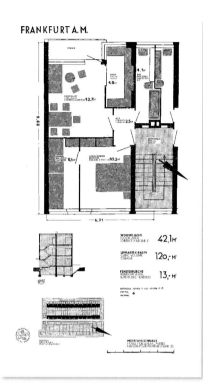
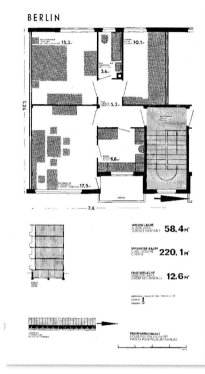
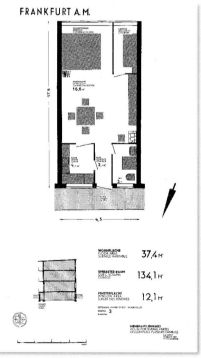
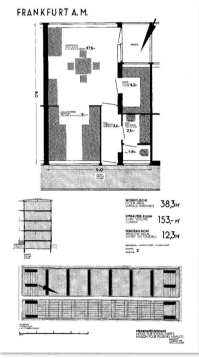
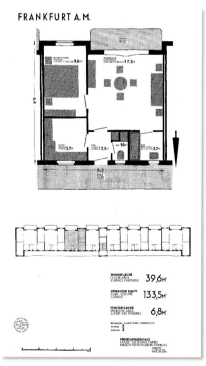

从建筑材料到建筑系统

Warum sind unsere Maschinen schön?
Weil sie
Arbeiten
Sich bewegen
Funktionieren
FABRIK
SILO
LOKOMOTIVE
LASTWAGEN
FLUGZEUG

Warum sind unsere Häuser nicht schön?
Weil sie
Nichts tun
Herumstehen
Representieren
VILLA
SCHULPALAST
GEISTESTEMPEL
BANKPALAST
EISENBAHNTEMPEL

《ABC—建筑稿件》是1924~1928年间出版发行的瑞士现代建筑评论杂志。工业化、标准化、预制建造作为该杂志的议题，偶尔受到讽刺、挑衅的攻击。汉斯·施密特是该杂志的联合出版人

重版印刷：拉尔斯·穆勒（Müller, Lars）（编），《ABC-对建筑的贡献1924~1928》，该书于1993年在巴登出版

心的首席建筑师，参与了民主德国时期工业化住宅的研究工作，他在住宅平面图类型化方面做出了重要贡献。蒙蒙德·加缪的工业化预制建筑系统，在法国取得成功后，成功输出到德国、北非、苏联地区以及法国海外的海外殖民地。虽然他们可能从来没有见过面，但这两位重要的先驱者是欧洲战后工业化住宅领域，建筑艺术和工程技术方面最杰出的代表。来自于瑞士巴塞尔的汉斯·施密特已经在20世纪20年代成为《ABC-建筑稿件》杂志的联合出版者，1924~1928年期间以瑞士现代主义建筑评论家而声名鹊起。同时他也是CIAM发起人之一，在他的同事眼里，他不是一位严格意义上的建筑师，而是更多以理论策划人和宣言起草者的身份出现。"从艺术关系的角度，汉斯·施密特致力于从技术确立的逻辑关系和理性可验证的框架内找寻建筑解决方案。因此对于标准化和类型化非常感兴趣，他经常询问，为什么建造住宅不能像生产火车车厢一样"。[78] 民主德国最著名的建筑批评家之一布鲁诺·福里尔（Bruno Flierl），1965年在东柏林出版了汉斯·施密特的系列文集，当时汉斯·施密特已在民主德国居住了近十年，被认为是最重要的社会主义建筑理论家。1955年4月在民主德国第一届建筑会议召开前夕，汉斯·施密特应当时民主德国建筑学院主席库尔特·李卜克内西的正式邀请前往东柏林访问。在1955年1月份召开民主德国建筑学院全体会议，受到了1954年12月份在莫斯科召开的苏联建筑师大会方针的影响，在此次会议上贯彻了赫鲁晓夫在后斯大林时代确立的社会主义建筑发展目标。时任民主德国建筑技术研究所所长鲁道夫·舒特奥夫（Rudolf Schüttauf），作为民主德国的代表列席了莫斯科会议，1955年1月份在柏林的会议上向与会的民主德国建筑学院的代表们，通报了赫鲁晓夫在会议上的主要需求是，要通过引入工业化方式解决住宅问题。

78　布鲁诺·福里尔：《1924~1964 汉斯·施密特的建筑成就》，第9页，该书于1965年在柏林出版。

汉斯·施密特出席全体会议并不是巧合，因为他不仅认识库尔特·李卜克内西，而且还是格哈德·科塞尔（Gerhard Kosel）的朋友，他们曾在同一时期在苏联工作，并建立起了"同志般的友谊"。[79] 从 1930~1937 年汉斯·施密特曾作为"专家"在苏联工作[80]，曾参与俄罗斯中部新城市规划。在此过程中，他开始近距离地接触苏联标准化住宅建设工作，彼时埃恩斯特·梅也曾以相同身份大量参与苏联的工作。这段工作经历使汉斯·施密特已经做好准备，以建筑行业人民代表的身份从事民主德国社会主义建设，同时他和玛格蕾特·舒特·理荷丝基也曾同在建筑类型化工作小组，从事多层工业化住宅的研究工作。[81]

由于汉斯·施密特在政治立场上深受苏联共产主义影响，因此当他返回家乡后，担任瑞士联邦工人党中央委员会成员以及巴塞尔委员会成员，该党的意识形态和德国统一社会党（SED）接近。因此，他来到东柏林既是对友好党派的访问，也是出自对深受苏联建筑艺术指导方针影响的民主德国建筑师群体的个人好奇心，这场由斯大林发起的苏联建筑领域新古典主义运动，早在 20 世纪 30 年代他在莫斯科工作时就已经知晓。

在民主德国成立后不到五年时间内，由于大量技术人员移民西方国家，甚至导致建筑设计和建设领域的工作无法顺利开展。另外 1953 年斯大林逝世，及其随后建筑政策调整期指导方针的变化，也给民主德国的建筑师带来了新的挑战。在对斯大林建筑领域政治遗产的清算中，赫鲁晓夫制定了"提高质量和降低成本并重"的基本思路，是完全基于经济状况的建筑政策措施。

新材料与技术作为工业化预制住宅的基础，必须在理

汉斯·施密特是民主德国时期推行"完全标准化"的理论家。这是他在 1963 年 12 月前民主德国建筑科学院第 9 次全体会议期间的照片
资料来源：莱布尼茨区域发展和结构规划研究所，埃尔克纳市

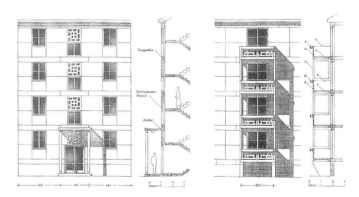

1957 年汉斯·施密特设计的以砌块模式建造的多层住宅。预制混凝土构件的安装草图
资料来源：苏特尼·苏拉（suter ursula），《汉斯·施密特 1893~1972》，1993 年，苏黎世，p. 316

79　格哈德·科塞尔：《企业经济回忆录》，第 51 页，该书于 1989 年在柏林出版。
80　"专家"是在 20 世纪 30 年代前后，苏联第一个"五年计划"期间，受邀前往苏联政府工作的外国专业技术人员的统称，通常这些人员会得到数年的工作合同。鲁道夫·沃尔特斯（Wolters, Rudolf），《在西伯利亚当专家－与海因里希·劳特的访谈》，柏林，1933 年。
81　格哈德·科塞尔，《企业经济回忆录》，第 58 页，该书于 1989 年在柏林出版。

从建筑材料到建筑系统

东柏林首席建筑师赫尔曼·亨塞尔曼（Hermann Henselmann），来自青年发展研究所的吉塞拉·布朗（Gisela Braun）以及建筑师汉斯·霍普（Hanns Hopp）在1955年1月召开的德国建筑科学院全体会议期间，研究陶瓷阳台饰板模型。此次会议是在莫斯科召开的苏联建筑师协会做出政策调整后几周召开的

资料来源：德国联邦档案馆（Bild 183-28640-0006）

论和实践两个层面上同时实施。[82] 来自瑞士的共产主义者汉斯·施密特，在最恰当的时间点，带着他关于建筑工业化的理论来到了东柏林。由于他能说一口流利的俄语，也使他随后成为苏联和民主德国之间重要的协调人。[83] 导致他移居东柏林的背景，建筑史学家西蒙娜·海恩这样描述："在汉斯·施密特举家迁往民主德国之前，曾经在国际建筑师协会（UIA）会议期间有过一次愉快的会晤，为他此后的人生轨迹打下了深刻的烙印。在1955年6月海牙举行的国际建筑师协会第三次代表大会上，汉斯·施密特，维尔纳·赫伯布兰德（Werner Hebebrand）和库尔特·李卜克内西再次相遇。这可能是他们在莫斯科分开20年后重逢。他们彼此之间开着玩笑，共同回忆曾经的岁月，讲述现在的工作生活，以及未来计划。由于他们之间用俄语进行交流，其他与会者不甚知晓他们的谈话内容。库尔特·李卜克内西被汉斯·施密特战后不太顺利的工作状况所触动，此次会议其间，库尔特·李卜克内西展现出来的技术人员特有的缜密心思，善于交际的个性以及优雅的风度，都向汉斯·施密特发出信号，也许现在去民主德国工作是最恰当的时机。[84]

从1956年1月1日起汉斯·施密特担任新成立的建筑类型研究所，任期为两年的首席建筑师，此时他面临着在民主德国推动住宅建筑类型化和标准化的挑战。当时位于柏林的斯大林大街耗资巨大的工人文化宫项目逐渐收尾，由于该项目"过度的"装饰被官方宣传机构所批判。此外，每天有上千的居民从苏联占领区域回归，寻找合适的工作

---

82 2013年8月9日和布鲁诺·福里尔在柏林的交谈。
83 汉斯·施密特经常在苏联建筑规划和设计专业刊物上发表评论，如汉斯·施密特撰写的《新苏维埃建筑理论出版物》收录在《德国建筑》杂志1966年第一期，p.58
84 西蒙娜·海恩（Hain, Simone）的《汉斯·施密特在民主德国》一文收录在苏特厄·苏拉（suter ursula）撰写的《汉斯·施密特 1893~1972——建筑作品在巴塞尔、莫斯科、东柏林》，p.84，该书于1993年在苏黎世出版。马丁·威莫尔（Martin Wimmer）作为见证人，曾在荷兰席凡宁根格兰酒店与汉斯·施密特进行过具体的协商（2013年采访）

机会。[85] 1956年时任民主德国建设部标准化设计办公室主任的理查德·林内克（Richard Linnecke）离开原工作单位，开始担任韦斯特法伦家园公司执行董事。就在不久前理查德·林内克还在马丁·瓦格纳领导下，推进住宅领域施工方法标准化工作，在责任重大的岗位主持标准化项目的推动工作。他还在《德国建筑》杂志撰文讨论工业化住宅建筑的原则问题。他的文章于1955年11月发表，彼时恰逢前苏共中央和苏联部长联席会议，调整城市规划和建筑领域过于激进的政策，以及民主德国筹建建筑类型研究所。"我们希望且必须实现建筑的工业化进程，要实现这一目标，标准化项目规划是不可缺少的前提条件。"[86] 理查德·林内克对于民主德国当时的政治精神表述得非常精准，但在文章中出现的对于联邦德国的技术水平，特别是石勒苏益格 – 荷尔斯泰因州的住宅建设领域的溢美之词，似有"政治不正确"之嫌。从今天的观点来看，这篇文章就像理查德·林内克写给他前同事的辞别信。此后不久标准化设计办公室解散，并入新成立的建筑类型研究所。

对于汉斯·施密特来说，1956年的民主德国是工业化预制住宅领域的"实验田"，这里交织着技术进步推动社会发展，以及展现政治制度优越感的浓郁氛围。这种似曾相识的感觉使他回想起20年前在苏联的工作经历。"满怀激情的全心投入"以及"脚踏实地的务实工作"是他对于当时社会主义建设的经验总结。以往的工作经历使得汉斯·施密特，在担任建筑类型研究所首席建筑师期间，可以正确的评估赫鲁晓夫建筑政策转变带来的后续影响，以及掌握苏联即将推行的工业化建设的第一手资料。

早在汉斯·施密特担任《ABC—建筑稿件》杂志联合出版人期间，已经讨论过许多工业化预制住宅的问题。主要是在施工建造过程中使用大尺寸的，表面处理过的预制

1957年在霍耶斯维达项目中应用了大型砌块建造方案。图中所示是由砖预制的墙体构件
资料来源：德国联邦档案馆（Bild 183-46441-0010）

---

85 达米安·范·梅利斯（Melis, Damian van）：《叛逃——1945~1961逃离苏联占领区和民主德国》该书于2006年在慕尼黑出版
86 理查德·林内克：《标准化项目规划的方法论和指导路线》收录在《德国建筑》杂志1955年第11期，第482页

从建筑材料到建筑系统

"霍耶斯维达近年来从安静的乡村城镇发展成为社会主义城市，1955年该市有7500名居民，今天已经达到了32000，其中20000名居民在新城居住。预计1970年人口规模将达到71000。建筑造价也从原来的每套住宅29000马克，下降到现在的20000马克。通过改进施工技术将建造时间从原来16个月缩减到6个月。'Zuzschko'施工班组从项目开始即投入住宅组装工作，目前正在建造一个新的标准化街区。该施工班组的成员有理查德·尼克斯，海茵茨·诺伊福勒和汉斯·约阿海姆·乌姆普夫等。"

资料来源：德国联邦档案馆（Bild 183-B0828-0003-003），民主德国新闻社1963年8月28日新闻原稿

模块和预制板，可以缩短施工时间。"依据列宁格勒市政建设管理局，罗斯托夫建筑公司以及其他单位的工作量统计数据显示，每使用一个大型预制模块，相当于减少800块砖的用量，也相当于一个泥瓦匠一天的工作量。而对于工业化施工现场，只需要起重机操作员15分钟起吊安装的工作量。Magnitostroj建筑公司使用大型预制板建造四层楼房的时间减少到四个月。在莫斯科建筑公司使用大型预制模块建造学校时，通过与传统砌体建造方式比较，每立方米工作量下降百分之三十。"[87] 苏联工业化住宅领域的实践对于汉斯·施密特，以及民主德国的住宅建设具有指导性意义。就在民主德国部长会议做出建筑行业发展规划会议结束的第二天，汉斯·施密特提交了苏联工业化建筑重要经验与教训的报告。[88] 正如30年前所预测的那样，工业化预制建筑已经成为现代建筑发展的基本要求之一。以汽车工业为例，以新材料钢铁和混凝土为基础，未来的住宅建造必须采用流水线生产模式。必须从传统建筑模式过渡到可预制和组装的模式，无论如何，劳动密集型的传统砌体建造方式，被认为是陈旧落后的模式。

尽管苏联斯大林时代已经开始工业化预制建筑的尝试，但赫鲁晓夫开始执政之后，苏联建筑业的发展方向才进行了明显调整，着力发展批量化和预制化建筑。在1955年底召开的苏联建筑师协会第二次会议上，苏联建筑协会秘书长帕维尔·阿布罗西莫夫宣布，"从1956年下半年起（某些地区从1957年开始），在住宅、学校、俱乐部、医院及其他类似建筑项目中，积极推动标准化建造模式"。[89] 在这种情况下，小型公寓及其室内设计，以及包括设备问题变

[87] 记录在汉斯·施密特的手稿（未标明日期，推测为1955年4月份）。目前作为汉斯·施密特的遗物，保存在苏黎世联邦理工学院建筑史和建筑理论研究所。
[88] 汉斯·施密特1955年4月22日写的《苏联建筑领域的工业化报告》原稿。目前作为汉斯·施密特的遗物，保存在苏黎世联邦理工学院建筑史和建筑理论研究所。
[89] 海茵茨·施特恩（Stern, Heinz）：《从1956年起推动工业化建筑发展——来苏联建筑师协会第二次会议的报道》收录在《新德国》1955年11月30日，第4版。

得特别重要。此时恰逢苏联部长联席会议提出，"调整城市规划和建筑领域过于激进的政策"的决议，这并不是单纯的巧合。[90] 部分社会主义国家随即在住宅建设领域推出类似的政策。而斯大林式建筑的"送别曲"在德意志民主共和国奏响时[91]，也标志着标准化、工业化预制住宅等政策的正式确立。

苏联建筑师协会第二次会议结束几周后，汉斯·施密特于1956年正式上任，恰逢民主德国部长会议做出建筑行业重要工作调整决议的将近一年之后，他记录了当时住宅建筑领域的状况。在向预制装配建造方式快速转变的过程中，虽然某些建筑领域的基础技术条件具备，但是目前并没有基于技术体系下的住宅类型"在1956年内，通过开发一系列针对工业化预制住宅建筑的特殊住宅类型，以最快的速度解决技术体系转变的困难"。[92]

最初计划在砖砌体结构中推行标准化建筑类型，随后逐渐采用砌块建筑方式替代。从1957年开始在霍耶斯维达项目（Hoyerserda）中应用预制混凝土板。在砌块建筑设计中存在两个建筑结构系统的竞争：以L1（砖砌体）和L4（砌块，部分为预制混凝土板）为代表的纵墙承重结构体系，和以Q3a，Q6或Qx（砌块，部分为预制混凝土板）为代表的横墙承重结构体系的类型为。

随着经济因素对于建筑领域的影响越来越大，在建造成本上需要对这两种方案进行对比。汉斯·施密特提到："纵墙承重结构体系中，建筑荷载由两侧纵墙及中央平行的支撑墙体承受，开间可以灵活布置，在较小的建筑中可以用砖墙作为承重结构墙体（……）与之对应的横墙承重结构体系中，当建筑跨度不超过3.6米时，横墙才能充分发

权利的玩具：1957年瓦尔特·乌布利希、格哈德·科塞尔和尼基塔·赫鲁晓夫（从左至右）在东柏林建筑博览会上讨论建筑模型。该模型比例为1:20，展示了典型的住宅施工现场，起重机设备正在起吊预制混凝土板。此时在西柏林正在举办著名的国际建筑展

资料来源：莱布尼茨区域发展和结构规划研究所，埃尔克纳市/柏林建筑信息化

"来自社会主义国家的建筑专家参观'黑泵'联合企业：1957年5月28日来自社会主义国家的60多位建筑专家和科研人员，在柏林召开标准化项目国际研讨会期间，前往位于霍耶斯维达市'黑泵'联合企业的大型预制构件生产厂，以及当地的大型砌块施工现场进行参观。国际客人饶有兴趣地观看了预制横向墙体构件的装载运输过程。"

资料来源：德国联邦档案馆（Bild 183-47090-0001），民主德国中央图片社1957年5月29日新闻原稿

---

90 "调整城市规划和建筑领域过于激进的政策"的决议（1955年）由菲利普·莫伊泽翻译为德语。收录在《预制混凝土板美学——苏联住宅建筑发展简史》，第150-157页，该书于2015年在柏林出版。
91 1961年民主德国勃兰登堡州艾森许滕施特市更名之前为"斯大林城"。现在位于东柏林的卡尔马克思大街和法兰克福大街更名之前为"斯大林大街"。
92 汉斯·施密特于1956年写的《住宅建设状况》。目前作为汉斯·施密特的遗物，保存在苏黎世联邦理工学院建筑史和建筑理论研究所。

从建筑材料到建筑系统

WHH-GT 18/21 型横墙承重系列产品在柏林费希尔岛附近高层住宅施工现场的应用

资料来源:瓦尔特劳德·福尔克(Volk, Waltraut),《历史街区和广场的今天》,该书于 1975 年在柏林出版,p. 192

挥作用兼作隔墙和承重墙使用,只有较小的跨度可以降低钢材的消耗量。"[93] 因此,在苏联、波兰以及前捷克斯洛伐克,几乎全部使用纵墙承重结构体系。另外,纵墙承重结构体系的建筑平面在空间布局上更加灵活,横向分隔墙可以随意布置。与之相反,横墙承重结构体系中,常用于平面布局规则的建筑,一般在 3.60 米左右,而且建筑立面被建筑平面布局所影响。

建筑标准化的浪潮来势迅猛,势不可挡,汉斯·施密特及其领导工业化住宅建设运动在民主德国得到了广泛认可。当时还在德国建筑学院任职的布鲁诺·福里尔对于汉斯·施密特做出的贡献赞赏有加,他这样写道:"如果民主德国的工业化建筑和类型化项目能在未来几年贯彻实施,并取得国际公认的成就的话,汉斯·施密特的贡献将是无人能比的。"[94] 格哈德·科勒尔(Gerhard Kosel)在他 25 年后的回忆录中,也对汉斯·施密特的成就进行了类似评价:"他的成就源于 20 世纪 20 年代工业化建筑浪潮初期的学习,和在苏联多年的工作积累,以及作为建筑理论家置身其中的观察和研究,使得民主德国可以在较短的时间内,在某种意义上来讲建设成为了社会主义工业化建筑的样板。"[95] 在汉斯·施密特担任建筑类型研究所首席建筑师两年后,1958 年在他 65 岁已到退休年龄之际,担任建筑理论与历史研究所主任。他的工作是,完善和提高民主德国第一代标准化建筑,使其达到批量化生产程度。[96]

对页图

集成窗户并预装格栅的 P1 型预制外墙板在施工现场进行安装

资料来源:bpk / 格哈德·凯思林

[93] 汉斯·施密特于 1956 年写的《住宅建设状况》。目前作为汉斯·施密特的遗物,保存在苏黎世联邦理工学院建筑史和建筑理论研究所。
[94] 布鲁诺·福里尔:《1924-1964 汉斯·施密特的建筑成就》,第 12 页,该书于 1965 年在柏林出版。
[95] 格哈德·科塞尔:《企业经济回忆录》,第 179 页,该书于 1989 年在柏林出版。
[96] 2013 年 9 月 3 日对马丁·威莫尔的采访,他是由汉斯·施密特担任首席建筑师的 VEB 标准化项目的继任者。

装配式建造历史与理论

装配式建造历史与理论

在艾森许滕施塔特市第七住宅区某住宅的墙壁上，粘贴着鱼主题的瓷砖装饰画。该建筑在 2005 年"东部城市更新规划"中被拆除

资料来源：菲利普·莫伊泽

（对页图）

"在社会主义建设竞赛中，处于领先地位的罗斯托克住宅建筑联合企业，该公司的安装工人们正在路德维希工长的领导下，在罗斯托克市埃瓦斯哈根区建造五层住宅楼。恰逢德国统一社会党第八届党代会召开之际，连接罗斯托克市和瓦尔内明德市的高速公路旁，使用预制标准产品开展的建造活动正在如火如荼地展开。"

资料来源：德国联邦档案馆（Bild 183-K0421-0004-001），民主德国新闻社 1971 年 4 月 21 日新闻原稿

从建筑材料到建筑系统

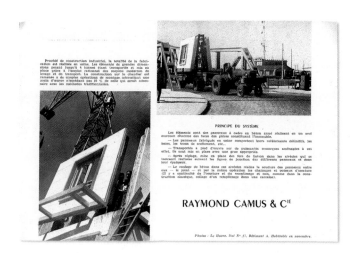

新成立的雷蒙德加缪联合公司在当时法国最重要的建筑杂志上刊登广告，广告内容重点强调了系统的技术优势和公司的物流优势
资料来源：《今日建筑》，第32期，1950年10/11月

在标准化砌块建筑模式发展的同时，从1953年在柏林已经开始预制混凝土板建筑模式的尝试。第一座采用预制混凝土板建造方式的项目于1957年在霍耶斯维达项目完工。民主德国当时的建筑技术水平在国际上仍处于先进水平。现在需要为新的预制混凝土板建造模式研发标准建筑平面，便于大规模推广五至十层的P2预制板建筑类型。起初预制板建造方式在节约成本方面没有取得预期的成效。主要由于P1，P2，QP和P Hall建筑类型尽管平面类似，但在结构上却有较大差别，需要在民主德国某些区域应用时进行相应调整，因而导致标准构件列表不断增加。在预制工厂预制混凝土板生产过程中，由于需要不断更换模具，从而导致正常工作流程受到干扰。从P2预制板建筑类型发展到住宅70建筑类型（WBS70），才出现"明显可控的构件列表"[97]，可以实现生产过程的顺利切换。在WBS70建筑类型基础上，从20世纪80年代中期开始民主德国的设计人员实现从住宅建筑向其他建筑类型的扩展。[98]因此，从20世纪60年代初确定的住宅建筑体系，以及在同时期开始的住宅综合体及其他建筑类型的尝试，在建造方法和技术方面都实现了既定的战略目标。[99]

汉斯·施密特公认为德国工业化建筑领域的专业人士最重要的建筑理论家。而法国人雷蒙德·加缪也以其住宅建筑系统和批量化生产技术，在法国以及海外声名鹊起。雷蒙德·加缪1937年从巴黎中央理工学院硕士毕业之后，曾在汽车制造商雪铁龙工作过。通过多年积累，他研发了基于预制混凝土板的完整的工业化建筑系统，1948年他注册了首个专利，并于次年和他的兄弟及几个朋友一起成立了雷蒙德加缪联合公司。他的首个四层住宅项目于1951年在

[97] 哈拉尔德·恩格勒（Engler, Harald）：《维尔弗里德·施塔勒克奈赫特和工业化建筑——民主德国的建筑师生涯》，第46页，该书于2014年在柏林出版。
[98] 克劳斯·尤艾克（Jorek, Klaus）：《WBS 70 – 多样化建造性能，被验证的系列化住宅建造方式，在新勃兰登堡市学校建筑中的应用》，刊登在1985年3月29日的《新德国》第2版。
[99] 2013年9月3日对马丁·威莫尔的采访。

勒·阿弗尔（Le Havre）完工。1954 年在巴黎西北部的蒙特松（Montesson）开办预制构件厂，随后于 1956 年接到 4000 套住宅的政府订单。[100] 在这份订单的推动下，雷蒙德加缪联合公司迅速成为工业化预制住宅市场领导者。预制构件生产方式，源于雷蒙德·加缪总结雪铁龙公司流水线生产技术，研发的标准化生产流程。"雷蒙德加缪联合公司的技术手段超越了传统的建筑技术，不仅避免了构件在不同工厂之间流转，而且通过协调避免了时间延迟"[101] 在此期间雷蒙德·加缪对生产系统进行了多次优化调整，使得单块预制混凝土板的加工可以一次成型，不需要对预制构件进行二次加工，或为适合现场施工条件而进行调整。墙体和屋面构件在运抵施工现场后就可以开展起吊安装工作。"雷蒙德·加缪优化了施工物流环节，拓宽了构件的运输及应用范围。随着建筑的发展，建筑技术的极限值塑造了现代城市大型居民区的形态，例如：预制混凝土板的大小决定了建筑进深，而其承载能力又反过来决定了建筑层数，建筑物之间的距离则是装配起重机的半径造成的。"[102]

1954 年巴黎附近蒙特松设立的首座预制构件厂的鸟瞰图
资料来源：加拿大建筑中心，蒙特利尔

与 20 世纪 20 年代应用的工业化预制系统相比，雷蒙德·加缪的专利系统具有决定性的优势，这也是该系统成功的秘诀。彼得·苏尔策（Peter Sulzer）总结了这些技术优势："20 世纪 50 年代预制混凝土大板建筑获得经济效益（1960 年在全世界采用雷蒙德·加缪的专利系统制造的住宅平均每天 50 座），取决于不断扩大连续生产规模，提高生产速度。（每座工厂年产大约有 1000 套住宅是常见的。）"

所有的构件表面都经过处理，预制程度较高，门窗及相关设备均集成到预制构件。在施工过程中，通过应用自动化

---

100 在巴黎地区实施的 4000 套住宅建设国家项目中，选择采用新型预制装配技术。由于加缪专利系统展示出来的卓越性能，法国城市规划与重建部（MRU）最终选择该系统。
101 汤姆·阿弗玛特（Avermaete, Tom），《现代化社会的推手——第二次世界大战后法国的建筑与政治》，收录在《ARCH+》2011 年 6 月第 203 期，第 33 页。
102 赖因·哈特塞斯（Seiß, Reinhard）：《六米长的人生》，收录在《Spectrum》2005 年 8 月 6 日。赖因·哈特塞斯在 2003 年 12 月 13 日接受 Ö 1 电台专访，《预制混凝土板文化简史》。

从建筑材料到建筑系统

1952年在勒阿弗尔采用加缪专利系统生产的产品进行住宅建造
资料来源：Getty Images（107410606）

建筑机械设备，例如固定式热处理成形机、滑模机等，取代大量手工劳动，同时也能减少施工装配费用，即使使用重质混凝土大型预制混凝土构件建造20层的高层建筑也是相对经济的。[103]

随着1955年位于蒙特松第二座预制构件工厂生产线的投产使用，每天的生产量可以提高到满足8座住宅单元同时建设的需求。截至1960年，预制构件工厂的总产能，相当于每年生产20000座住宅建筑。为不断优化生产工序提高产能，雷蒙德·加缪在预制构件生产和物流方面投入巨资。由于雷蒙德·加缪的专利系统生产的产品质量稳定，经济高效，因此许多国家提出了购买专利技术和设备的需求。因而出售专利系统许可证成为雷蒙德加缪联合公司一项重要收入来源。早在20世纪60年代初期，该系统就成功地向非洲前法国殖民地国家，以及德国，奥地利和苏联等国输出。而此时苏联工业化预制领域还在采用预制砌块建筑方式。雷蒙德·加缪专利系统的引入，为苏联预制构件生产水平带来了极大提升。1960年苏联第一条采用雷蒙德加缪联合公司技术的预制混凝土构件生产线，在巴库（Baku）和塔什干（Taschkent）的生产量，超过当地预制构件生产总量的三分之一。在欧洲其他国家，雷蒙德·加缪的专利系统和丹麦的拉森/尼尔森系统，以及同样来自法国的Barets, Coignet, Costamagna和Estiot等系统展开市场竞争，并根据当地国的建筑法规和要求对产品系统进行了适应性调整。汉堡建筑师维尔纳·卡阿勒茂根（Werner Kallmorgen）与德国公司Montagebau Camus GmbH & Co.合作，使用雷蒙德·加缪的专利系统技术，采用预制混凝土板建造社会福利用房的过程中，对该系统进行了适应德国建筑标准的调整和改造。[104] 在汉堡其他几个住宅区的建设过程中，也采用该系统生产的批量化标准构件，其中包括Hohenhorst（1959~1963年），Fabricius Street（1961~1963年）和Grosslohe – South（1963~1964年）的住宅区，以及洛布鲁格北部（1965~1966年）大型住宅区的五座摩天大楼等项目。[105] 位于德国萨尔布吕肯附近的Marienau-lès-Forbach的Camus-Dietsch公司为这些项目的实施提供了技术支持。

应特别注意的是20世纪50年代末，苏联于1958年签署的雷蒙德·加缪的专利系统技术购买协议以及专利授权文件56 / 0474-09中，包括了在塔什干和巴库，协助建造两座年产量为60400立方米的混凝土预制构件厂的条款。[106] 这两座工厂从1959年3月开始正式投产。同年，苏联也从南斯拉夫共和国引入了预制装配式建筑新技术，开始建造第一批试验性建筑。早在斯大林第一个五年计划期间，苏联中亚和高加索地区就聘请，来自美国的阿尔伯特·卡恩和来自德国的埃恩斯特·梅等外国专家前往苏联工作，带动了当地建筑工业化发展。从法国进口的雷蒙德·加缪的专利系统延续了当地工业化建筑的发展传统，同时也为适应乌兹别克族人生活习惯以及中亚地区的气候特点，进行了适应性改造，并正式命名为T-DSK系列。因而，雷蒙德·加缪在苏联建筑工业化的进程中扮演了非常重要的角色，起到了重要推动作用。

20世纪下半叶雷蒙德·加缪的专利系统在工业化住宅发展进程中书写了光辉的历史。通过专利技术输出，雷蒙德·加缪为全世界普及和推广标准化产品体系做出了重大贡献，同时也在过去的几十年间，该专利系统在不同的地区派生了出无数建筑体系，推动了世界范围内工业化建筑的发展。

---

103 彼得·苏尔策：《埃恩斯特·梅的预制混凝土板式建筑系统》收录在《建筑世界》杂志1986年第18期，第1063页。

104 诺伯特·鲍斯（Baues, Norbert）：《维尔纳·卡阿勒茂根 – 遗产与革新者》收录在汉堡建筑师协会主编的《1990年汉堡建筑师年鉴》第129页，该书于1990年在汉堡出版。

105 乌尔赖希·库奈尔（Cornehl, Ulrich）：《建筑师维尔纳·卡阿勒茂根（1902-1979）》，该书于2003年在汉堡、慕尼黑出版。

106 纳塔尔雅·索洛珀娃（Solopova, Natalya）：《苏联预制建造技术与建筑设计》，第215页，该书于2001年在巴黎出版。

1950年以来装配式住宅的里程碑事件

菲利普·莫伊泽

直到20世纪中期，工业化预制住宅的发展还停留在试验阶段。19世纪晚期，随着军事扩张以及争夺殖民地的需要，工业化住宅的运输和预制装配技术发展得到重视，20世纪前20年随着汽车工业的发展，汽车工业批量化生产技术对预制装配建筑技术的发展起到了极大的推动作用。第二次世界大战之后，标准化设计和类型化设计被重新定义。首先在建筑领域发展了批量化设计生产模式，一部分是在传统的砖砌体墙体结构中得以实现，当然建筑技术的发展也在不断进行突破，短短十年间，在欧洲和整个苏联的住宅建筑领域，都采用以钢筋混凝土为原材料的工业化预制构件进行组装。时至今日仍然是建筑工程领域最便捷和最高效的建造方式。自此以后建筑技术的发展突飞猛进，以每十年为单位，不仅在研究领域，而且在实践领域都不断出现重要项目，部分项目直到今天还在发挥重要影响。而建筑体系也日益丰富，除了钢筋混凝土体系以外，木、钢、砖、合成材料、混合材料等其他建筑体系也在不断涌现，极大地丰富了工业化建筑领域的发展。

聚焦工业化预制住宅从20世纪50年代到今天的发展历程，每十年为一周期，选取了标志性的四个建筑案例。毫无疑问这些挑选的案例，代表了这一时间段建筑技术创新开拓及未来发展趋势。纵观过去70年的历史，从整体上可以看出，建筑构件和结构形式基本没有变化，依然按照框架结构、板式结构，和空间模块结构等进行分类。而设计方法、装配技术、产品物流以及材料性能等方面却有了重大变化。时至今日工业化预制住宅研究的核心，仍然围绕构件质量、承载能力、保温节能等方面展开。基本上可以确定的是，采用工业化预制体系不仅可以建造五星级高层建筑，也可以建造救灾移动房屋。工业化预制住宅既不是解决社会问题的工具，也不是实现某些特定的政治观点的手段。它只是一套日趋成熟的建筑技术体系，可以实现某些其他建筑体系无法实现的任务而已。

当人们讨论工业化预制住宅未来的发展，需要从以下三个基本议题出发，要将解决方案具体化，同时也要对建筑设计的质量保持必要的洞察力。

· 建筑理论层面关于类型与样式，以及标准化和居住需求的讨论

· 施工建造层面关于材料应用、使用年限以及能耗合理化的讨论

· 建筑艺术层面关于艺术表现力和空间技术条件的讨论

在随后的28个建筑案例，以全局性的视角，展示了工业化预制住宅建筑，从最早的实验性建筑特点逐步向独立学科发展的过程，从实验住宅向批量化标准住宅、独栋家庭别墅以及救灾移动房屋领域逐步扩展。从地理学分布的视角观察，工业化预制住宅的发展重点主要在北半球，覆盖了从北美到欧洲、苏联到东亚的广大地区。工业化预制住宅的发展过程中展示的多样化的建筑技术和材料应用，表明其不仅可以满足社会政治层面的住宅建设计划，还可以在新的领域进一步拓展。

装配式建造历史与理论

1947

在瑞典发展壮大的卡尔斯坦隆德公司,在俄亥俄州哥伦比亚市建造的单层钢结构住宅,命名为"Lustron 房屋"。截至 1950 年该公司关闭时,共生产 2500 套该类型住宅

资料来源:托马斯·T·菲特斯(Fetters, Thomas T.),《Lustron 房屋》,p. 120,该书于 2002 年在杰斐逊城出版

1949

维塔利·拉古腾科和米歇尔·波索契,以及他们的项目组在莫斯科设计八层新古典主义"斯大林风格"的住宅建筑。当时是以预制板材建造方式建造的世界最高的建筑

资料来源:亚历山大·W·拉索夫及其他,《苏维埃建筑 1917~1957 年》,该书于 1957 年在莫斯科出版

1950

在加缪专利系统的支持下,位于勒阿弗尔市的派赖伊的实验性住宅项目,采用工业化预制方式进行建造。该项目从城市规划和建筑设计的角度也不会觉得单调呆板,同时也遵循了欧洲城市发展的脉络

资料来源:勒阿弗尔市档案馆

1952

勒·柯布西耶在马赛公寓(Cité radieuse)项目中,进行了新式建筑类型学的尝试-"居住机器"。他的设计理念是,在梁柱搭建而成的建筑结构框架内,置入预制的空间建筑模块

资料来源:VG Bild-Kunst / FLC

1950年以来装配式住宅的里程碑事件

1957
苏联引入法国加缪的专利系统,并在巴库和塔什干设立了苏联第一条预制混凝土构件生产线。苏联的建筑师在此基础上开发了成功的Ⅰ-464系列产品
资料来源:国家建筑专业博物馆,莫斯科

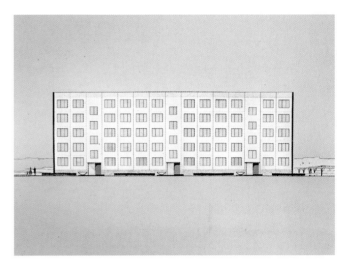

1958
尼基塔·赫鲁晓夫要求苏联建筑师设计标准型的五层住宅建筑,并举办了大型建筑设计竞赛。"赫鲁晓夫式"建筑由此诞生
资料来源:国家建筑专业博物馆,莫斯科

1963
热带风暴"弗洛拉"对古巴造成了重大损失。灾后重建中苏联援建的预制混凝土板厂,生产的Ⅰ-464系列产品适应加勒比海气候特点,得到了广泛应用,并被命名为"Gran panel soviético"
资料来源:诺尔贝托·萨利纳斯·冈萨雷斯档案馆

1966
地震摧毁了乌兹别克首府塔什干,苏联加盟共和国都被要求向塔什干派遣设计和施工人员。次年该座城市变成了"预制板露天博物馆"
资料来源:鲍里斯·格伦德档案馆

装配式建造历史与理论

1967

莫瑟·萨夫迪为蒙特利尔 EXPO67 设计的 Habitat 67 集体住宅项目。该项目由重达 70 顿的预制混凝土模块组合而成,施工阶段必须使用特种起重设备才能完成组装

资料来源:皮尔曼·杰利斯/萨夫迪建筑师事务所

1972

这是一个空间模块的时代。黑川纪章在东京的"中银胶囊塔"项目树立了"新陈代谢派"建筑师的丰碑,这座经典建筑由 140 多个建筑模块组合而成

资料来源:克里斯托弗·杜尔贝格:《巨型结构》,第 74 页,该书于 2013 年在柏林出版

1974

建筑师理查德·J·迪特里希在鲁尔区北部的"梅塔城市"项目设计的实验性钢结构预制建筑,由 100 间住宅和商业空间组成。由于该项目城市发展需要被拆除

资料来源:德国联邦档案馆(B 145 Bild-F042395-0023)

1975

以色列建筑师泽维·霍克在耶路撒冷设计的蜂巢状预制建筑。五边形的预制混凝土构件与结构框架紧密结合。每一个外立面模块都有一个小窗

资料来源:鲁道夫·克莱因

1950年以来装配式住宅的里程碑事件

1977

詹姆斯·斯特林在位于曼彻斯特附近的朗克恩新城的索斯盖特——伊斯塔特住宅区项目中,部分使用了玻璃纤维增强聚酯制造的预制构件。由于建筑形体过于单调,该项目在 1991 年被拆除

资料来源:詹姆斯·斯特林,迈克尔·威尔福德及助手:《建筑作品集》,该书于 1994 年在斯图加特出版

1979

里卡多·波菲尔接受委托在法国蒙彼利埃的安提戈涅区开展设计活动,从第二年开始采用工业化预制方式建造了大批后现代主义住宅建筑

资料来源:iStock(482537408)

1986

切尔诺贝利核电站爆炸及随后的核泄漏,导致近在咫尺的乌克兰城市 Prypjat 无法居住。因此在 80 公里以外的斯拉夫蒂奇,使用预制混凝土板建造方式完成了苏联最后一座"样板城市"工程

资料来源:斯拉夫蒂奇地区博物馆档案

1987

在柏林建城 750 周年之际尼古拉区被重新规划。在这片城区狭窄的空间,采用灵活的标准化预制板 WBS70 建筑类型进行住宅建造

资料来源:柏林 VEB BMK 工程公司 / 吉泽拉·斯塔芬贝克

装配式建造历史与理论

1988
亚美尼亚北部遭到地震的严重摧毁,灾后国际援助了大量新住宅。意大利派出集装箱运输船向灾区运送由合成材料生产的移动房屋,通过伸展"折叠"墙壁可以增大三倍居住空间

资料来源:Sputnik 机构(860115)

1990
突然到来的"政治变革"对所有前社会主义国家建筑行业造成冲击。曾经繁荣的工业化住宅建设活动戛然而止,许多预制混凝土板式建筑项目停工

资料来源:菲利普·莫伊泽

1991
在东欧针对破败不堪的预制混凝土板式建筑开展了翻新计划。在德意志民主共和国区域进行的许多现代化改造措施中,提高了原有建筑的艺术创新性

资料来源:iStock(Nikada)

1999
为推动"卢布危机"后的经济发展,莫斯科市长宣布在市内拆除 1600 座第一代预制混凝土板式建筑,新建筑高度是旧建筑的五倍

资料来源:爱罗·沃尔夫

1950年以来装配式住宅的里程碑事件

2002
在德国东部地区推动的"东部城市重建计划",通过拆除空置的预制混凝土板式建筑,实现城市更新和紧缩。部分拆除的混凝土构件应用在新的小型住宅建筑项目中

资料来源:施韦特市 / 哈拉尔德·拜特克

2008
在纽约现代艺术博物馆举办的"交付空间:现代住宅制造"展览中,工业化预制住宅作为建筑艺术独立的类型在世界艺术最高殿堂得到认可

资料来源:现代艺术博物馆 / 托马斯·格里塞尔

2013
宜家公司为联合国设计以塑料和铝为材料的可折叠的难民用房,通过批量化生产可以把造价控制在 1000 美元

资料来源:宜家基金会

2013
诺曼·福斯特受欧洲宇航局委托,设计登月住宅计划。由于建筑材料不便运输,因此所有建筑构件均采用 3D 打印组装方式完成

资料来源:欧洲空间局 / 福斯特建筑师事务所

装配式建造历史与理论

2014
工业化标准住宅在 20 世纪取得的诸多艺术成就在威尼斯双年展上得到承认。智利馆获得"银狮"奖

资料来源:《巨石争议》Monolith Controversies/ 2014 年威尼斯双年展智利馆

2015
莫斯科开展预制板式建筑复兴计划,市政府通过法令要求住宅企业必须在建筑设计和工业化预制方面贯彻品质标准

资料来源:莫斯科建筑委员会

2015
难民危机震惊欧洲。在短期内建造的住宅主要采用木结构建造方式,或者由轻质金属制造的"箱体"建筑。工业化住宅成为政治议题

资料来源:赛德尔核心建筑师事务所

2017
德国政府举办住宅建筑标准化项目设计竞赛。为推动建筑师和建筑企业的设计尽快落地,对建筑许可方面的立法进行修订,德国建筑师协会对此颇有微词

资料来源:德国联邦环境、自然保护与核安全部 / 萨沙·希尔格

类型学与设计参数——装配式住宅五个代际

菲利普·莫伊泽

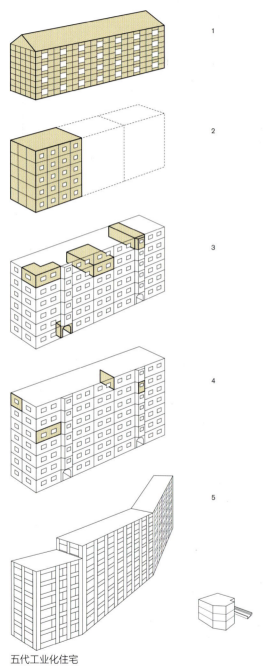

五代工业化住宅
1 整座建筑成为最小建筑单位（建筑整体）
2 建筑部分成为最小建筑单位（建筑部分）
3 独立住宅成为最小建筑单位（建筑单元）
4 结构构件成为最小建筑单位（建筑构件）
5 定制化项目和独特单元组合（个性化构件）

为了清晰地梳理工业化预制住宅发展历史，将迄今为止的发展历程划分为五个代际。前四代的工业化预制住宅，是沿着建筑整体－建筑部分－建筑单元－建筑构件的轨迹，依次递进逐步发展。第五代发展则基于个性化的设计，生产定制化的建筑构件。

前三代工业化预制住宅的发展过程，可以在苏联时期的预制住宅建造历史，特别是建筑单元模块的发展过程中，清晰地看到。建筑单元模块（russ：секция，sekzija），按照俄语的解释是通过楼梯间连接起来的建筑部分。每个建筑单元模块至少有两套住宅组成，通常是四套，最多可以是十二套公寓。住宅建筑由多个建筑单元组合而成，按照城市规划设计原则，分布在各个街区，这些住宅建筑是城市的基本组成部分。工业化预制住宅按照"整体到部分，从部分再到单元"的趋势，当发展到建筑单元模块阶段时，住宅成为最小组成部分。这种发展趋势可以形象地以"国际象棋"模式、"多米诺骨牌"模式和"俄罗斯方块"模式进行比喻，会更加清晰直观。国际象棋比赛是在规格固定的棋盘上进行，而多米诺骨牌则必须排列成行或垂直，这就导致了相同尺度元素可以组合成某种造型。与此相反，俄罗斯方块游戏的布置相对灵活，可以依据任意的组合方法，搭配组合成独特的造型。随着研究的深入，第四代工业化预制住宅的结构理念被称为"乐高玩具"模式，每个构件都成为可灵活使用的建筑系统的一部分。对墙板、屋面板或装饰构件的种类没有限制。随着工业化预制住宅的发展，以及个性化制造手段和数控技术的应用，今天可以将任何设计图纸，采用类似"智力拼图"的方式，分解为独立构件进行预制生产、组装成建筑整体。工业化预制住宅的代际沿革，按照时间顺序不断演进，体现了预制住宅的发展趋势。当今五个代际的工业化预制住宅同时存在，无论采取何种建筑类型和建造方法，住宅的质量保证是建筑设计师和建筑工程师的重要职责。

Шахматы
"国际象棋"模式

Отсутствует возможность вариативности компоновки здания. Жилое здание имеет фиксированное количество секций зданий.
建筑的基本设计不变。住宅建筑由固定数量的建筑部分组成。

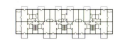

Единый блок здания состоит из пяти секций
一座独立建筑由五个建筑部分组成

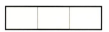

Блок здания из трех секций
由三个建筑部分组成

Первое поколение
Единица измерения: ряд секций
第一代：最小建筑单位——整座建筑

Серия и-118
典型代表：I-118 系列产品

Домино
"多米诺骨牌"模式

Базовый элемент жилого здания – блок-секция. Здание может быть изменено поворотом секций относительно друг друга.
住宅建筑的基本组成：建筑部分

Трехсекционное здание
三个建筑部分

Пятисекционное здание, изогнутое в плане
五个建筑部分的曲线型变化

Второе поколение.
Единица измерения:
Блок-секция.

第二代：最小建筑单位——建筑部分

Серия ТДСК 71/77
典型代表：TDSK 71/77 系列产品

Тетрис
"俄罗斯方块"模式

Базовый элемент здания жилого здания – квартира. Данная структура позволяет создать огромное количество вариантов компоновки здания.
住宅建筑的基本组成：建筑单元，可随意组合变化。

Компактность
紧凑的结构

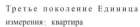

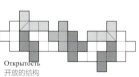
Открытость
开放的结构

Третье поколение Единица измерения: квартира

第三代：最小建筑单位—独立住宅

Серия 148
典型代表：148 系列产品

Лего
"乐高玩具"模式

Базовый элемент здания жилого здания – панель. Данная структура позволяет создать индивидуальный типовой этаж из стандартизированного элемента.
住宅建筑的基本组成：结构构件，可通过标准化构件组成个性化平面

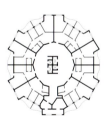

Четвертое поколение Единица измерения: панель

第四代：最小建筑单位——预制构件

Колос И-1279
典型代表：KOLOS I-1279 系列产品

Паззл
"智力拼图"模式

Отсутствие стандартизированного базового элемента. Технология производства ДСК предполагает индивидуальные решения в соответствии с проектом и стандартами качества.
没有任何基本模块。采用符合设计理念和质量标准的定制化方案进行生产。

Пятое поколение
Отказ от стандартизации:
Индивидуальный элемент

第五代：标准化的结束，独特单元组合

ТРИМЛИ
典型代表：TRIEML

工业化预制住宅的系统化分类，ArchMoscow 2015

资料来源：菲利普·莫伊泽

类型学与设计参数——装配式住宅五个代际

I 第一代：

第一代工业化预制住宅应该从20世纪50年代后期开始谈起。就其建造逻辑，可以同国际象棋的棋盘进行比较：不同的住宅和建筑部分组合在一栋建筑中，建筑的结构体系已经限定。不能根据建筑基地条件调整建筑形态，也不能在现有建筑的基础上进行组合。该类型的预制建筑是一个建筑整体，建筑各组成部分不能进一步拆分。

以苏联的住宅体系为例，第一代工业化预制住宅包括K-7系列（预制混凝土板式），G-3系列（砌块结构），I-447系列（砖）和II-38系列（空间单元）等。虽然建筑材料不同，但建造原理类似，因此呈现的建筑面貌不会有较大变化。尽管可以将整座建筑作为建筑群的组成部分，将三、四或五个相同的建筑组合成为一组建筑，但各组成部分仅可以通过公共墙壁进行分隔，在结构体系上不能进一步拆解，因此第一代工业化预制住宅的最小建筑单位是整座建筑。第一代工业化预制住宅在城市空间结构中，都是以排列规整建筑群的面貌出现。唯一不同的是，在建筑设计阶段由于构件尺寸和建筑尺度不同，导致建筑风貌有所变化。因此在进行城市设计时，需要有意识地削弱此类建筑造成的城市空间单调感。以莫斯科为例，有大量九层独立预制住宅建筑，主要由II-18系列产品建造而成。这些建筑主要面向交通干道排列，散布在规整布局的第一代工业化住宅群中，化解了呆板的城市形象。

为什么第一代工业化住宅在房地产市场中几乎没产生影响，一个很重要的原因。该类型建筑设计之初并未做长期规划，最初计划这批建筑仅使用20~25年，因此没有考虑建筑升级改建等问题。由于第一代工业化预制住宅多为纵墙承重结构体系，出于结构安全的考虑，不能随意更换外立面构件，因此多年来该类型已被莫斯科政府列入拆除计划。在民主德国时期采用Q 3a和L 4系列产品建造的第一代工业化预制住宅，目前通过增加建筑外墙外保温结构体系等一系列措施进行升级改造，普遍采用外部隔热系统来适应当今的使用要求。

类型学与设计参数

1958年采用加缪专利系统建造的四层住宅楼

资料来源：国家建筑专业博物馆，莫斯科

1960年在东柏林采用Q 3a型系列产品建造的住宅

资料来源：莱布尼茨空间社会研究所

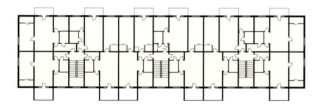

1967年塔什干建造的第一代三单元组合住宅，通过公共墙体对单元进行分隔

民主德国第一座社会主义城市艾森许滕施塔特市，更名之前为斯大林城。1951年建筑师库尔特·W·劳伊希特（Kurt W. Leucht）采用L4型系列产品完成的建筑项目，及预制建筑围合的庭院

资料来源：勃兰登堡－奥德日报/弗里德里希·佩克特（Friedrich Peukert）

民主德国第二座社会主义城市霍耶斯维达的城市设计。1956年建筑师K·沃克特·尼克尔（Kollektiv Walter Nickerl）设计的联排住宅组成的院落

资料来源：乔恩·杜维尔收集（Jörn Düwel）

II 第二代：

从20世纪60年代初开始，工业化预制住宅领域延续着第一代的轨迹继续发展，但伴随着单元模块出现，出现根本性的变化。建筑部分成为最小的独立建筑单位出现，在建造逻辑上与多米诺骨牌游戏类似，通过将各个建筑部分（单元模块）串联成建筑整体。

第二代工业化预制住宅的出现，为城市规划领域带来了模式性的变化，城市规划师和建筑设计师可以在系列化类型化产品的基础上变换建筑形式。为将建筑群形态从以往的单一呆板的线性排列方式解放出来，苏联的研究者开发灵活方便的预制单元模块目录，用于满足建筑造型曲折变化的需要，建造弯曲形式的中间建筑部分。这些正交平面为基础的建筑部分，可以按照建筑造型需要，进行角度变化，方向偏转，甚至还可以"之"字形，或者圆形来排列。在建筑弯曲造型中的建筑部分（单元模块），主要用作凉廊或阳台使用。第二代工业预制住宅不仅为城市规划带来便利，也为建筑平面的变化提供了基础。在苏联通过引进不同的工业化预制住宅产品系统，如1-LG-600（列宁格勒，现圣彼得堡），1-MG-300（莫斯科），1-KG-480（基辅）和1-UZ-500（乌兹别克斯坦），不仅改善了第一代产品的性能，也可以将其改造成为"单元模块"建筑。第二代工业化预制住宅的高度相较于第一代有所突破以外，还实现了Mikrorajons设想的建筑群造型自由变化的愿景。

在其他社会主义国家，新技术也推动了建筑设计和城市规划的发展。例如在民主德国罗斯托克市吕腾—科莱住宅项目第二期的布局遵循工业厂房的排布模式，将住宅建筑和公共建筑像精密机械设备一样高效的排列组合。在柏林卡尔马克思大街住宅区第二期建设过程中，随着重型起重设备在施工现场的移动，也对城市面貌产生重要的影响。

预制混凝土板建造方式研究的逐步深入，是第二代工业化预制住宅的重要特点，在实现施工现场无脚手架施工的同时，也大大缩短了工程周期。然而，预制混凝土板建造方式有地域性特点，需要因地制宜开发适宜当地条件的产品类型，在全国范围内使用统一预制构件目录的想法只能有限地被实施。

类型学与设计参数

1963 年在民主德国卡尔马克思城（现名：开姆尼茨）采用预制混凝土板 P 2 系列产品建造的"大板"住宅建筑

资料来源：德国联邦档案馆图像中心（图片 183-B1213-0016-003）/ 加尔贝克（Gahlbeck）

1966 年在莫斯科 Birjuljowo-Sapanoje 采用 II-68-01 系列产品建造的住址建筑

资料来源：菲利普·莫伊泽

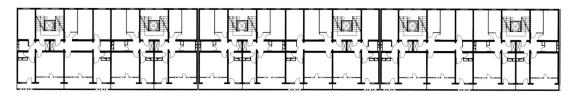

1972 年在塔什干采用 TDSK 71 / 77 系列产品建造的三单元两户型住宅建筑

1959~1965 年由埃德蒙德·科莱因（Edmund Collein）和维尔纳·杜契克 (Werner Dutschke) 完成的柏林卡尔马克思大街住宅第二施工阶段设计 – 流动空间的交通要道

资料来源：乔恩·杜维尔收集（Jrn Düwel）

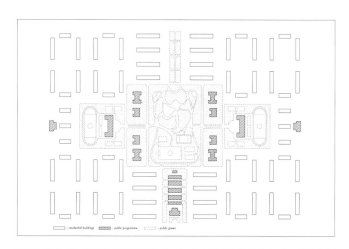

苏联标准化多层住宅区的理想设计方案：住宅建筑均匀分布在城市绿地和服务设施周边

资料来源：库巴·斯诺普克《Belyayevo Forever》, p. 16, 该书于 2015 年在柏林出版。

类型学与设计参数——装配式住宅五个代际

 第三代：

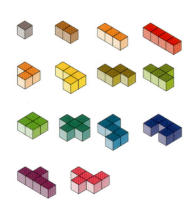

  建造技术的发展和政治指导方针的改变推动着社会主义住宅建设的代际更迭。第三代工业化预制住宅的发展与1969年5月苏联共产党中央委员会和苏联部长联席会议的决定密切相关。此次会议形成的"提高住宅和高层建筑质量的措施"出台两年后，新一代标准化预制住宅建筑随即出现，新一代的产品旨在提高建筑表现力，增加设计多样化。第三代工业化预制住宅的建造逻辑上与俄罗斯方块游戏类似，建筑单元（独立住宅）作为的最小建筑单位出现，同时在不同的建筑尺度和平面中进行变形组合。

  因此，1971~1975年苏联新的标准化系列住宅的复杂程度超过了以前的代际。可以实现建筑外立面，入口、阳台、凉廊等部位建筑造型设计的多种变化。第三代工业化预制住宅建筑平面变化也很丰富，在建筑的边角位置也可以布置相应的独立住宅。除此以外，尽管独立住宅是最小建筑单位，但仍可以通过标准化的预制构件目录进行设计建造，苏联于1973年制定了统一的建筑构件目录。新一代工业化住宅的建造策略，旨在减少系列类型和标准化成品构件数量的同时，创造住宅建造更多个性。这不仅是对于外界批评单调呆板预制装配式建筑面貌的回应，也是对在工业化预制住宅建设过程中进一步丰富预制建造手段的回应。

  在民主德国也出现了类似的情况，随着工业化预制住宅WBS 70系列的投产使用，也发生了相应的建筑技术革命。建筑模块化系统使个性化建筑的出现成为可能。从城市规划的角度观察，在新规划设计的区域，通过较大的尺度弯曲折叠的建筑造型丰富了城市面貌。在空间相对局促的城市内城，也可以通过较小尺度的变化来适应建造场所环境。这些都是基于独立住宅"构件化"的新理解，然而构件化蕴含的潜力却并没有被工业化住宅WBS 70系列充分开发。

类型学与设计参数

1974 在列宁格勒采用 1-LG-600 A 系列产品建造的住宅
资料来源：菲利普·莫伊泽

1973 年在新勃兰登堡市采用 WBS 70 系列产品建造的建筑原型
资料来源：罗尼·库格（Ronny Krüger）

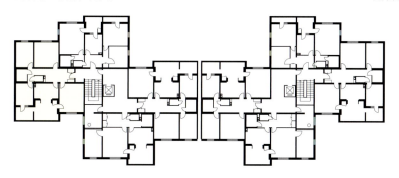

在塔什干采用 E-148 P 系列产品建造的住宅，与其他建筑单元组合成为完整的住宅建筑。

1986 年在柏林海勒斯多夫，由科莱克迪副·海因茨·维勒乌玛特（kokkektiv Heiz Willumat）和海因茨·格拉副德（Heinz Graffunder）设计的第三代预制住宅建筑组合而成"蜿蜒"的庭院
资料来源：《德国建筑》1987 年第 8 期，第 10 页

1984 年~1987 年由建筑师埃哈特·吉斯克设计的柏林尼古拉区城市重建项目中，采用 WBS 70 系列产品建造的城市住宅
资料来源：菲利普·莫伊泽

类型学与设计参数——装配式住宅五个代际

 Ⅳ　第四代：

在苏联工业化住宅发展过程中，按照建筑部分、独立住宅等标准化构件特征，进行分类和分析，并将预制住宅经验在（经济互助委员会，中文简称经互会，由苏联组织建立的一个由社会主义国家组成的政治经济合作组织。——译者注）的社会住宅建设领域进行推广。在资本主义主导的市场经济国家，以标准化构件区分的代际关系并不是太明显，首先是由于工业化住宅建造的数量有限，其次以私营企业为主导的市场发展模式，和以国家为主导的公有制市场发展模式有本质的不同。从20世纪80年代中期开始，苏联的建筑设计师要求将工业化建造的范围扩展到分类更细的产品目录。这个想法的初衷是，成品构件不能再只生产固定系列的产品，而是要实现不同系列产品的拼接转换。这种建造逻辑就像乐高玩具中的积木一样，实现跨系列自由组合。然而，当时东欧和苏联的建筑业已经面临着进退两难的境地，即用越来越少的预算建造越来越多的住宅。开发通用的系列预制构件的分类目录，并能在所有项目中应用的尝试，在20世纪80年代后期东欧和苏联社会政治和经济动荡中消失。

尽管如此，随着工业化住宅KOPE系列产品在苏联的推广，标志着第四代工业化住宅开始起步。与以前的系列产品类型相比，该建筑系统的不同之处在于，最小的可组合单元不再是标准化住宅，而是单独的建筑部件，如墙板和屋面板构件等。这使得基于单独的建筑部件目录，进行个性化住宅建筑的规划设计成为可能。第四代工业化住宅建筑或塔楼更多地出现圆形建筑平面，"扇形"住宅单元，以及突出建筑立面的不规则建筑造型等特征。所有的"扇形"住宅单元，围绕内部交通核心围合成环状平面布局。俄罗斯工业化预制住宅Kolos I-1279系列产品展示了这种住宅的发展趋势。

相比之下，西班牙人里卡多·波菲（Ricardo Bofill）等西欧建筑师与他的后现代主义的住宅建筑表明，采用与"乐高玩具"模式类似的建筑系统也可以建造出让人耳目一新的住宅建筑。自20世纪80年代以来，跨系列的建筑系统以及个性化构件和建筑部件在工业化住宅中一直具有决定性作用。

类型学与设计参数

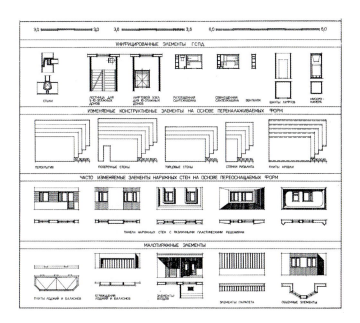

1986年苏联第四代预制住宅建筑采用灵活的建筑体系，建立了内外墙预制板的标准目录

资料来源：格斯托基（Gosstroj）

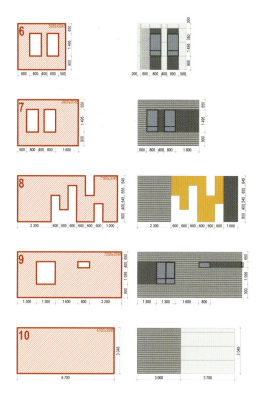

即使在30年后的今天，第四代预制住宅的建造原则仍没有改变。截至2016年，TA-714-001系列系列产品依然在使用

资料来源：格拉夫莫斯托夫

1985年由建筑师里卡多·波菲设计的巴黎"毕加索竞技场"住宅项目的预制柱基

资料来源：詹妮弗·托博拉（Jennifer Tobolla）

1983年由建筑师里卡多·波菲设计的巴黎"住宅城"项目的后现代主义建筑立面

资料来源：詹妮弗·托博拉

第五代：

通过数字化辅助手段，在设计优化，构件生产和物流运输环节成为可能。

关注工业化预制住宅最新研究成果就会清晰地感受到这种发展趋势，生产制造技术，设计造型能力，以及产品物流已经得到了进一步发展。工业化预制建造模式将在未来建筑业发展中占据更大的市场份额。数十年来存在的偏见，即标准化系列建筑不能出现个性化设计的观点，将随着建筑技术的发展而被破除。特别是BIM技术在建筑个性化设计中的应用，即以经济和技术最优原则，运用计算机技术辅助设计手段，将建筑拆解成独立构件集合体，通过预制工厂生产，在施工现场完成组装。第五代工业化住宅的建造逻辑就像智力拼图游戏一样，每个建筑都有独特的解决方案。在今天这种生产方法已成为现实，当第一代预制混凝土板预制工序，仍然需要在刚性钢模板中浇铸时，第五代工业化住宅的混凝土构件已经在钢制操作平台上，通过单独放置的模板元件完成浇铸。

第五代工业化住宅的发展主要集中在中欧和西欧地区。在这些地方现代建筑技术的发展已有近百年的积累且日趋成熟，而且和东欧及苏联的建筑发展不同的是，在这些地区建筑市场的发展不会受到国家强制推行的建筑政策，以及活跃度较低的市场经济条件的影响。出于技术进步和个人事业发展的追求，广大中小型公司拥有相应的技术专利和市场营销方案。此外，"个性化"预制板发展方向，以及相应的技术解决方案，与传统西方建筑文化的要求相适应，即保证每座建筑的独特性。因此，习惯性认为"与传统建造的房屋相比，工业预制房屋不能发展出特色"的错误论调可以被破除。与之相反，随着预制水平的进一步提高，将会实现更高的预制精度。自从汽车行业引入自动化生产线以来，汽车行业的标准化生产经验在住宅建造领域的推广始终没有成功。在面向未来的工业化住宅领域的发展中，标准化预制装配的份额将再次增加。

类型学与设计参数

2011年在苏黎世由巴莫斯克鲁克建筑师事务所设计的社区集合住宅
资料来源：乔治·阿尔尼（Georg Aerni）

2010年由ARTEC建筑师事务所在劳特巴赫设计的"Manahl"建筑系统住宅
资料来源：布鲁诺·克隆法尔（Bruno Klomfar）

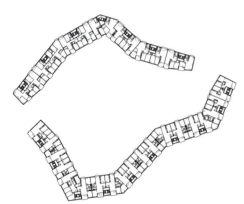

平面图

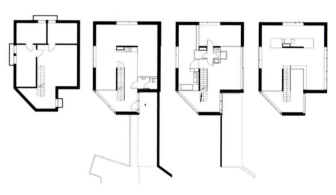

平面图

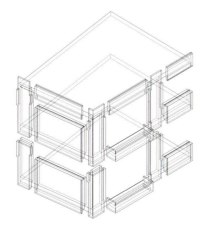

结构系统

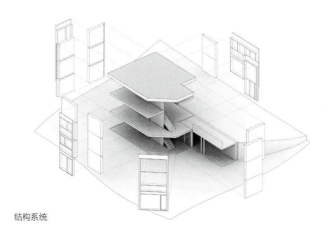

结构系统

99

类型学与设计参数——建筑设计十个参数

菲利普·莫伊泽

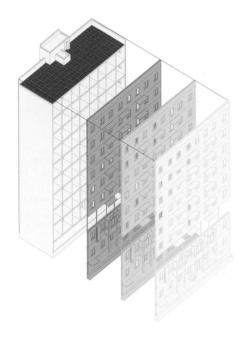

个性 vs 标准：标准化建筑结构原则与不同外立面造型设计的组合
资料来源：Inteco 建筑集团

装配式建筑的基本思路是预制单一构件的前提下，实现系统性的大规模生产，由此引申出的问题是，受到技术因素的制约，是否会导致预制构件设计定型过程中，产品具有较大的不稳定性和不确定性。多年来建筑设计师群体对此都持保留意见，他们反对在批量化生产的建筑类型研究上投入过多精力。因为长期以来该领域很大程度上一直受到政府社会福利及公共政策上的制约，同时由于一些建筑专业出版刊物的偏见，该类型的建筑始终得不到应有的重视。但实际情况恰恰相反，当建筑设计师在面对工业化预制生产时，会对标准构件进行认真研究，精确设计，以满足成百上千次的重复制造和生产，过去是这样，现在也是这样。由于预制生产过程中的高度机械化的特点。使得建筑设计师在建筑师事务所独自决定建筑外观和建筑结构变得不太现实。相反建筑师要经常与建筑工程师以及施工人员在一起工作，而且要在设计方案阶段就对建筑实施方案及施工过程提出建设性的建议和意见。

随着物流运输和建造水平的提升，批量化生产的住宅预制构件尺寸也越来越大，而批量化预制住宅不断发展也对建筑系统灵活性提出了新的要求，因此装配式住宅建筑在建造过程中展现个性化设计不再遥不可及。

那么对于建筑师来讲，应该如何应对？如果现在统一要求建筑师们进行预制装配式建筑设计，势必会引起建筑师群体的恐慌。他们会考虑，在建筑建造完成后还能有多少个性化的设计成分留存？是否可以参与建筑设计奖项评选，还是根本没有申报的可能性？在我们传统的对于建筑的理解中，批量化生产及预制装配几乎和高水平的建筑设计不能联系起来。

其实关于此类讨论早已不再新鲜，甚至可以说针对该话题的讨论贯穿了整个 20 世纪的现代建筑史。第二次世界大战后，为应对大规模战后重建，要尽可能在短时间内完成大批低成本住宅区建设，彼时借鉴汽车行业的规模化生产模式，在这种时间紧、需求大的情况下，这种建造方式带来的显著经济效益展现得淋漓尽致。随着战后重建工作的有序开展，这种批量化类型设计不再成为建筑设计师群体的首选，因为他们的主要任务是设计高品质、高质量的住宅，而工业化预制似乎并不是他们实现设计的手段。

迄今为止在我们的认识里，对于批量化生产设计研究的初衷是减少建造成本，在短时间内尽可能多地建造质优价廉的住宅，这是建筑行业长期以来很受欢迎的政策导向。在过去 70 年间这种指导思路没有任何变化。此外，造成单调的城市面貌不能仅仅归咎于工业化预制生产。一座建筑的美观与否，首先与它是否采用混凝土预制构件进行组装没有根本联系，仅仅是由于当初这些建筑物并没有被视作城市有机组成部分，只是被随意建造的"临时"建筑群，其次建筑美学标准不能被专家们设定的技术参数和成本定额等指标所囊括。

在预制构件的标准化设计过程中，并不会将建筑设计师的权限缩减到，仅能决定门窗洞口位置的境地。这在行业内也不是秘密，建筑工程师，特别是结构工程师已经确定了绝大部分结构参数，建筑工程师关注的重点是工程施工质量和进度，公众对于建筑项目的接受程度以及建筑与城市的关系是否和谐，并不是他们关注的焦点。也就是说，结构工程技术和建筑设计品质以及设计水平高低无关。

在接下来的章节，我们将谈到十个影响装配式住宅设计的重要参数。这些参数无论是对于批量化设计建造，还是对于个性化住宅设计并没有区别。无论是建筑设计师或建筑工程师，抑或是金融投资机构或房屋业主都应该尽量取得共识，积极推动工业化建造方式的应用与普及。当然，装配式建筑建造完成后也应被视作优秀的建筑设计作品，也就是说要有希望成为建筑奖项的竞争作品，而不仅仅被政治家和房产经纪人所吹捧。如果在积极推动装配式住宅建造环节的讨论中，关注下文所述的各项设计参数，那么这将是向正确方向迈出的第一步。

1	建筑类型学
2	结构形式
3	运输和物流
4	构件和造型
5	建筑材料
6	转角部位
7	接缝和缝隙
8	表面处理
9	色彩和搭配
10	建筑技术

类型学与设计参数——建筑设计十个参数

| 1 | 建筑类型学 |

把装配式住宅建造在建筑类型学里进行明确的归类几乎很难实现。首先从根本上来讲建筑结构和建筑类型学不存在内在的关联性。当人们谈及建筑类型学，就一定会提到城市规划和建筑设计标准，而标准化设计带来的，既不是由空洞乏味建筑表皮包裹的高楼大厦，也不是由相同的家庭住宅单元和花园组合而成居住社区。预制装配式建筑的应用非常灵活，既可以在空旷的绿地建造多层高楼大厦，也可以在拥挤的城市街区填补建筑空间。由此可见任何规划设计的出发点并不局限于建筑技术的可行性，而在于建筑设计师对建筑与设计本身的理解。事实上，这样的观点必须要说明，许多案例与此相关。在这些案例中，建筑工程师和投资者至今仍被一种观点所蒙蔽，那就是可以通过不断改进施工方法建造成本更加低廉的住宅。当然可以肯定的是，虽然预制装配式住宅的建造流程和其他批量化工业生产方式类似，数量的增加将导致单位价格的下降。但在预制装配式住宅建造时却有不同，一方面是预制构件特殊的制造工艺，另外一方面则是预

在莫斯科进行的和建筑尺度相关的建筑类型学研究：将社会主义建筑类型学语言，转化为欧洲城市设计模块。

资料来源：Inteco 建筑集团

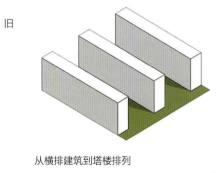

从横排建筑到塔楼排列

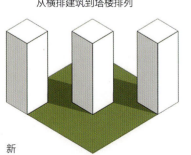

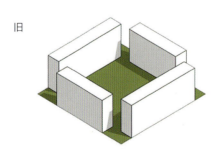

从开放式的院落到封闭的住宅区

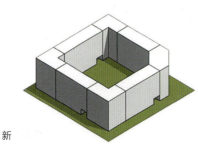

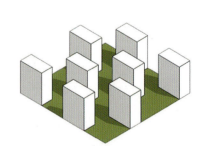

从独栋建筑到城市建筑群

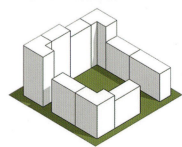

莫斯科新建住宅类型：16~25层的独栋建筑，可在城市街区建设

资料来源：Moskomarkhitektura

类型学与设计参数

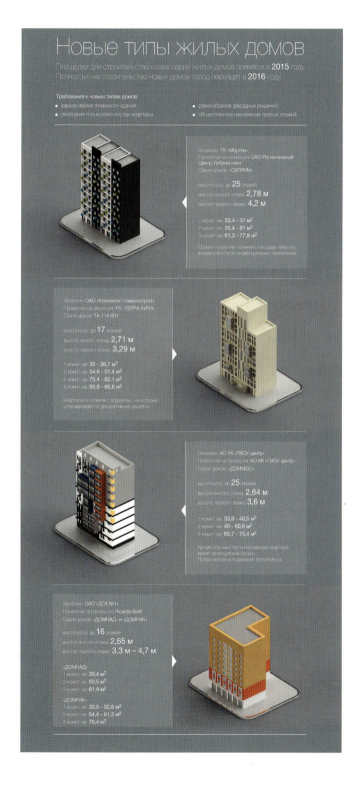

低层城市住宅类型：在莫斯科的诺瓦贾·肖德尼亚建造的建筑外墙连续的两层工业化住宅

资料来源：KROST 建筑集团

制构件复杂的组装技术。因为建造住宅的目的是营造人性化的城市，而不是堆砌预制混凝土板的组合城堡。这些都关乎预制产品的质量，而与产品的数量无关！

以俄罗斯为例，类似军营排布的大型预制建筑群已成为历史。现在已经有超过 10% 的预制住宅是通过工业化预制方式完成的。在莫斯科，房地产开发商被要求提高装配式住宅的建造质量，很多建筑单元被独立设计，并重新排列组合，形成完整的有设计感的城市街区，这一设计理念已成为共识。

现代主义建筑设计的突出特点之一，是将建筑与基地周边景观有机融合，将自然风光引入日常起居生活环境。最典型的例子就是散布在城郊绿地中拥有独栋家庭住宅，在满足舒适的生活环境之余，创造有生活品味和归属意愿的家园。在人口规模日益增加的城市，尽管高密度的住宅区逐渐被城市居民认同并接受。但是设计的基本出发点却没有改变：即在满足建筑技术的前提下，在进行高密度建设过程中，预制装配式住宅并不会降低设计质量和生活品质，因为所有的设计建造活动都是以人性化的尺度进行的。

德国劳特巴赫"Manahl"建筑系统住宅，ARTEC建筑师事务所，2007年。

独栋家庭住宅：该项目的设计创意，源自简洁的两层立方体建筑体块。位于平面图中央的预制板连同楼梯逐渐向外偏移，由此产生的缝隙通过外墙围护结构进行包裹，从而形成了一座新颖的高品质独立建筑。预制混凝土构件和交叉排列的预制板成为该建筑系统最重要的建筑构件。

德国斯图加特"2+"混凝土模块化住宅，Udo Ziegler建筑师事务所，2012年。

"双拼"家庭住宅：该项目应用了内嵌保温层的混凝土预制板墙体，相较于其他复合墙体系统具有较大成本优势。该项目开窗位置与内部空间的组织关系，结构体系与空间功能的协调统一，在创造灵活可变建筑空间，满足不同居住者需求的同时，赋予了住宅独特的个性。

预制装配式住宅并非仅适用于小型建筑:建筑系统与建筑尺度无关,只与建筑构件的组合方式与数量有关,以满足成本要求。

类型学与设计参数

摄影:布克哈特联合公司

摄影:冯·巴尔莫斯·克鲁克建筑师事务所

摄影:让-米歇尔·朗代

摄影:乔治·阿尔尼

瑞士日内瓦低成本住宅项目,Meier + associés 建筑师事务所,2011 年

瑞士苏黎世"Triemli"住宅区项目,巴莫斯克鲁克建筑师事务所,2011 年

多层家庭住宅:该项目六层住宅建筑综合体共有 120 套社会保障住房(可满足两室至五室不同住宅平面布局),该项目首层为商业空间以及诊所等,为居民提供日常服务的公共设施。波浪造型的建筑外立面、以及阳台护栏与半预制的混凝土横梁融为一体。

住宅聚居区:该项目由多栋多层预制装配式建筑组成,共计 194 套住宅,共有 194 套,采用预制混凝土"大板"方式建造。建筑外墙应用了特殊的连接技术,以及混凝土预制构件的"凸块"和"凹槽"进行连接。通过对建筑外立面的"拆分设计",可以保证用最低成本生产支柱、护墙和屋面板等预制构件。

2 结构形式

原则上，所有常见的建筑材料都可用于工业化预制生产。除混凝土之外，木材和钢铁也经常使用，但以这两种为原材料加工的建筑构件较少在施工现场生产，通常在车间里预制生产。迄今为止在工业化住宅领域应用最广泛是预制混凝土建筑构件，以四种不同的结构形式出现：大型砌块（混凝土"大板"的前身）、混凝土"大板"/预制板（空间高强自承重构件）、骨架结构（以预制混凝土、木材构件或复合板为基础材料的钢筋混凝土框架或木结构框架）、空间单元模块（预制三维空间构件或箱式建筑模块）。当然，这些结构形式在一定程度上也会进行组合。无论什么样的建筑结构类型，都能通过不同的组合方式，在设计和建造过程中成为独一无二的作品。通常标准化设计都被认为是最优化的方案，因为是在明确结构类型的基础上，对材料用量及成本造价进行精确的计算。这需要建筑设计师关注建筑细节，以及保证生产流程顺利进行，最终使标准化的预制建筑的生产、运输和安装效率得以十倍甚至百倍的提升。

虽然在预制装配式住宅建造过程中，建筑结构系统以制造技术和可运输性为基础，依次发展和完善了四种不同的结构形式，（但并不意味着某种结构形式就是落后的）。甚至连在20世纪20年代之前流行的大型砌块建造方式，近年来也以实体组合墙的形式重新出现，而且这种方式，也将砖块作为预制墙体构件重要材料的特点发挥的淋漓尽致。什么样的结构形式适合什么样的建筑尺度，这取决于静力学的要求。从工程经验上来讲，通常在9层以上的砖石建筑以及木结构建筑中会使用骨架结构。当模块的预制率要求较高，同时考虑特殊安装要求，如较短施工周期以及复杂的技术集成等特点，空间单元模块会显示出它的优势。

骨架结构

大型砌块

（混凝土）"大板"/预制板

空间单元模块

类型学与设计参数

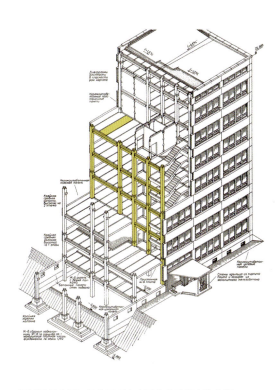

钢筋混凝土骨架结构原理在七层住宅建筑中的应用

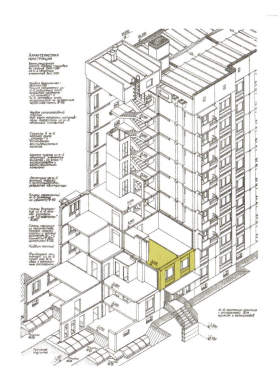

预制墙板和屋面板（与室内空间尺寸一致）在九层住宅建筑中的应用

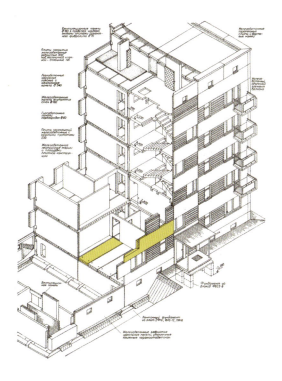

半层高的预制墙板结构原则在五层住宅建筑中的应用

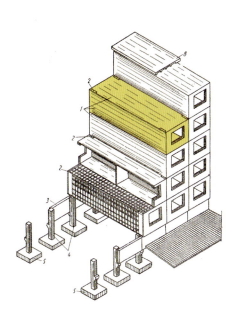

与建筑竖向尺寸一致的自承重空间单元模块的结构原理

来源：I.A. 谢列舍夫斯基，《民用建筑结构》于 1981 年出版。

类型学与设计参数——建筑设计十个参数

Burov-House, USSR, 1940

I-335, USSR, 1959

I-464, USSR, 1958

IGECO, Switzerland, 1961

Coignet, France, 1949

Ernst May, USSR, 1932

G-57, Czechoslovakia, 1957

Gran panel soviético, Cuba, 1963

Larsen&Nielsen, Denmark, 1960s

Paul Bossart, France, 1959

James Stirling, UK, 1964

VAM, Netherlands, 1961

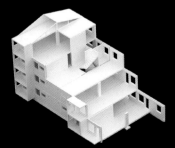
Skarne S66, Sweden, 1966

Taisei, Japan, 1958

VEP, Chile, 1975

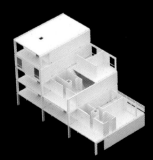
Descon-Concordia, US, 1972

类型学与设计参数

Il-35, USSR, 1959

Brecast, UK, 1970er

Camus, France, 1948

I-510, USSR, 1957

Jugomont 61, Yugoslavia, 1961

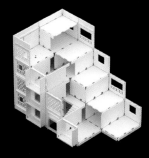
KPD, Chile, 1972

WBS 70, GDR, 1973

Ital-Camus, Italy, 1960s

K-7, USSR, 1958

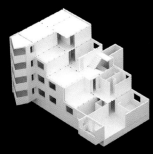
Göhner G-2, Switz., 1966

Gran Panel IV, Cuba, 1963

Gran Panel 70, Cuba, 1975

自 1930 年起世界范围内设计的 28 个装配式建筑系统的轴测模型。这项对比研究是 2011~2014 年在智利天主教大学的佩德罗·阿隆索和乔斯·埃尔南德斯领导下进行。

佩德罗·阿隆索和雨果·帕尔马罗拉（Hg）：《巨石争议》，柏林 2014，P182

佩德罗·阿隆索和雨果·帕尔马罗拉：《Panel》，伦敦 2014，P254 - P257

类型学与设计参数——建筑设计十个参数

采用工业化预制的空间单元模块装配的三层住宅。首先将木质建筑模块围绕预制混凝土交通核排列，随后进行外立面处理并涂抹砂浆。

来源：西蒙·比尔瓦尔德/Vonovia SE

类型学与设计参数

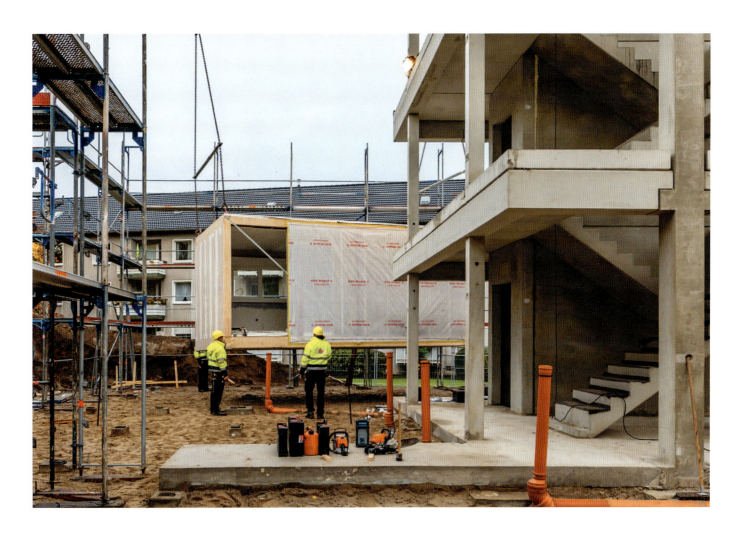

3　运输和物流

装配式住宅建造技术的可行性，在很大程度上取决于预制构件的运输和装配。尽管可以在预制工厂能够生产长度超过二十米，以及复杂多变规格不同的预制构件，但在物流运输环节会比较困难，而且在施工现场的组装也非常不经济。因此，几乎所有批量化生产的构件产品和其他预制构件的尺寸很少会超过建筑层高距。当然工业厂房和大型桥梁市政建设除外，这种类型的项目对于预制构件的关注度，远低于比它们尺度小得多的住宅构件。

对于装配式住宅构件的选择还取决于起重设备的类型和工作半径。起重设备分为车辆起重机和滑轨起重机两种。前一种较为常见，后一种又被分为安装在房屋两侧的门户起重机，以及施工现场，安装在直线、椭圆形或曲线形固定轨道上的塔式旋转起重机。

预制混凝土板用于吊装的金属挂钩
资料来源：菲利普·莫伊泽

用钢索预制的金属挂钩
资料来源：Graser 建筑师事务所

一座五层预制板住宅建筑的施工现场布置及施工进度计划表。轨道起重机的工作半径对建筑造型产生显著影响。该项目的从5月初开工至9月初结束，共耗时四个月。

资料来源：菲利普·莫伊泽，《预制板美学》，斯大林时代到戈尔巴乔夫时代的苏联的住宅，柏林2015，第370页

类型学与设计参数

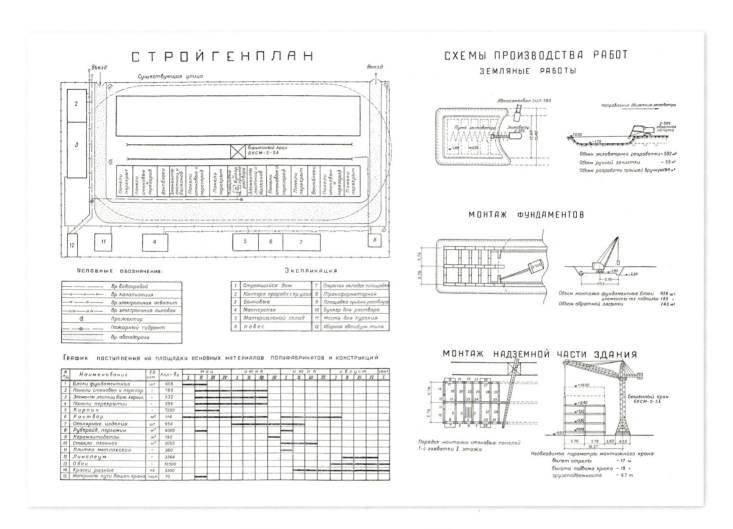

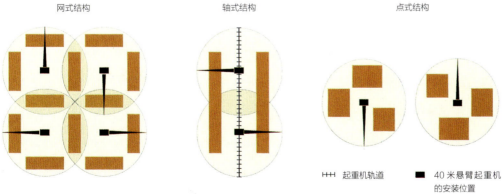

瑞士恩斯特·戈纳公司的G2系列起重机工作半径图，1966年

资料来源：法比安·富尔特等人，《戈纳住宅建筑》，增长预期与预制板建造方式，巴登2013, p.51

有限的施工现场物流：赫尔辛基市临近街角的预制外墙板临时存放点，2017年
资料来源：菲利普·莫伊泽

施工现场内院的堆料场：喀山某施工现场预制分隔墙板存放点，2015年
资料来源：菲利普·莫伊泽

充分发挥塔式旋转起重机的效率主要取决于三方面：起重机操作员必须有良好的视野；起重机的摆动不应影响起重机操作员的工作；吊钩最好可以采用两或三种速度提升或下降。此外，起重机的吊装能力也是工作效率的重要因素。

在建造多座建筑时，出于经济性的考虑应等距设置起重设备，并尽可能覆盖建筑物的每个部分。当然这也导致了装配式住宅建筑造型以及城市规划，一定程度上受到了施工现场物流组织的影响，这也是最大的争议点。因此，单调的成排布置的建筑物，并不总是城市规划设计师的手笔，而在某种程度上由于起重设备，装配建造时成本优化的结果。为了有效地将昂贵的轨道和起重机设备布置在工地上，确保在住宅建造完成之前不做调整，施工现场的物流形式决定了建筑物走向（延长起重机轨道）、平行排列（起重机可以同时满足两栋建筑建造需求），或沿着弯曲的铁轨以蛇形的形式排列。

在运输和物流环节的其他两个观点对设计和规划也有直接影响。其一，建筑师必须研究如何将用于吊装预制混凝土板的金属挂钩，隐匿和集成于预制构件中（见112页插图）。第二，交付使用前的预制混凝土构件的临时仓储空间不应被忽视。在城市建设中，特别是大型建筑综合体的建造过程中，通常会把预制构件临时堆放在施工现场的院落中（见右上图）。而在空间狭窄的施工条件下，比如在原本闭合的城市街区建设中（见左上图），要根据施工进度将相应的预制构件及时运抵施工现场。

起重机工作半径决定了城市规划设计：位于莫斯科斯托尔博瓦的皮克集团的施工现场。

资料来源：丹尼斯·艾萨科夫（Denis Esakov）

类型学与设计参数

4 构件和造型

如果将构件在预制工厂进行生产，在施工现场以较短时间周期完成装配，那么相同类型构件数量将是决定项目经济性和项目周期的重要因素。批量化生产的预制构件种类越少，其生产成本就越低。这一原则既适用于预制混凝土，也适用于木材和钢材等其他材料。因此在设计阶段对于建筑师提出了更高的要求，只有通过积极设计研发多用途构件，并建立相应的灵活构件调整机制，才能减少构件种类，提高构件的利用率。在理想的情况下，对于建筑师来说能够设计出，类似20世纪60年代研发的"Jugomont61"建筑系统，已经算成功的设计。该系统被认为是以最少的构件种类完成住宅建造的典型案例，其中有十个预制构件类型沿用至今。在装配式住宅建造历史上，这一指标只有埃恩斯特·梅可以达到。在他设计的住宅中，也仅仅使用了四种不同类型的大型预制板，以及十种梁柱构件。然而，通常每栋住宅是由将近8000个构件/部品组装建造而成的。采用"Jugomon61"建筑系统建造的住宅只需使用2500多个构件，其构件目录中的20~40种预制构件类型，在装配式建筑发展过程中，得到了广泛的应用。然而，这些在装配式建筑发展史上著名的建筑系统和建筑项目，却并不一定能"沉淀"出经典的建筑构件。莫斯科的阿舒尼住宅区（见右图）的建筑师使用了74种类型的预制构件，第二次世界大战后装配式住宅建筑先驱雷蒙德·加缪，在以他命名的建筑系统中使用了85种不同类型的预制构件。瑞士"IGECO"建筑系统的构件目录破纪录的达到了113种类型，但在随后的"G-2"系列中缩减到了45种类型的预制构件。

当今数字化设计手段的介入，可以使构件形式及尺寸变得更加灵活。此外，现代化的生产技术可以满足个性化预制构件的定制生产需求。随着设计生产技术的不断发展和完善，预制构件正在逐步摆脱以往沉重的钢模板对于构件多样性的限制。（见后两页插图）。

预制墙体及建筑框架的构件目录草图（按轴向排列）
资料来源：弗拉基米尔·马赫穆多夫

类型学与设计参数

莫斯科的阿舒尼住宅区,建筑外立面细节及构件图解(1941年)
资料来源:菲利普·莫伊泽/Strelka 研究所

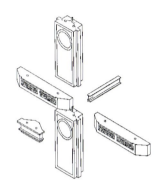

在德意志制造同盟举办的斯图加特魏森霍夫建筑展中,展示的一座两层住宅的外立面样本
资料来源:莱布尼茨区域发展和结构规划研究所,埃尔克纳市

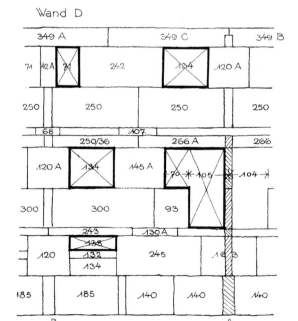

埃恩斯特·梅在法兰克福"罗马城"项目中设计的"标准住宅类型6"的外墙结构图
资料来源:容汉斯,库尔特,《大众住宅》,柏林 1994,p. 127

类型学与设计参数——建筑设计十个参数

使用钢制模版生产建筑构件时,限制了预制板构件的种类,这种方式不允许自由变换构件模板形式。这种传统的制造方式至今仍在个别地区使用

资料来源:DSK-Blok / RIA Novosti

当今的构件生产方式使得灵活多样的预制板造型成为可能,可以在操作平台上进行个性化的三维构件生产。相比之下,组合式模板的生产技术几乎没有改变,其中竖向内墙板通过浇筑方式进行生产(最下图)

资料来源:菲利普·莫伊泽

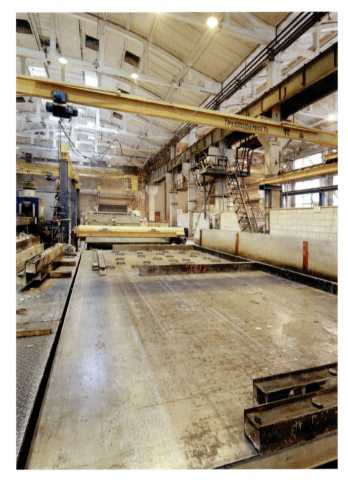
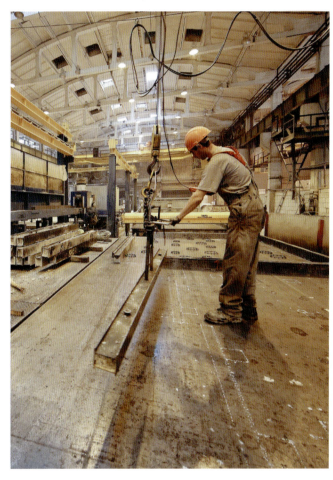

类型学与设计参数——建筑设计十个参数

随着预制混凝土构件生产技术的发展，倾斜的预制构件也可以轻松地生产出来（例如，像左图那样楼梯的构件）。建筑构件的悬臂可以在预制生产阶段通过支模和浇灌混凝土等工序完成，过去这种构件需要被拆分为两个独立构件进行生产（右图）。下面的图片展示了预制外墙板和遮阳板同时预制生产的情况。

资料来源：菲利普·莫伊泽/Burck-Hardt 联合企业（右上图）

类型学与设计参数

5　建筑材料

　　许多建筑师在建筑理论中提到，在建造过程中要充分考虑材料特性。他们都认为，选择合适的建筑材料，对于提高居住环境的舒适性，具有重要的意义。建筑材料是现代建筑的基础，建筑材料演绎下的现代建筑，展现了建筑形体的美，材料和建筑的对话，反过来也成为人们情感和记忆的一部分。通过建筑材料，我们可以感知建筑学的真谛。当我们谈到材料时，它指的是一种模糊的东西。混凝土、木材、钢或多种材料组合——材料本身是中性的。而情感是在定形和加工时注入的。这样一来，如果混凝土表面在脱模后，不论是出现像丝绒一样细腻光滑的外表面，还是出现粗糙模板留下的水平木纹图案结构，都展现了预制构件内部构造状况。时至今日，还没有任何一种建筑材料可以像混凝土一样塑造着我们的城市。如果用混凝土城堡或浇筑这样的字眼来描述混凝土，会让人们忽视混凝土展现出来的建筑美学。在欧洲的预制装配式住宅建造中，混凝土是主流建筑材料。一旦工厂生产线建造完工，混凝土预制板会以批量化产品方式源源不断地生产。在北美建造住宅的建筑材料主要是木材（见 280 页）。近年来，城市木结构建筑逐步增多，也逐步被公众关注，欧洲的市场占有率也在不断攀升（与第 384 页比较）。相比较而言，钢、塑料和复合材料在预制装配式住宅建造的应用被边缘化。钢材主要应用在便于运输和堆放的标准化箱式模块建筑，同时也被用于建造临时建筑，例如建筑工人宿舍，或用于紧急状态及难民援助的特殊用房。几年前，瑞典家具制造商宜家（IKEA）与联合国合作，开发了一系列可折叠的塑料房子，在国际人道主义救援工作中作为帐篷的替代品使用。据报道，在该系列产品批量化生产后，建造成本将有望低于 100 美元。

类型学与设计参数

木材：是钢筋混凝土预制板质量的四分之一

资料来源：bauart

最小住宅"smallhouse"，bauart 建筑师事务所

资料来源：bauart

钢铁：精密加工与精巧结构

资料来源：詹妮弗·托博拉

德国图宾根的难民营，Haefele 建筑师事务所

资料来源：约翰内斯·维西拉特

塑料：伊拉克人道主义危机中应用的替代材料

资料来源：IKEA 基金会

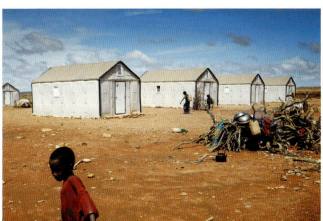

宜家基金会在埃塞俄比亚的 100 美元房屋

资料来源：IKEA 基金会

123

类型学与设计参数——建筑设计十个参数

生产混凝土的搅拌设备

钢筋加工车间

自动剪裁和焊接钢丝网

从混凝土搅拌生产到钢筋加工及浇灌模具,直至成型脱模运输至施工现场的工作过程
(在莫斯科由 KROST,LSR 以及 PIK 建筑集团,使用的 SU—155 建筑系统)
资料来源:菲利普·莫伊泽

在生产平台上加工模具

生产有夹角的特殊建筑构件

铺设钢筋网及确定墙板洞口位置后浇筑混凝土

预制板成型脱模后的临时存放处

室外起重设备

运输

类型学与设计参数——建筑设计十个参数

KODA 系统：在 3 厘米厚的木质基层上铺设 6 厘米厚的混凝土

在爱沙尼亚展示的空间单元模块

位于爱沙尼亚塔林的工厂

爱沙尼亚"KODA"系统以木/混凝土混合材料为主,可批量化生产面积为 26 平方米的空间单元模块。该系统可以在没有建筑基础的条件下,四个小时内完成组装。由于装配时间较短,因此适用于应急状态下的临时住宅

资料来源:Kodasema

类型学与设计参数

在混凝土层硬化后,将主墙竖立起来

将预制板组装为空间单元

26 吨重的空间单元模块的运输场景

资料来源:玛丽·惠德玛(Main Hüdma)

| 6 | 建筑转角部位 |

长期以来建筑墙体交接部位的处理，始终是建筑设计的重要工作。在传统的建造方式中，这个问题并不突出，因为在建筑交接部位始终被一侧的建筑立面所覆盖。但是，在工业化预制住宅建造中，外墙板交接部分和夹角的解决方案就非常重要。通常，交接部分连接板是特殊的建筑构件，因为它们与其他的外墙构件的处理方式不同。那么外墙板的交接关系应该如何处理？是否在建筑表面覆盖规整的预制外墙板，以此强调建筑整体的统一性？或者是否将两侧不同的预制外墙板进行差别化处理，让居民们看到不同建筑外观效果？无论采取何种处理方式，在建筑交接部位，我们可以清晰地感知，预制外墙板被遮挡，或者以某种方式与临近的预制构件发生联系。

总之，建筑交接部分处理方案不同，造就了变化多样的建筑造型。以位于纽约的装配式住宅"Sugar Hill"项目为例，预制外墙构件之间的相互交错，告诉了我们什么？当外立面饰面砖宽度和预制板厚度相同时，建筑师传递给我们什么信息？（见对页下面）

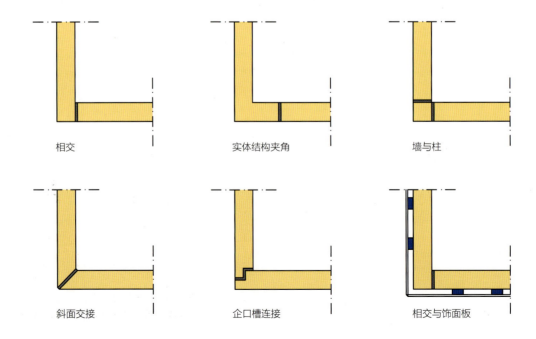

相交　　　　实体结构夹角　　　　墙与柱

斜面交接　　　企口槽连接　　　相交与饰面板

类型学与设计参数

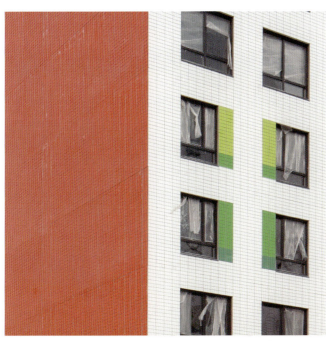

精确过渡：建筑交接处饰面砖的颜色变化

和谐过渡：建筑交接处饰面砖的颜色没有变化

预制板厚度和外立面饰面砖宽度相同

预制板在建筑交接部位形成富有韵律的交错排布

资料来源：丹尼斯·艾萨科夫（Denis Esakov）

类型学与设计参数——建筑设计十个参数

资料来源：Kazanskiy DSK

资料来源：Kazanskiy DSK

实体墙面交接处节点样板

带有窗户墙面交接处节点样板

类型学与设计参数

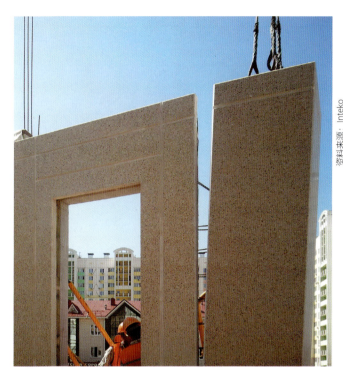

资料来源：Kazanskiy DSK

资料来源：Inteko

覆盖饰面砖装饰层的复合墙板的节点样板

Inteko 建筑系统的细节—研发交接面连接构件

| 7 | 接缝和缝隙 |

预制墙体的接缝和缝隙的处理，是预制装配式住宅的难点之一，也是建造过程中最具特色的部分。从较远的距离观察，这些接缝就像给整座建筑穿上了一件细条纹衫。众所周知，建筑围护结构有一定厚度的话，这些接缝和缝隙对于预制墙体的物理性能和预制生产来讲是一个巨大的挑战。动辄数吨的预制构件之间将近两厘米的板缝如何密封保护，非常重要，既要防止雨雪天气水汽，借由接缝位置渗入构件内部，避免冬夏交替构件热胀冷缩对于接缝位置的破坏，同时也要防止接缝位置成为昆虫或鸟类的栖息所。理想状态下，接缝位置在装配过程中进行密封处理，避免后期二次处理时重新搭设脚手架。

如果建筑缺乏及时养护，随着建筑材料老化，几年后将会在接缝位置出现结构性损坏。接缝的损坏，首先是从填充材料开始的，以沥青为基材的填充材料，在温度较高的情况下会呈液态而流动，随着填充材料的流失，将导致接缝位置的填充保护材料，丧失保温隔热性能，最终导致预制墙板损坏，及板边缘破损脱落。

与建筑墙体交接部位一样，接缝和缝隙的处理也是设计过程中的一个重要问题。如果建筑师想强化板间过渡，可以通过在接缝位置周边安装框架，或通过调整缝隙宽度或板边缘二次处理（例如通过斜向切削等方法），获得不同的视觉效果。如果建筑师想弱化接缝和缝隙位置，也会有很多处理方法。例如在日内瓦的"La Chapelle"项目中（356页），建筑师通过混凝土面层处理手段，使之呈现出与接缝几乎相同的视觉效果，从而弱化了接缝位置的分隔作用，给人留下该项目是混凝土整体浇筑的印象。再如，纽约的"Sugar Hill"项目中（312页），建筑师将混凝土表面处理为垂直沟槽，并配以纹饰，通过其他的视觉刺激方式，使人们忽略了这些接缝和缝隙的存在。当然这些例子只展示了一小部分建筑师的设计创新工作。建筑构件接缝和缝隙的组合处理，需要建筑师像对待其他设计任务一样，展现自己的聪明才智。

从接缝处脱离：柏林马查恩区某预制装配式建筑接缝处修复工作。
资料来源：菲利普·莫伊泽

类型学与设计参数

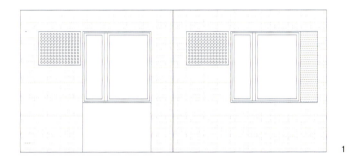

1

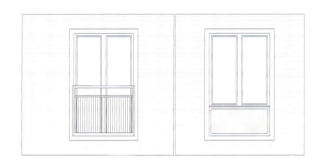

2

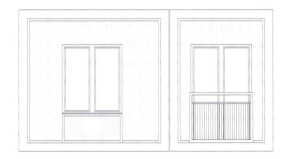

3

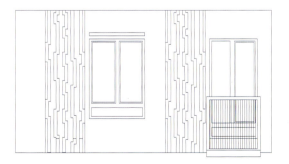

4

不同的接缝处理方式：
1/2 预制外墙构件相交，显示出相同的外墙立面效果
3 通过预制外墙构件附加框架来突出接缝位置
4 从视觉效果上看，接缝位置被建筑竖向纹路遮挡
资料来源：Inteko / DSK-7

133

类型学与设计参数——建筑设计十个参数

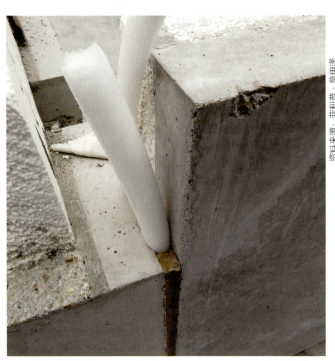

持久弹性的接缝处理（Kazanskiy DSK）

资料来源：菲利普·莫伊泽

阴影缝的测试构件（SU-155）

资料来源：菲利普·莫伊泽

阴影缝与板间拼缝（Inteko）

资料来源：Inteko

建筑基座与相邻预制板之间的接缝部位

资料来源：Inteko

类型学与设计参数

Intoko 建设集团装配式住宅预制外墙板展览
资料来源：Inteko

8 表面处理

本章节将聚集（清水）混凝土预制构件表面处理问题，主要有三种处理方法：第一，在脱模后对构件表面进行机械加工或印刷喷涂；第二，在混凝土浇筑之前预置橡胶底模或模具；第三，在预制板生产过程中对饰面砖或马赛克进行加压塑形处理。

脱模后的预制混凝土板表面可用手工、机械或其他技术手段处理，采取这种方式的关键点在于，预制构件以及铺设钢筋网的位置，要覆盖一定厚度的混凝土。在混凝土表面尚未完全硬化的情况下，可以通过断裂压碎（"Lindensteig"住宅项目，396~407 页）、喷砂处理（湖畔学生公寓，366~383 页）、凿出沟槽、喷涂凝结、打磨磨削（"La Chapelle"住宅项目，356~365 页）或研磨抛光等方式进行二次加工。这些处理方法费时费力且经济成本较高，因此通常较少使用。

较常见的二次加工处理方法是，将相关设计主题采用丝网印刷的方法，在预制混凝土构件表面呈现。在不需要水平印刷的情况下，该方法可以通过事先埋入预制件来实现。不同的预制构件生产商都对混凝土印刷技术进行了专门研究，在相关产品目录中展示不同的标准化主题以供客户选择。原则上，混凝土印刷技术可以表现个性化主题，这些主题可以像剪纸游戏一样，通过混凝土浇筑或留白等方式表现，也可以通过特别粗糙光栅化效果，在适当的距离范围内才能辨认。同样也可以采用阴模成型技术，将模版固定在模具工作台上，形成任意纹路（粗略分隔的）。根据不同生产商的技术水平，这些橡胶模版可重复使用 100 次（模块化的难民住宿，408~427 页）。

构件表面二次加工程度最低的做法，是将预制构件基层和面层材料，如饰面砖、马赛克等，在生产阶段牢固粘接。但这种处理方式需要在模具准备阶段就要反复校对，谨慎处理。因为饰面砖或马赛克的微小位移都会影响最终预制构件效果。

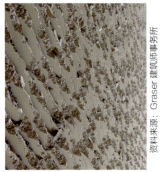
断裂压碎
资料来源：Graser 建筑师事务所

喷砂处理
资料来源：Zuber 混凝土工厂

凿出沟槽
资料来源：AWAG Wurster

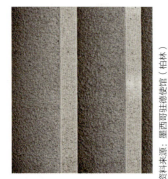
喷涂凝结
资料来源：墨西哥驻德使馆（柏林）

打磨磨削
资料来源：巴斯 · 凯拉拉建筑师事务所

研磨抛光
资料来源：Inteko

类型学与设计参数

清水混凝土表面主题可以通过打印（左），不同宽度的沟槽（右），或不同材质（光滑/粗糙）的交错进行展示（右下角）。

资料来源：Graphic Concrete
桦林主题

蔬菜主题

大雁主题

指南针主题

资料来源：Reckli

资料来源：菲利普·莫伊泽

阴模成型工作流程：（采用轻型弹性材料）

 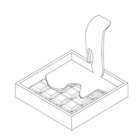 

01　底版原型既不直接采用石膏塑形，或计算机辅助加工，而是将图案在计算机上转换成CNC设备使用的数据文件。通过CNC设备将相应的图案通过铣削等方式将底版原型加工成为阴模底版

02　将阴模底版通过分隔蜡密封，并配以模具框架。随后将液态弹性材料浇在底版上制作成阴模底模

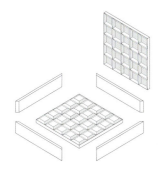 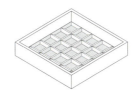 

03　待底模完全硬化后，框架将被移除，高弹性的阴模底模能使图案和纹理清晰再现

04　将底模粘贴在承载材料上，并在预制模板进行浇筑前用分离剂对其上蜡

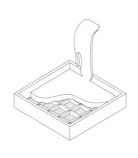 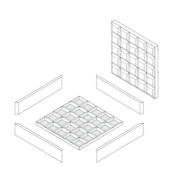 

05　在预制模版内浇筑混凝土，该阴模底模在构件生产车间或施工现场使用

06　待预制混凝土硬化后，拆掉构件的预制模版，该阴模底模最多可以重复使用100次

铺设饰面砖的预制混凝土墙板的加工流程：将饰面砖放入自动化硅胶车床，摆放在产品生产平台上，为铺设模具做好准备。在混凝土浇筑到钢模具之前，工人们安装钢筋网和空的管道，为设备管线预留接口。（GVSU Tsentr 工厂，莫斯科）。

资料来源：菲利普·莫伊泽

类型学与设计参数

铺设饰面砖的预制混凝土墙板的加工流程：将饰面砖放入自动化硅胶车床，摆放在产品生产平台上，为铺设模具做好准备。在混凝土浇筑到钢模具之前，工人们安装钢筋网和空的管道，为设备管线预留接口。（GVSU Tsentr 工厂，莫斯科）。

资料来源：菲利普·莫伊泽

| 9 | 色彩和搭配 |

如果用一种颜色描述 1990 年之前的预制装配式住宅，很多人可能会选择灰色，老旧破败的混凝土板的形象就会瞬间出现在人们脑海中。但如果用一种颜色描述 1990 年之后的装配式住宅，可能就会变较为困难。随着 20 世纪 90 年代东欧和苏联社会主义国家的转型，建筑师和充满激情的民众，在进行装配式住宅修缮的过程中举办了一次合法的"色彩狂欢"。这些放纵的做法导致某些"色彩斑斓"居民区成为这一代人美学修养缺失的佐证。由于多层预制装配式住宅楼，对于塑造城市空间和城市天际线的形象十分重要，因此大规模住宅建筑的色彩设计和搭配更加考验建筑师的设计功力。

色彩在建筑设计及其外墙设计的作用非常重要，色彩选择也受很多主观和客观因素支配，同时与个人感受相关。色彩的喜好及传达的寓意，因不同的族群和文化而异，对广大受众具有重要的影响。每一种文明都通过不同的色彩来传达他们的神话传说和族群起源信息：人类万年进化过程中，在宗教、自然和文化领域色彩发挥了非常重要的作用。迄今为止，最具影响力的色彩大师，如尤格内·切夫里尔、约翰·沃尔夫冈·冯·歌德和艾萨克·牛顿爵士，他们对色彩都有非常独到的见解。目前通用的色彩体系，是在 1925 年德国 RAL 体系或瑞典 NCS 体系（自然颜色体系）基础上发展完善的。除了红色、黄色和蓝色这三种基本原色外，还围绕着这些基本颜色，建立了红色－绿色、黄色－紫色和蓝色－橙色一系列互补色关系。

这些色彩规则也是建筑设计颜色搭配的基础。在建筑设计中，通常会约定俗成的，避免在建筑立面粉刷原色。当比较一些建筑案例时，这些不成文的颜色应用规则使人们普遍认为，弗赖堡学生宿舍色彩搭配，或莫斯科 Grad-1 M 建筑系列（144 页）精心搭配组合的外墙色彩，就比乌兰巴托某栋公寓的色彩设计更加和谐（147 页）。同样的色彩规则也适用于建筑修缮和重修，建筑外立面的色彩设计与搭配通常由居民委托专业人士完成。

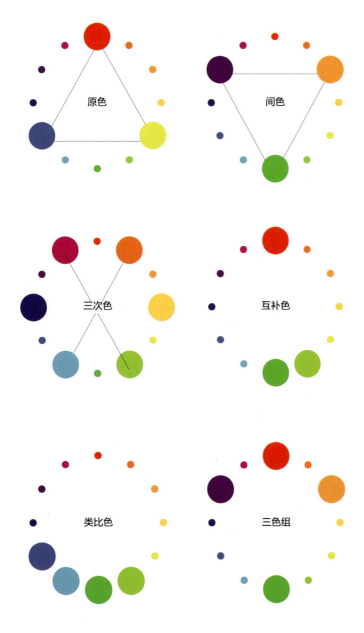

色彩体系中的和谐组合

类型学与设计参数

原色（基本色）

这些颜色不是通过混合其他颜色而生成，更确切地说它们只代表自己。三种原色是红色、黄色和蓝色。

间色（二次色）

当三种原色两两结合时，就会产生三种新的合成色，即所谓的间色：橙色、绿色和紫色。

三次色

当一种原色与间色混合时，就会产生六种新的混合色，称为第三级色。它们构成了十二种基本颜色，而这些颜色又可以派生无限多其他颜色、色调和明暗度。

互补色

位于色环相对位置的颜色称为互补色（例如红色和绿色）。互补色同时出现会产生强烈的反差，尤其在高饱和度的情况下。

类比色

位于色环相邻排列的颜色成为类比色。这些颜色是兼容的，搭配使用也很和谐。自然界经常出现类比色，具有独特的美学魅力。

三色组

位于色环上等距离的任何三种颜色。三色组的颜色对比强烈，表达的寓意生动。成功的三色组搭配需要精心选择，其中一个色调可以占据主导地位。

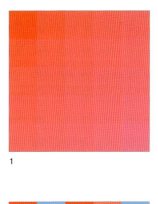
1

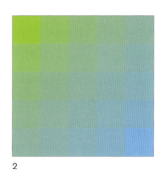
2

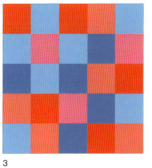
3

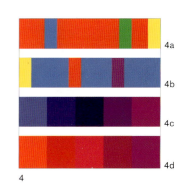
4a
4b
4c
4d

5

6

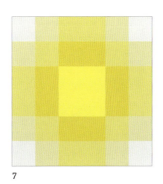
7

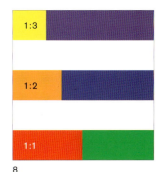
8

1　　红色的冷暖变化
2　　绿色的冷暖变化
3　　方格组合，冷暖对比
4a/b　黄色－红色－蓝色是很极端色调对比
4c　　红紫色与蓝色相比显得温暖
4d　　红色紫色与橙色相比显得冷些
5　　有六对互补色的色域
6　　不同的感受，就像我们看颜色一样
7　　灰色和黄色的渐变与叠加
8　　互补色和谐搭配的面积比例

143

类型学与设计参数——建筑设计十个参数

彩色的调色板：莫斯科 PIK-1 系列
资料来源：丹尼斯·艾萨科夫（Denis Esakov）

色彩的强烈对比：莫斯科 Grad-1 M 系列
资料来源：丹尼斯·艾萨科夫

明亮色调的和谐氛围：弗赖堡的学生宿舍
资料来源：约翰·泽尔丁 (Yohan Zerdoun)

1. 色彩对比
当颜色并排放置，原色之间的对比效果最强烈。就像黑白是明暗对比的极端一样，黄色/红色/蓝色也存在色彩对比的极端情况。

2. 明暗对比
明暗对比就是相同的颜色在不同色调时的变化。

3. 色温对比
橘红色（温暖）和蓝绿色（冷）搭配会产生最强色温对比。颜色是冷还是暖，取决于它们和更暖或更冷色调的对比。

4. 互补色对比
互补色对比是色环相对位置的颜色组合。如果两种颜色互为补色，那么混合之后就会产生中性的灰黑色。

5. 同类色对比
颜色在色环中所处的位置大致相对，但不是互为补色，当此类颜色并置时称作同类色对比。

6. 饱和度对比
饱和度是对色彩纯度或浓度有关，取决于色彩中含色成分和消色成分的比例。饱和度对比是纯净与浑浊，强烈与暗淡之间的对比。

7. 混合对比
这与色彩区域的比例有关：某种颜色占据更多的区域，另一种颜色占据更少的区域。

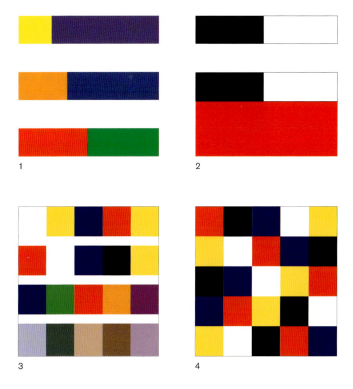

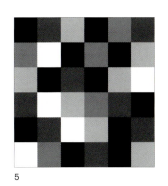
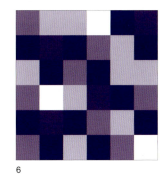

1. 色彩延伸导致色彩和谐失衡；
2. 黑白产生极端色彩对比，以及黑白与红色的混合对比；
3. 橙、绿、紫色彩强度较弱，与第三种颜色组合时更引人注目；
4. 黄、红、蓝形成极端的色彩对比效果；
5. 黑、白、灰产生的明暗组合；
6. 蓝色调颜色组合；
7. 相同明度的颜色组合；
8. 相同饱和度的颜色组合。

类型学与设计参数——建筑设计十个参数

在红、蓝、绿等色的演变组合过程中创造和谐色彩氛围

资料来源：DSK-1 / Ricardo Bofill

威尔顿公园某公寓楼的色彩组合（右图），以及在莫斯科项目的外立面（下图）

资料来源：KROST / buromoscow

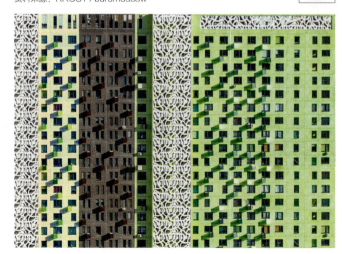

个性化的色彩设计：因特科集团（下）的装配式住宅系统，以及位于蒙古乌兰巴托的某住宅建筑的色彩研究

资料来源：Inteko / AO 'ZNIIEP Zhilishcha'

类型学与设计参数

10 建筑技术

在装配式建筑设计中,如果没有从初始阶段就将建筑技术因素考虑在内的话,那么任何形式的结构创新努力都是多余的。如果在设计过程将建筑结构、机电设备及管线,生产、施工形成完整的系统,将有利于实现装配式建筑建造的技术要求,因而就需要从项目开始阶段进行合理规划,从而节省成本。特别在机电设备及管线方面,必须考虑到磨损、维护和耐久性等因素。近年来建筑技术因素在建造总成本中的占比明显增加,已经达到40%。因此,在设计初始阶段,必须了解业主所期望的建筑技术水平。需要注意的是,一方面,标准化设计建造需要建筑技术进行支撑,另一方面,新研发技术产品有时更像是"技术玩具",而不是"技术必需品"。

装配式住宅建造中,明线安装和预制组装可以节约较多成本。纵向管线综合布置有助于优化面积需求,这些管线可以统一规划、集中布置,在建造过程中进行系统化布局,合理安排管线位置,形成连续网络,也会降级建造成本。在建筑内部,给排水管道贯穿的房间在空间布置上要贯通,上下对位,以达到组装简便快捷和降低造价的目的。供暖设备的排布也要遵循这样的原则,尽量缩短管道长度。如果设备管线采取明线安装方式,统一规划,集约布局的话,也可能会成为装配式住宅的设计元素,当然也会降低设备管线在结构墙体内部的预置费用,势必降低整体造价。对于标准平面图和建筑类型学来讲,建筑技术的重要作用要被充分考虑。

建筑技术的另一方面,也会对建筑外观产生影响。特别是在俄罗斯和亚洲,一些住宅建筑没有安装中央空调系统,导致每家每户自行安装外挂式空调机组,由于不专业的安装,导致的建筑立面杂乱无序,严重影响城市形象。因此,如果将空调设备作为预制住宅的标准配置和重要组成部分,就应该把室外空调机组与建筑空间组合设计提到议程,外挂式空调机组采取隐藏或集中展示等方法,优化建筑外立面形象。

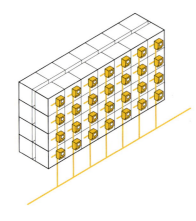

建筑的需求量降低了管道总长度

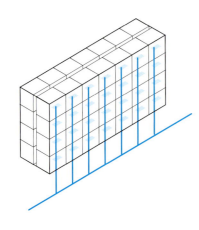

管线综合是基于标准化平面的优化

资料来源:莫伊泽建筑师事务所

类型学与设计参数

在新的住宅建筑系列中，将建筑外立面和外挂式空调机组统筹考虑

资料来源：GVSU

资料来源：Moskomarkhitektura

在莫斯科常见的外挂式空调机组 常见处理方式

资料来源：LSR

资料来源：KROST

为外挂式空调机组设计设备框

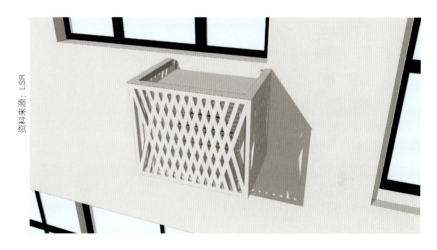
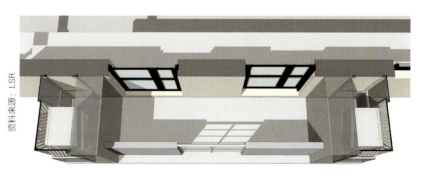

资料来源：LSR

针对两个设备框和阳台结合，以及单独设备框的设计研究，以优化建筑外侧设备的布局

149

建造技术基础

尤塔·阿尔布斯

本章节聚焦装配式建筑的结构问题，重点关注预制装配式住宅建筑的建造技术基础。目前实施的预制装配式建筑体系包括混凝土结构体系、钢结构体系以及木结构体系。这三种结构体系各有特点，混凝土结构体系及预制构件，延续着过去百年占据主导地位的传统，以装配整体式框架结构、装配整体式剪力墙结构以及多种组合结构形式，在预制装配式住宅建筑领域继续发挥着重要作用。木结构体系以其广泛的适应性和成熟的工艺，延续着数百年的建造传统，在欧洲预制装配式住宅建筑领域占据一席之地。而钢结构体系在公共建筑领域应用较成熟，在预制装配式住宅建筑领域相对有限。纵观装配式建筑的发展历程，以及近年来涌现的预制装配式住宅建筑优秀案例，也佐证了这种观点，即今天采用工业化预制方法建造的装配式建筑，与采用传统施工方法建造的建筑项目，在展现建筑设计多样性方面并没有太大差别。

从概念设计阶段就要考虑工业化预制生产，将有利于"构件化"结构方式在预制装配式住宅建造过程中的贯彻实施。通过不同结构体系的比较分析与应用研究，将有助于结构体系的研究创新，可以进一步改进和优化规划设计，同时进一步优化建筑预制及建造过程。

建筑结构基础

回顾装配式住宅建筑百年演进轨迹，简便快捷和经济高效的特点，在住宅建筑设计和施工建造中发挥了重要作用。特别是在住宅危机状况下，例如第二次世界大战后欧洲住宅短缺，这种建造方法成为当时政府的最有效的快速补救措施。但当时为了提高工作效率，许多预制装配式建筑的设计造型和美学因素被忽略，这也造成了预制装配式建筑不好的声誉。

尽管如此，建筑师们在面对颇具争议且充满挑战的设计任务时，不仅需要做好成本控制，同时也要站在全产业链视角进行整合，在强有力的技术支撑下，推动高品质、多样化的装配式建筑得以实现。因此只有通过高品位的艺术创作和技术创新研究工作，才能保证施工建造环节的顺利转化，以及为当代预制装配式建筑的发展创造更多的价值。

当我们了解建筑所在地情况，特别是了解传统建造技术对于建筑结构及形式的影响，就可以清晰地了解建筑师创造建筑造型的由来。例如，阿尔瓦·阿尔托在第二次世界大战后设计的芬兰住宅建筑，以及坂茂为日本设计的，随后遍布世界多地的避难临时建筑，都可以追溯到建筑师所在国的传统建筑技艺，从而证明了这些以前被人们认为"简单"的地域主义建筑的"复杂"适应性。

场地条件、气候环境，以及功能要求，与建筑造型的产生和技术实施方案都有直接联系。在这种情况下，清晰简明的建筑类型，逻辑合理的建筑结构，都会对施工建造和装配效率产生重要影响。因此，在对待建筑造型和空间处理上，需要符合建筑美学的规律，但这不是衡量的唯一标准。对材料技术因素，预制生产环节以及施工建造流程的总体考虑也非常重要，也是确保建筑设计顺利实施的关键。

预制构件及部品的性能，工业化系列生产规模也会影响

建造技术基础

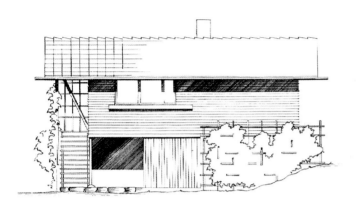

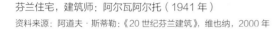

芬兰住宅，建筑师：阿尔瓦阿尔托（1941年）
资料来源：阿道夫·斯蒂勒：《20世纪芬兰建筑》，维也纳，2000年

预制生产和制造过程，同时与建筑项目的经济效益息息相关。特别在全产业链整合，全过程可控的基础上，深入了解材料特性和生产工艺，建立以设计为基础的全过程解决方案，以一体化的产品思维推动装配式建筑发展。

无论是从经济性、生态性、技术性、气候性等方面的需要，或者仅仅是使用者的个人喜好，这些因素都要求，建筑项目针对不同的使用需求进行针对性设计。虽然建筑设计的初期阶段，受到当地环境，建筑形式及特定用途等要求的影响，但是技术性能、经济效益、全生命周期综合研究以及可持续性发展等其他决定性的因素，对于建筑结构的选择和应用起到至关重要的作用。相比斯堪的纳维亚半岛诸国、英国和美国，在中国和日本等地震频发国家和地区，对于轻型结构以及框架结构的需求日益增长。本章节介绍的结构体系，是基于成本效益，气候要求或当地建筑类型的综合产物。

预制装配式建筑的生产，制造和组装的分类方式有很

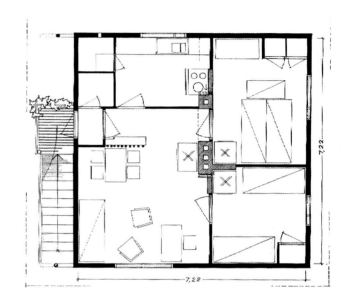

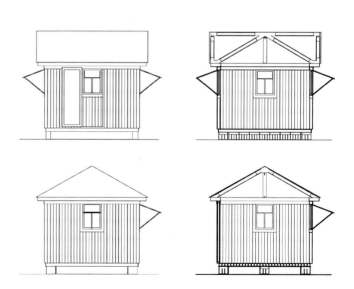

日本建筑师坂茂的"纸管临时安置住宅"，在日本神户（1995年）和印度普杰（2001年）的几次地震灾难过后作为紧急避难所使用
资料来源：坂茂建筑设计事务所

建筑结构基础

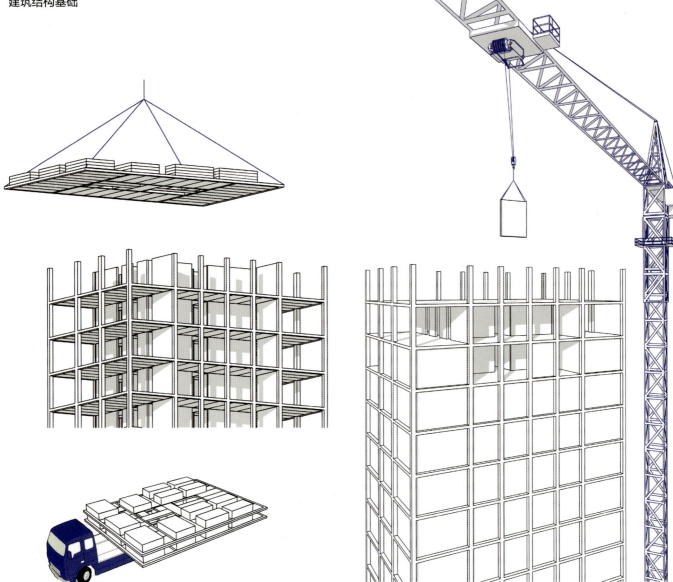

多层预制木结构建筑的构件运输及现场组装
资料来源：尤塔·阿尔布斯

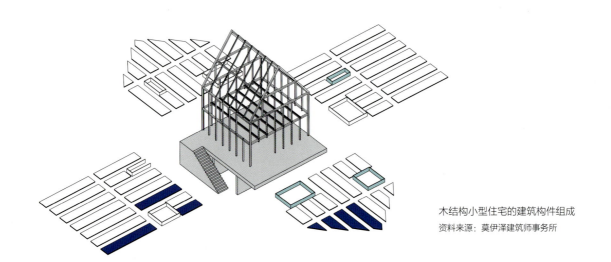

木结构小型住宅的建筑构件组成
资料来源：莫伊泽建筑师事务所

建造技术基础

预制装配式住宅的安装图示
资料来源：伊先科 1984, S. 317ff.

多种。建造方式也可以依据结构设计方法进行划分，也就是说按照所使用建筑材料，可以粗略的分为轻型、重型（或中型）两种类型。无论何种类型都与木材、钢材、混凝土和烧结砖等材料的物理性能息息相关。在轻型建造方式中应用最广泛的建筑材料是木材。主要采用轻型支架或框架结构体系。特别是近十年来，木结构体系预制建筑发展迅速，甚至可以建造 20 层的高层建筑。木质建筑构件横截面积较大，满足较高的防噪和防火要求，符合多层预制装配式住宅建筑的使用需求。采用交错层压板（木板/板条）生产的大尺寸预制板，也可应用于轻型建造方式，其承重能力与预制混凝土构件不相上下。轻型支架与木质大尺寸预制板的区别在于承重框架的距离。

重型（或中型）建造方式通常是指使用实心横截面建筑构件的建造方式。在选择合适的设计方法和建筑类型的基础上，结构的优势可以通过特定的建造方式展现。通常情况下住宅建筑最大跨度为 10~12 米。为满足装配式住宅的使用功能，增加建筑平面布置灵活度，以预制墙板为代表的二维建筑构件的设计生产，需要被重点关注。为保证预制装配工作的顺利开展，需要提前设计，针对预制墙板的功能特点，在满足承重、保温隔热等功能的同时，保证足够的开窗或可开启面积。随着预制装配式技术的发展，空间单元模块和三维单元模块（如公寓单元或卫生单元）的应用范围也在日益增加。这些单元模块要确保运输到施工现场的过程方便快捷。由于预制单元模块高度预制化特点，特别适合进行简捷快速的多层建筑的装配工作，需要注意的是，在建造过程中避免受到极端天气的影响。

选择何种建造方式对于建筑项目顺利进展都有重要意义，当然这也是各种因素叠加的结果。因此，建筑设计阶段对于预制装配式建筑建造非常重要，这也是建造流程顺利实施的基础，有针对性的设计规划将有助于减少施工错误，并避免大量不同连续工序出现的疏漏。

结构系统的分类

框架（柱和梁）

木
- 胶合层压木（软木）
- 山毛榉（硬木）

混凝土
- 预制混凝土构件
- 钢筋混凝土复合材料

钢
- 钢型材（L型和T型）
- 钢筋混凝土复合构件

（预制剪力）墙板和屋面板

木
- 木框架
- 交错层压木（CLT）
- 空腔木构件（Lignatur, LENO）

混凝土
- 预制混凝土构件
- 半成品构件
- 混凝土三明治构件

钢
- 轻钢构件／钢柱结构

空间单元模块（预制模块）

木
- 木框架
- 交错层压木（CLT）

混凝土
- 预制构件
- 混凝土框架结构

钢
- 轻钢结构模块
- 钢结构（集装箱／混合结构模块）

结构系统分类
资料来源：尤塔·阿尔布斯

结构系统的分类

结构类型的差异，决定了装配式建筑和其构件预制加工和组装流程，以及与构件相关结构系统的属性。这种与构件相关结构系统的分类，也决定了承重构件的不同结构类型。

对于住宅建筑而言，按照承重结构的不同，可分为框架结构、（预制）剪力墙、空间模块结构等类型。承重结构和建筑材料关系密切，装配式混凝土结构、装配式木结构、装配式钢结构，是装配式住宅建筑主要应用的结构形式。混凝土在建筑行业应用广泛，技术最成熟，以钢筋混凝土为原材料的预制结构构件，装配效率高，现场湿作业少，被认为是最重要的建筑材料。装配整体式框架结构和装配式墙板结构在多层住宅建筑中应用非常普遍。木材是历史悠久的传统建筑材料，无论选用轻型／重型建造方式，以木材以及新型复合木为原料的结构构件发挥重要作用。例如，在框架结构中作为重要的承重梁、承重柱构件。在预制墙板结构中，作为承重墙板或面板被广泛应用。在全实木的装配式建筑中，预制构件由交错层压木，层压单板木等材料制造而成，被广泛的用作水平／垂直结构构件。此外以木材为原材料的大型结构构件，例如，箱型墙板和屋面板，具有复合截面大、强度等级高等特点，主要应用于建造大跨度建筑。横截面的空腔有利于节约建材，减轻重量。对于防火或隔音要求高的建筑构件也同样适用。这对于构件的生产制造提出了较高的要求，因此必须在设计阶段就考虑构件尺寸，同时确定构件的应用范围，这样才能最大程度发挥构件功能，同时增强构件在建筑中的应用灵活性。

钢材作为现代建筑材料在公共建筑领域得到广泛应用，但在装配式住宅建筑领域，相较于混凝土和木材，应用的侧重点略有不同。预制墙板／屋面板、空间单元模块的框架结构是装配式钢结构常见的类型。随着钢结构技术的发展，钢框架－混凝土墙板结构，冷弯薄壁型钢结构也得到

建造技术基础

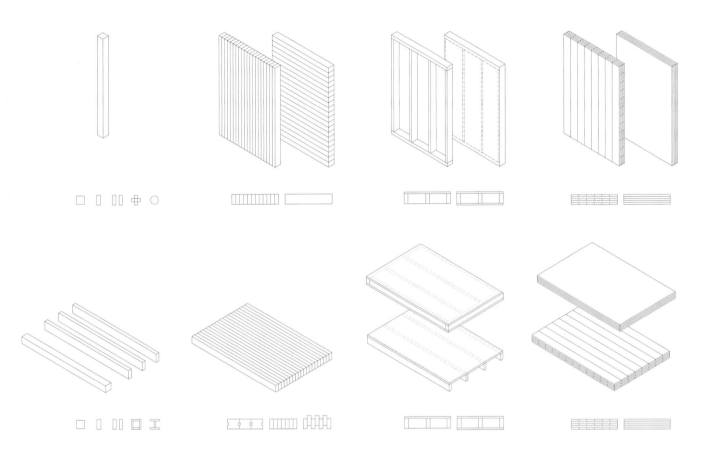

木结构建筑中的墙板和屋面板构件
资料来源：尤塔·阿尔布斯摘自多层木结构建筑图集，p.44

了更多的应用。

接下来以装配式木结构为例，介绍预配式住宅建筑结构形式。下一页展示了结构原理及构件连接部位处理方法。针对不同的结构系统采用胶接强化、交错胶合、机械连接等组合方式生产的构件，并采取相应的装配方式，对于装配式建筑的系统性建造施工起到决定性作用，同时也确保

了结构系统的稳定性。

预制构件的装配方式也决定了结构类型，同时根据应用范围，采取不同的结构设计方案。在预制装配式木结构住宅建筑中，常采用预制板结构。通过将结构分段化处理，可以实现结构设计灵活性，有助于增加建筑平面的变化。结构连接部位和装配方式必须根据结构体系中力传递的情

结构系统的分类

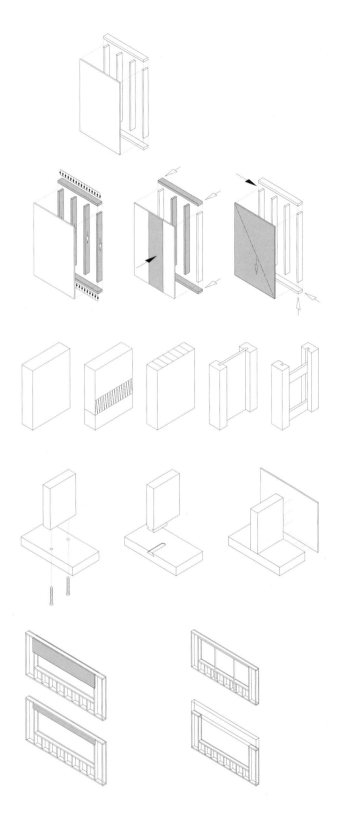

况进行调整和开发。右图展示了常用的木质构件,在水平预制墙体和垂直屋面板的应用方式。

在建筑防火性能和技术要求不断提高的前提下,为确保预制构件性能能够紧随时代发展不断升级换代,需要通过增加附加层或采用复合材料等手段,优化构件性能。例如,奥地利多恩比恩的 Life-Cycle Tower One 项目,以及赫尔曼考夫曼建筑师事务所在万丹斯市 IZM 项目中,通过系统化的规划设计,在兼顾建筑设计造型的同时,将保温、防火以及新型建筑技术系统进行了有效的融合。此外,随着智能化建筑构件装配体系的建立,在进行建造之前,将预制构件的生产、装配进行了体系化的考虑。

为了使预制建造方式达到与传统建造方式相同的价值,需要着重考虑结构系统的差异和大尺寸批量化构件生产的技术特点。由于预制构件的应用存在一定的差异,因此保证建筑设计概念的贯彻实施,将为建筑设计创造更多空间。

木结构建筑墙体构件的支撑体系和安装过程
资料来源:尤塔·阿尔布斯摘自多层木结构建筑图集,p.44

建造技术基础

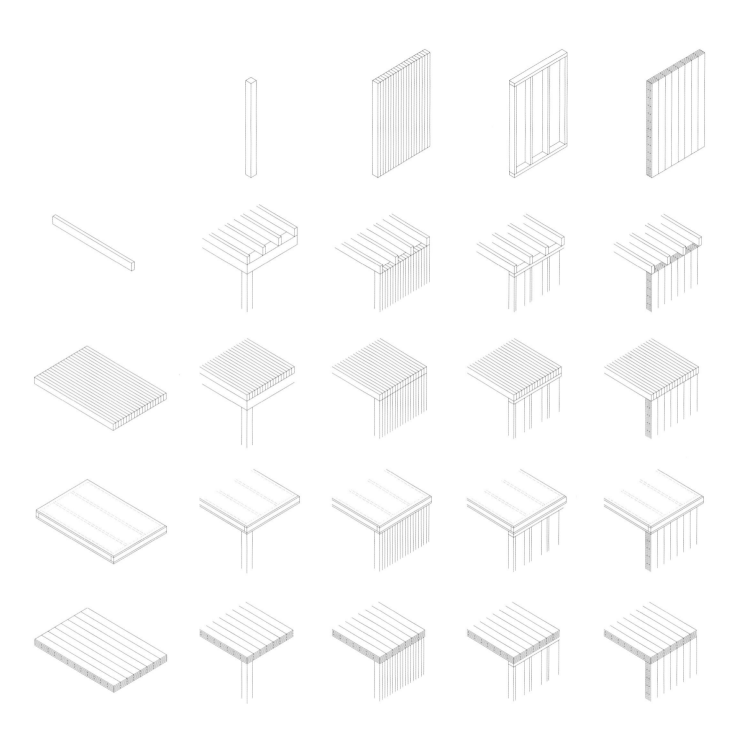

根据安装方式和承载效果进行分类的木结构构件
资料来源：尤塔·阿尔布斯，摘自多层木结构建筑图集，p. 44

结构系统的分类

温哥华"Brock Commons"学生宿舍项目中的预制柱的安装现场。预制柱的钢柱脚嵌套入钢柱基,随后拧紧固定

资料来源:史蒂文·埃里科 / naturallywood.com

木质混合建筑模块的安装

资料来源:马克斯博格公司

结构系统的分类

建造技术基础

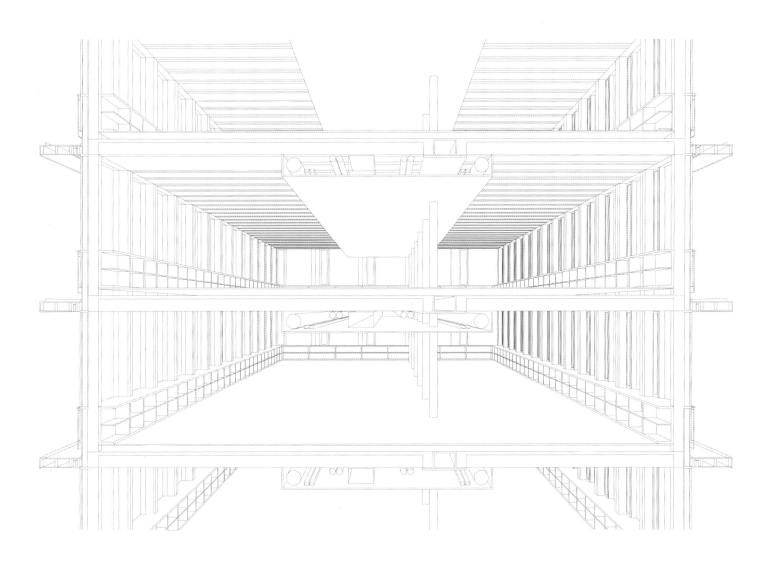

2013年在奥地利万丹斯市完工的 IZM 项目,是目前世界上最大木质混合结构的办公楼之一,该图展示了结构安装的原则

设计:赫尔曼考夫曼建筑师事务所

木结构建造体系

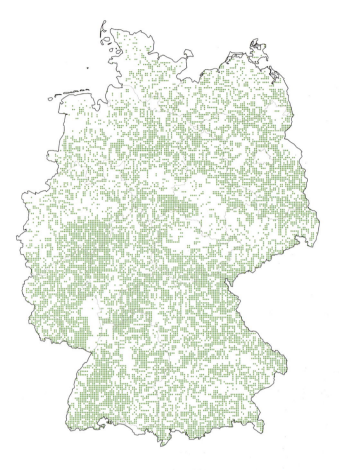

德国约有三分之一的国土面积被森林覆盖,该图展示了从北到南的森林分布比例变化。其中石勒苏益格-赫尔斯泰因州的森林覆盖率为10%多一点,相比之下莱茵兰法尔兹州和黑森州的森林率超过40%

资料来源:尤塔·阿尔布斯依据德国联邦森林调查报告/德国联邦统计局,2017年

木结构建造体系

德国木结构建筑常用的材料是以云杉和松木为代表的软木树种。该树种属于生长最快,且可再生建筑材料。除此以外落叶松和银杉也很常见,但应用较少。山毛榉和橡木是主要使用的硬木树种,它们与杉木和松树共占据了德国森林资源的四分之三。

特别是过去的十年间,木结构建筑对于硬木的需求越来越多。硬木的高刚性特点,使得较小的横截面预制构件具备较高承载力。与软木树种相比,硬木构件横截面非常细,甚至和钢结构承重构件尺寸接近。在作为预制梁或承重柱应用时,可以缩减构件尺寸,同时提高结构系统性能。但由于材料硬度和刚性特点较突出,因此生产过程中会增加相应的加工费用,从而提高构件生产成本。然而,有必要充分考虑这些新材料新技术,在生产、制造和装配中的应用,在设计阶段统筹规划,解决相应的技术难点。

为了展示预制住宅建筑中应用的结构类型,下列案例介绍了相关的建造体系和建筑类型。

在预制墙板结构中预制承重墙板与屋面板构件构成的稳定结构系统。框架结构则具有更高的结构灵活性和应用多样性,该系统由具有实心横截面的承重柱和水平屋面板构件组成。水平屋面板,可根据结构要求设计为实体或空腔。用于侧面加固的垂直预制墙板要根据相应的建筑等级和建筑规范进行设计与安装。

近年来随着低成本住宅的发展,带来了传统建造方式的转变,也带动了建筑师和预制构件厂对现有产品和生产流程的提升与改进。为进一步优化建造过程,首先要积极推动以高预制度为特点的模块化空间单元的发展。与框架系统或预制墙板结构相比,预制空间单元模块可以进一步提升施工建造效率,并根据不同结构体系进行调整,完成15层以内不同建筑类型的施工建造。由于预制空间模块的设计生产严格遵循一定的建筑模数,因而可能会导致室内空间相对局促。

建造技术基础

（右图）瑞士宾腾哈尔特度假屋现场施工过程和成品
（上图）木构件生产车间，该项目所有木材为当地森林的山毛榉
建筑师：bernath+widmer 建筑师事务所（2010年）
资料来源：bernathwidmer.ch

奥地利，德国和英国的项目实例

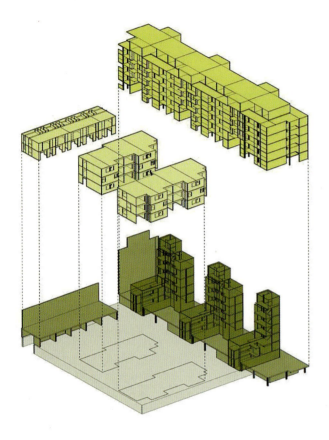

维也纳 Wagramer 街住宅项目 A、B 两部分的结构方案
资料来源：Schluder 建筑师事务所 / Binderholz 建筑公司

接下来介绍的奥地利低成本多层住宅项目，将展示交错层压板和钢筋混凝土相结合的案例，探讨木结构建造体系的发展潜力。

奥地利，德国和英国的项目实例

2012 年建造的维也纳瓦格阿玛尔街住宅项目，是目前奥地利最高的住宅建筑之一。该项目由建筑高度不同的 A 和 B 两部分组合而成，建筑总面积为 8586 平方米。A 部分由 Schluder 建筑师事务所设计，建筑共七层，总计 71 套住宅，建筑总长度 94 米，沿街道纵向排列。B 部分由 Hagmüller 建筑师事务所设计，由三座平行的三层住宅建筑组成，总计 30 套住宅。建筑首层有公用设施和短期出租房。这三座建筑垂直 A 部分排布，围合而成的内部庭院，增强了建筑空间联系，同时也创造了舒适的居住环境。

该项目采用大尺寸木构件的建造方式。A 部分第二层至第六层，B 部分第二层和第三层的承重墙以及屋面板，均使用交错层压木材（CLT）。按照奥地利建筑法规中，关于四层及四层以上建筑防火规范的要求，该项目 A、B 部分的首层和交通核必须采用钢筋混凝土结构。A 部分七层建筑的所有墙体必须覆盖防火石膏板，住宅套内隔墙的厚度不能低于 14 厘米。A 部分第二层至第六层需满足防火规范（R）EI 90 级要求，第七层和非承重的墙体构件需满足防火规范（R）EI 60 级要求。A 部分的屋面板采用木－混凝土复合材料制成，必须满足 90 分钟防火阻燃的强制要求。B 部分的建筑层高相对较低，因此采用防火时间为 60 分钟的实木构件用于承重部件。该项目是木结构建筑的一次重要尝试，使用约 2400 立方米的交错层压板，可节约 2400 吨二氧化碳排放。该项目的顺利实施也是建筑师

维也纳瓦格阿玛尔街住宅项目现场照片，由 Richtfest 公司负责施工建造
来源：奥地利木业协会/阿诺德·波施尔

和工业界密切合作的成果。

除了该项目建筑材料展现的巨大应用潜力以外，也和先进的生产与建造方式密不可分。由于大型预制构件的使用，使得该项目在短短五个月内建造完工。在预制构件生产环节，建筑师将构件信息直接传输到生产厂家的自动化生产系统中，借助以 CAD 和 CAM 技术为基础的现代化机床，在四周内顺利完成了所有生产任务，保证了项目的顺利实施。

该项目的建造过程从地下停车场开始，在完成建筑首层和交通核钢筋混凝土的施工环节之后，预制构件开始进场。在预制构件装配过程中，采用了特殊开发的装配技术，因此现场施工环节进展非常顺利，也减少了建筑垃圾的出现。由于采用"干法"施工技术，现场施工间隔时间非常短暂，保证了施工流程的连贯性。为满足严苛的建筑法规要求，需要在交错层压木材构件使用过程中采用创新解决方案。采用石膏板封装的木构件，在满足建筑荷载的情况下，同时达到了 90 分钟防火安全需求。BINDERHOLZ 建筑公司和 RIGIPS 公司多年来致力于木构件在多层建筑中的应用研究，在该项目中承担了建筑构件的系统化创新方案的研发工作。

该项目优势还体现在选择了合适的建筑结构系统，以及落叶松为主材的建筑外立面。如果采用传统的结构系统，在承重墙和屋面板构件的安装工序差不多可以缩短到五个月。但由于该项目中耐火石膏板和建筑外立面的保温复合系统是在施工现场同步完成，因此采用传统施工技术的话，建造和安装时间也会达到 20 个月。在能耗方面，该项目预计全

奥地利，德国和英国的项目实例

维也纳瓦格阿玛尔街住宅项目现场照片，由 Richtfest 公司负责施工建造
资料来源：奥地利木业协会／阿诺德·波施尔

对页图
维也纳的 HoHo 项目木构件制造生产场景
资料来源：维也纳 HoHo／埃里希·雷斯曼

年供热需求为每平方米 27.65 千瓦时，经测算全年能耗平均值（含供暖及其他能耗需求）为每平方米 58.66 千瓦时，满足奥地利低能耗建筑标准。

该项目采用木和混凝土现场浇注相结合的施工方法，得到了政府积极支持和政策倾斜，但也给项目参与方提出了挑战。一方面创新的施工方法，实现了快速建造同时缩短了装配施工周期，另一方面由于新的建造方式的引入，存在的诸多需要解决的技术难题和施工困难，影响了现场施工的快速推进。

该项目的优势还体现在整座建筑实现了整体能源平衡。与传统钢筋混凝土或砖石建造方式相比，木材建造方式有显著优势，有助于优化能源效率。木材作为自然生长的建筑材料，由于自重较轻，便于运输和组装，在工厂生产和现场施工时不需要借助重型起重设备。这对于减少额外能源消耗，保持项目全生命周期的能量平衡起到关键作用。当然由于承重构件的封装，以及建筑外立面的保温处理，在改善室内微气候和提高室内居住舒适性方面，还没有完全发挥木材的特点和优势。

在伦敦哈克尼区的 Dalston Lane 项目也采用了类似的建造方式。该项目由 Waugh Thistleton 建筑事务所和 Hawkins Brown 建筑事务所共同设计。该项目于 2017 年竣工，建筑高度 33 米，共有 10 层 123 套住宅，是目前欧洲最高的交错层压木结构住宅建筑之一。该项目木结构应用较为彻底，甚至连楼梯间也采用木结构。因此该建筑的重量仅相当于混凝土结构类似建筑重量的五分之一，也创造了类似结构体系的高密度住宅。

在维也纳附近阿斯庞区的 HoHo 项目建造过程中采用了木材混合结构体系。该项目由 RüdigerLainer + Partner 建筑师事务所设计，建筑高度 84 米，共有 24 层，是目前世界最高的木结构混合建筑。该建筑的墙壁和屋面板等处可以看到大面积的木质建筑构件，住户可以在建筑内部充分感受木材质感，体会木质建筑的魅力。

奥地利，德国和英国的项目实例

维也纳的 HoHo 项目的结构系统（上图），
建筑主体完工后的室内实景和室内效果图（下图）
资料来源：cetus 房地产开发公司

166

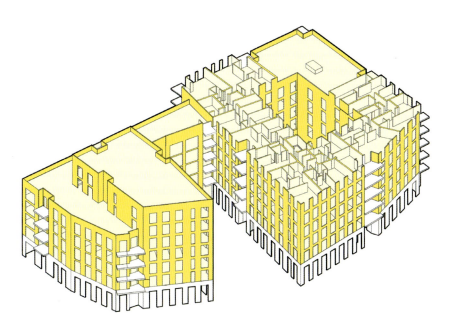

伦敦 Dalston Lane 住宅项目轴测图
资料来源：Waugh Thistleton 建筑事务所

预制木材板式构件也可以替代交错层压木材构件，作为墙体和屋面板的建筑材料。在德国多层住宅建造过程中，预制木材板式构件的应用，受到防火规范建筑构件封装等方面的限制。早在 2008 年，德国 Kaden Lager 建筑师事务所采用该类型构件，在柏林普伦茨劳贝格区的恩斯马赫街建造了一座住宅。在该项目基础上，建筑师进一步优化设计方案，在位于海尔布隆市的"J1"住宅项目中应用了"木－钢筋混凝土"混合结构。这座 10 层共 34 米高的住宅建造中使用了大量的木材，同时也成为该市新城区的标志性建筑，该城区也是作为 2019 年联邦花园展会址规划设计的。

新材料、新技术的融合已经在木结构住宅建造体系中发挥了积极的作用，并不断刷新木结构建筑的新高度。在可持续建筑发展领域，木材具有巨大的应用潜力。通过建筑师在设计实践过程中的不断尝试与应用，推动结构体系及相应的建筑规范不断修正，从而带动木材应用领域的不断深化与拓展。建筑开发商也会越来越重视木材的创新应用，并不断收获可持续建筑领域的丰硕成果。

混凝土预制构件和建造体系

与木结构建筑构件发展轨迹不同的是，迄今为止采用传统方式生产的多层建筑构件中，以钢筋混凝土预制板为主。在砌体结构领域，主要采用传统工艺和现场砌筑等方法进行施工，多功能预制构件的应用目前不太普遍。自 20 世纪 50 年代以来，特别是 1960~1989 年，民主德国采用预制混凝土板式建造方法，共建造了 180~190 万套住宅。墙板和屋面板构件由于采用了高重复率的系列化生产方式，在当时封闭的建筑体系中得到广泛的推广应用，实现了最大的经济效益。

混凝土预制构件和建造体系

伦敦 Dalston Lane 住宅项目是欧洲最高的交叉层压木结构住宅建筑。该项目与 2009 年完工的 Murray Grove Tower 项目一样，楼梯间和电梯井均采用木结构建造

资料来源：Waugh Thistleton 建筑事务所

建造技术基础

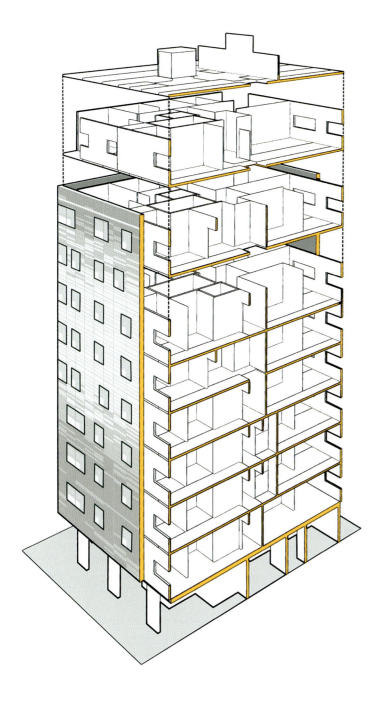

资料来源：威利·普赖斯（Will Pryce）

由 Waugh Thistleton 建筑师事务所设计的伦敦 Murray Grove Tower 项目轴测图

资料来源：Waugh Thistleton 建筑事务所

2009 年完工后成为欧洲最高的木结构建筑，这座九层的住宅项目将八层交错层压木结构建筑主体和钢筋混凝土的地下室整合在一起，该项目的交通核也采用木结构建造

资料来源：Waugh Thistleton 建筑事务所

169

瑞士项目案例

1993年位于艾森许滕斯塔特的工业预制高层建筑
资料来源：菲利普·莫伊泽

当时采取这种方式主要是解决住宅建筑短缺的问题。最初建筑师针对标准化、批量化等相关建筑议题展开过激烈讨论，但很快在巨大的经济压力下，工业化、系统化的住宅建造模式不再被质疑。民主德国统一社会党，通过党中央会议和政府决议强制推广这种建造方式，从而导致住宅建筑质量出现很多问题。另外，当时的民主德国社会舆论对于大量出现的预制建筑群，也提出极具批判性的意见。

在当今预制建筑发展中，要尽可能地避免这些问题的出现。通过最新案例研究表明，严格的预制建造方法，是出现高品质，多样化装配式建筑的基础，在满足低能耗建筑标准的同时也获得社会的广泛认可。特别是采用系列化生产的混凝土预制建筑构件，可以适应多种建筑结构体系，在建筑中重复使用的预制建筑构件也成为重要建筑设计要素。

瑞士项目案例

2011年苏黎世Triemli联排住宅区附近，一座多层社会救济住宅建筑完工。该集体住宅按照瑞士低能耗建筑标准进行建造，共有194套公寓，旨在为低收入家庭提供合适的住宅。该项目中冯巴尔·莫斯克鲁克建筑师事务所和瑞士菲尔泰姆预制构件生产商共同合作，共同研发了预制混凝土大型构件建造方式，在规划与设计阶段重点解决了构件组装和建筑构造等问题。除了解决特殊连接和组装技术外，还对混凝土"三明治"板的工业化生产进行了深入研究，从而对建筑结构和建筑外观产生了积极影响。该项目建筑外立面采用特殊连接技术，由3000块预制混凝土墙体构件组合而成。在建造过程中，通过周密的生产计划，以及与施工现场组织紧密衔接的工厂生产，保证了快速建造和精准调度。在预制工厂主要进行护栏和窗户构件的预

2011年由冯巴尔莫斯克鲁克建筑师事务所设计的苏黎世 Triemli 住宅项目
资料来源：乔治·阿尔尼（Georg Aerni）

Triemli 住宅项目的外立面细节
资料来源：尤塔·阿尔布斯

制，同时根据施工现场的进度，按照"即时交付+按序排列"的原则安排物流运输。在满足现场施工需求的同时，还节省了昂贵的仓储费用。为了提高预制生产的经济效益，预制工厂将竖向支撑、水平护栏和屋面板构件等外立面构件进行分类组合，并最终精简为约 30 种不同的预制模板。由预制构件装配而成的建筑外立面，其表面凹凸交错的建筑肌理，增加了建筑识别度的同时，也提高了建筑外立面表面触感。

为增加建筑造型变化，进一步推广预制装配建造方式，让社会大众认可并接受。就必须在建筑设计过程中充分考虑建筑结构特点，在成本控制原则指导下，设计和生产质优价廉的预制墙体和屋面板构件，同时通过巧妙地构件设计组合，以及相同或相似构件的重复使用，在实现丰富的建筑造型变化的同时，也进一步展示了预制装配式建筑的设计优势。

与意大利著名建筑师安杰洛·曼贾罗蒂的早期思考类似，他认为所有支撑结构都能被划分为水平和垂直结构部件，这种分类是设计的起点，通过简化为少量可标准化生产和应用的建筑构件，最终通过搭配组合，制定出造型多变、高效可实施的建造方案。

在瑞士布鲁格镇的文迪什综合体育训练中心项目中，负责设计建造工作的瓦奇尼建筑师事务所，采用大跨度结构体系的三维预应力钢筋混凝土预制构件框架结构，在无附加支撑结构的情况下，实现跨度 55 米的场馆设计，满足了多功能体育馆的功能需求。在该项目设计构想时，要依据现有生产技术，和当地施工条件对建筑方案进行适应性调整。瓦奇尼建筑师事务所和位于菲尔泰姆的预制混凝土制造商的密切合作，在项目建造过程中，实现了三维预制混凝土构件框架连接的施工极限。该项目由规格统一的水平与垂直预制混凝土构件，组合而成的折叠结构单元构件，沿着体育中心外侧

瑞士项目案例

2012年在瑞士布鲁格镇由瓦奇尼建筑师事务所设计的文迪什综合体育训练中心

资料来源：尤塔·阿尔布斯

在预制构件工厂进行模板安装

资料来源：Element集团

排列，总长度达到80米。沿体育训练中心纵向排列的三层通高建筑立面，在日光充足的情况下，光线可以从东西两侧照射入建筑物内部，保证了室内场馆采光需求。预制构件组合而成的复杂几何造型，使得体育馆大厅具有特殊的美学效果和空间体验。

该项目结构体系由27个框架单元组合而成，每个框架单元包括三个屋面板预应力预制构件，和两个预应力支撑构件。为确保框架单元预制工作的顺利开展，开发的液压驱动钢模板，实现了复杂承重结构构件生产。为保证建筑结构稳定，抵消产生的巨大水平推力，建筑荷载首先通过边坡，再经由混凝土桩传递到地面。为实现大跨度施工并避免钢筋混凝土的破坏，这些构件必须通过预应力拉索进行加固。与桥梁结构相似，钢缆的预应力抵消了混凝土的拉力。钢筋在混凝土硬化后导入然后进行预应力处理。综合体育训练中心的地板和墙板也使用了预制混凝土构件。室内地板由预应力混凝土板预制而成。在预制墙板构件（16~20厘米）的预制生产过程中，采用了不同的材料配方进行研究，最终选择使用细颗粒的自密实混凝土，取得了预期的材质效果。

尽管该项目的构件尺度和功能，远远超出了住宅建筑应用范围。但该项目生动地展现了创新工程技术，与建筑师设计要求的完美结合。建筑师通过不同技术体系的融合，寻找设计方案转化可行性方案，当然这也取决于项目所在地的经济社会条件。在未来预制装配式建筑发展的过程中，建筑师能在多大程度上应用系统优化工具，整合设计建造工作，将会对设计工作产生重要影响。

在预制构件工厂进行模板安装
资料来源：Element 集团

预制构件拆模后即将运往施工现场
资料来源：Element 集团

钢构件和钢结构建造体系

装配式混凝土结构、装配式木结构是装配式住宅建筑主要应用的结构形式。相比而言，在全球范围内钢构件和装配式钢结构在装配式住宅建筑中的份额非常低，因此在很大程度上可以忽略不计。但由于钢结构和木结构的材料特性，使得这两种结构体系适合在地震多发地区应用。

钢框架结构体系比砖石结构体系，可以更好避免地震波带来的结构破坏。在潮湿或热带气候环境下，钢材的耐候性和防虫等特点，增加了钢材的广泛空间。钢结构预制构件生产商，通过对源自北美的"气球"或"平台"木结构体系的模仿，进一步拓展了预制轻型构件在住宅建筑中作为承重或非承重构件的应用范围，该领域的应用性研究还在持续进行中。

在钢结构预制住宅领域曾经出现过一些著名的建筑案例，例如由黑川纪章设计位于东京的中银胶囊塔项目，由理查德·迪特里希设计位于武尔芬市"梅塔城市"项目，或者由弗里茨·哈勒尔设计的"迷你系统"项目等。当今预制装配式住宅领域的案例中，基本都是钢材和其他建筑材料共同出现。随着模块化建筑的逐步发展，在过去的五年间钢结构空间单元模块在多层住宅项目中得到了广泛应用。例如，在纽约由 narchitects 建筑师事务所设计的 Carmel Place 项目中，集装箱模块被用作微型住宅单元，层叠装配成十层高的塔楼。

该项目中钢结构和住宅建筑类型的结合，充分展示了钢

钢构件和钢结构建造体系

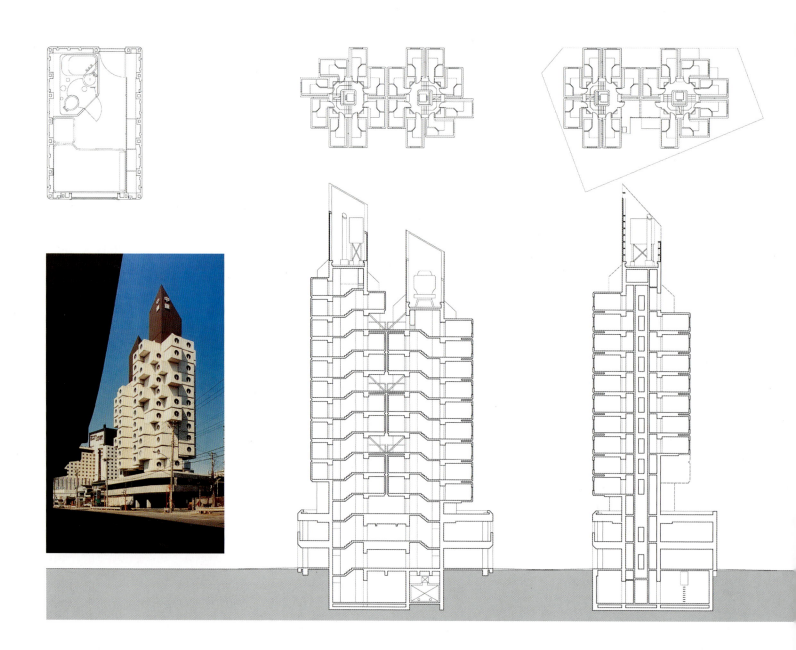

1972年在日本东京银座由黑川纪章设计的中银胶囊塔项目,将预制钢筋混凝土建筑模块和钢结构框架融为一体

资料来源:丹尼斯·夏普(Ed.),《黑川纪章:从机器时代到生命时代》,伦敦,1998年

轻钢结构"Cocoon 系统"中墙体构件的预制生产过程
资料来源：尤塔·阿尔布斯

弗里茨·哈勒尔以及他设计开发的适用于住宅建筑的"迷你系统"
资料来源：瑞士建筑博物馆

结构建造体系的优势，随着钢结构空间单元模块在预制装配式住宅领域的应用，丰富了设计语言，增加了设计多样性，使施工建造方案得以顺利实施。但目前采用这种模式建造的住宅还比较少，在法国建造的一系列社会救济住宅，通常采用钢材和其他材料混合使用。因此就出现了下一个问题，如何实现多种建筑材料有机组合，在提高建筑使用功能的基础上，减少建筑材料拆除或处理难度。

混合材料结构体系

当今大部分建筑设计是以材料技术的发展为前提。在以结构性能、美学因素、建筑能耗、生态环保、经济条件等指标评价的建筑项目中，新材料新技术的应用，以及预制技术和生产制造都非常重要。因此必须重视项目所在地自然条件，考虑环境、气候等因素对建筑形式的影响，以及对于周边环境适应性的要求。这些因素都会影响建筑材料和建造方式的选择。

经济指标和能耗标准是当今施工建造中必须考虑的重要问题。在预制装配式建筑建造过程中积累和发展的设计理念，将成为行业发展的内生动力。下一章节将通过近年来预制装配式项目案例，详细介绍使用不同类型的建筑材料完成的优秀设计作品。随着新材料、新技术的开发与应用，如木结构和钢筋混凝土的结合，提升了工业化建造方式的经济指标，并进一步推动预制装配式建筑行业的可持续发展。

参考赫尔曼考夫曼建筑师事务所，在奥地利多恩比恩市设计建造的"Life-Cycle Tower"项目中，使用的木结构混凝土复合材料的经验。以及芝加哥 SOM 建筑师事务所的

混合材料结构体系

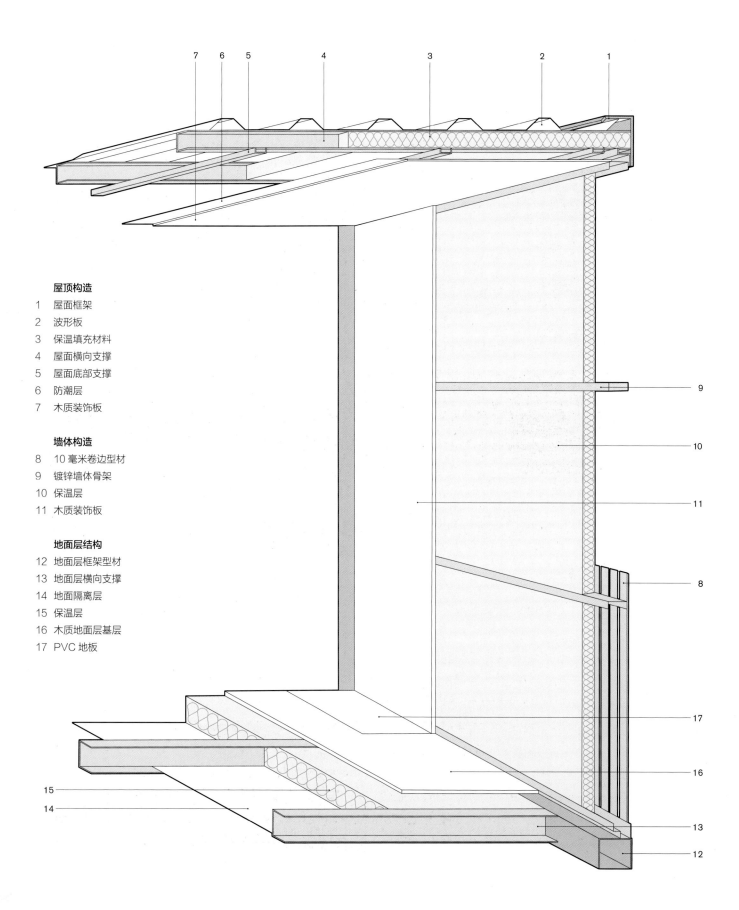

屋顶构造
1. 屋面框架
2. 波形板
3. 保温填充材料
4. 屋面横向支撑
5. 屋面底部支撑
6. 防潮层
7. 木质装饰板

墙体构造
8. 10毫米卷边型材
9. 镀锌墙体骨架
10. 保温层
11. 木质装饰板

地面层结构
12. 地面层框架型材
13. 地面层横向支撑
14. 地面隔离层
15. 保温层
16. 木质地面层基层
17. PVC地板

建造技术基础

"Case Study Project"项目中,在多层住宅中应用复合材料构件的情况,与采用传统钢筋混凝土建造的40层超高层建筑进行比较,得出结论是复合材料构件性能毫不逊色。例如在加拿大温哥华,使用交叉层压木建造的14层学生宿舍"Brock Commons"项目。复合材料展示出来的卓越生态环保性能,受到了建筑厂商和居住者的一致好评。

随着建筑材料的升级换代及性能优化,提升了建筑构件质量,增加了建筑构件的环境适应范围。通过将多种建筑材料的复合使用,提升了建筑构件性能,这也带来了施

ISO集装箱建筑模块在生产线上的制造流程:首先通过钢结构边角连接部位焊接,增强整体结构强度,随后采用与汽车底盘喷涂类似的方法,在喷漆室进行钢结构喷涂处理。随后将结实耐用的硬木地板,安装在钢结构底部骨架上,最后将预制屋面安装到建筑模块主体上。在安装过程中斜向支撑杆起到稳定结构作用,在墙板安装结束之后移除

资料来源:ALHO建筑系统公司

混合材料结构体系

"Carmel Place"住宅项目：钢结构建筑模块的生产情况（左图），住宅建筑模块平面组合变化（下图）

资料来源：Monadnock 房地产公司

资料来源：nARCHITECTS, PLLC

178

建造技术基础

2015年在纽约由 narchitects 建筑师事务所设计的"Carmel Place"钢结构小型住宅项目
资料来源：纽约市长办公室

工建造阶段建筑性能的飞跃。特别是在建筑物理性能，诸如隔声、防火、耐热或耐候性等方面都得到了极大的提升，也提高建筑结构的耐久性和使用性能。因此，对于建筑项目全生命周期的整体规划设计显得非常重要，通常在考虑建筑材料和建筑构件使用时，基于耐久性考虑，导致倾向于选择传统"湿作业"建造方式，没有对建筑全生命周期进行整体考虑，也没有考虑拆除建筑及建筑垃圾的处理问题。在预制装配式建筑发展过程中，要通过改善复合材料优化预制构件性能，也要考虑建筑构件的拆除及材料回收利用的问题。因此，在设计前期以及生产阶段，要满足建筑构件便捷拆解、多层或复合材料"干净"分离，和拆除分类处理等需求，在项目计划中通盘考虑，这一点非常重要。这也是满足建筑设计需求，确保建筑质量，对建筑材料及其物理性质进行研究的重要前提。只有这样，才能进一步推动对于建筑材料的认识和研究。

展望：住宅建筑领域工业化建造方式的发展潜力

在当今建筑设计和建造实施过程中，不仅要满足能源、技术和经济方面的要求，同时也要提升设计品质和建筑质量，提高社会公众的接受程度。对于建筑师和开发商而言，设计缜密、可实施性强的建筑方案，对于建筑项目至关重要。在预制生产或工业化建造方面，技术的成熟度以及设计阶段的技术应用，决定了技术措施的整合及实施程度。总的来说，通过系统化的建造方式以及和建筑工业化产品结合的方式，可以提高工作效率和施工质量，而这种方式的应用形式和适用范围相对灵活，在建筑设计早期阶段的积极应用，会对建筑形式和项目实施产生积极影响。随着住宅建筑领域工业化建造方式的发展，通过跨系统的智能集成，必将提升建筑设计水平，并能进一步提升和优化预制装配式建筑的施工建造水平。

建造技术基础

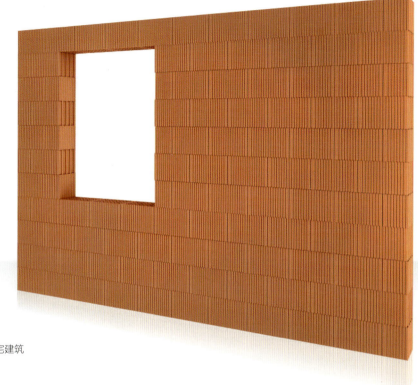

预制砌体"Redbloc 系统",适用于单层及多层住宅建筑
资料来源:施拉格曼·波洛侗 / Redbloc 系统

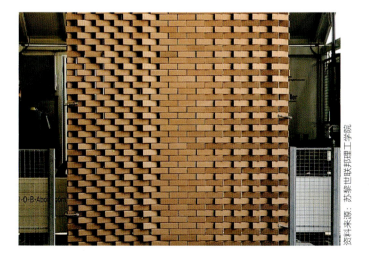

资料来源:苏黎世联邦理工学院

资料来源:Redbloc 系统

砌块预制生产的承重墙体模块(上图)、砌块预制生产的墙体构件(左图)、全自动化生产(右图)

典型建筑案例及建筑体系

菲利普·莫伊泽

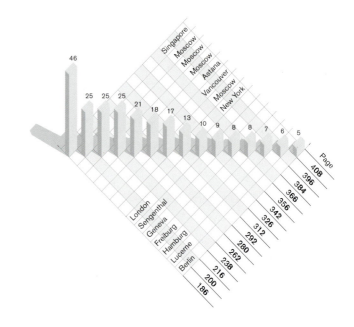

按照建筑层数进行统计的相关项目分布图
绘图：德米特里·萨多夫尼科夫

本章节介绍的 15 个典型建筑案例及建筑体系，涵盖了近三年来欧美国家预制装配式建筑领域最新成果。其中有超过四分之一的案例来自莫斯科，这与本书的出版计划相关。最初本书的出版构想是，将在俄罗斯首都进行的标准化住宅建设情况介绍给国际读者，当时莫斯科政府制定的住宅政策对该国建筑行业起到了重要推动作用，特别是 2015 年 5 月份莫斯科市政府通过旨在提高多层住宅楼质量的决议。该决议类似德国建筑法规中，关于建筑形态和建筑造型的相关规定，该决议的主要内容在前面第一章节已翻译成德语。政府决议的出台，也促使本书的出版和编辑必须等待第一批"建筑原型"完工。

第二个重要事件也对相关建筑案例的选择产生影响。2015 年夏天"难民危机"中涌入欧洲的数百万难民，不仅造成了欧洲各国的政治动荡，也引发了德国和奥地利建筑行业对于低成本住宅建筑及其相关标准的激烈辩论。一夜之间，"工业化预制"再次成为热点话题。德国联邦政府针对该议题连续召开会议，建筑行业也积极行动，推动预制装配式建筑的宣传和推广。这种状况在 2016 年年中尤为明显。因此本书的出版和编辑也在等待相关建筑案例的完工（342~355 页，408~427 页）。

在参观位于俄罗斯喀山的预制板建筑企业前发放安全帽
资料来源：菲利普·莫伊泽

与此同时，典型建筑案例的搜集整理也遍布世界许多国家和地区，其中包括：温哥华、纽约、伦敦、阿斯塔纳、新加坡等。这些选择的建筑案例各不相同，既有位于东南亚热带地区的四十七层超高层建筑（186~199 页），该项目可能也是最高的工业化预制住宅建筑之一。也有为应对难民危机，在柏林以较短时间紧急建造的五层预制住宅（408~427 页）。

除此之外，瑞士的建筑案例（356~365 页，396~407 页）也再次表明，工业化预制建筑也可以最高的建筑设计品质呈现。尤塔·阿尔布斯搜集整理的木结构建筑案例（280~291 页，384~395 页）均表明，工业化预制装配式建筑的发展已经进入到全新的阶段。

参观位于俄罗斯莫斯科西郊 80 公里的 Moschajsk 预制板建筑企业
资料来源：菲利普·莫伊泽

典型建筑案例及建筑体系

资料来源：帕特里克·宾厄姆-霍尔（Patrick Bingham Hall）

资料来源：阿纳托利·贝洛夫（Anatoly Belov）

资料来源：丹尼斯·艾萨科夫

资料来源：丹尼斯·艾萨科夫

资料来源：菲利普·莫伊泽

1. 新加坡
"SkyVille"住宅项目——WOHA建筑设计事务所

2. 莫斯科
Wellton Park 住宅楼
KROST 建筑集团 / buromoscow 建筑设计事务所

3. 莫斯科
"PIK 1"系列项目
PIK 建筑集团 / buromoscow 建筑设计事务所

4. 莫斯科
"Grad-1M"系列项目
莫顿建筑集团（Morton）/ DSK Grad 预制构件厂

5. 阿斯塔纳
"Altyn Shar II"住宅区
GLB 住宅建设联合企业 / SA 建筑师事务所

资料来源：KK Law/naturallywood.com

资料来源：丹尼斯·艾萨科夫

资料来源：埃·德理夫（Ed Reeve）

资料来源：菲利普·莫伊泽

资料来源：莱因·哈德梅德勒（Reinhard Mederer）

6. 温哥华
"Brock Commons"学生宿舍项目
Acton Ostry / Hermann Kaufmann 建筑师事务所

7. 莫斯科
"DOMRIK"系列
DSK-1 / 里卡多·波菲

8. 纽约
"糖山"区社会保障住宅项目
戴维·阿德贾伊建筑事务所

9. 伦敦
奥运村 N15 公寓
格伦·豪尼尔斯建筑师事务所 / 尼尔·麦克劳克林建筑师事务所

10. 森根塔尔
"maxmodul"建筑系统
马克斯博格公司

资料来源：迪迪埃·乔丹（Didier Jordan）

资料来源：约翰·泽尔丁（Yohan Zerdoun）

资料来源：ON3 公司

资料来源：拉弗尔·菲纳（Ralph Feiner）

资料来源：Klebl 公司 /AIM 建筑师事务所

11. 日内瓦
"大卫·拉切贝尔"住宅区项目
巴斯·凯拉拉建筑师事务所

12. 弗赖堡
湖畔学生公寓
ABMP 建筑师事务所

13. 汉堡
"通用设计区"住宅项目
布鲁瓦荷顿建筑师事务所 / 考夫曼木结构系统公司

14. 卢塞恩
"林德斯泰格"住宅项目
Graser 建筑师事务所

15. 柏林
模块化难民住宅
Klebl 公司 /aim 建筑师事务所

1 "SkyVille"住宅项目
——WOHA建筑设计事务所

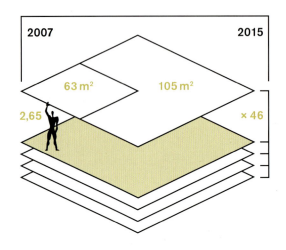

在新加坡，社会保障型住宅的市场份额约为80%。随着新加坡城市人口的持续增长，这一数据具有重要的指标意义。因此新加坡在庞大的市场需求和政策支撑下，成为高密度高标准建筑设计项目的重要实验区域。国际知名WOHA建筑设计事务所，设计的"SkyVille"住宅综合体项目，是采用工业化预制装配式技术在大型热带城市进行建造的重要案例。该项目受到新加坡国家住房和发展委员会（HDB）委托，通过该项目的实践，探寻居住品质与经济适用，公共空间与私密场所，自然环境与城市建筑的最佳契合点。与世界其他地区的住宅建筑类似的是，建筑首层布置大量的公共服务设施及商业空间，周边环绕1.5公顷的公共绿地，将该项目和周边其他建筑连为一体。

该项目共有三座47层高的塔楼，总计960套住宅。建筑平面布局呈菱形，每座塔楼的标准层由四部分组成，且彼此独立，经由塔楼中央的交通核进行连通。除此之外，塔楼中心还有通风管井，保证塔楼内部空气自然流通。塔楼与塔楼之间相对独立，菱形的建筑平面也造就了该项目波浪般起伏的外立面造型，竖向大面积孔状格栅削弱了建筑的体量感。塔楼之间通过连桥和人行便道进行连接，在整座建筑不同位置设置了四座屋顶花园，强化塔楼之间的空间联系，而住户在这些"垂直农庄"开展的种植栽培活动，也丰富了社区生活。该住宅综合体的竖向空间分布，将每80户居民组成为一个小型社区，该项目的结构特点决定了居民的生活模式，但却对居民日常起居生活影响较小，他们能够在建筑师创造的空间内，根据自己的需要进行室内空间自由分隔，打造成为3~5间不同尺寸的生活居住场所。这是由于该项目整体结构采用预制钢筋混凝土构件组合而成，大多数构件都是工业预制半成品，在施工现场安装就位后，通过现浇混凝土成型。因此建筑内部没有多余的支撑结构，为居民们根据自己的需求和喜好，打造适合自己的生活空间创造了便利条件。

资料来源：Patrick Bingham-Hall

典型建筑案例及建筑体系

1 "SkyVille"住宅项目

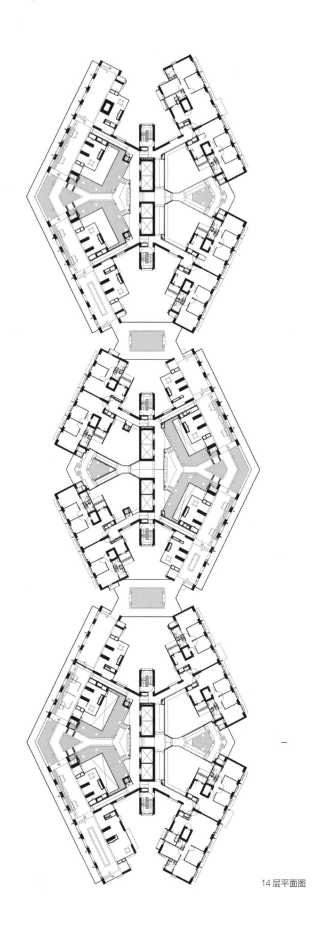

14层平面图

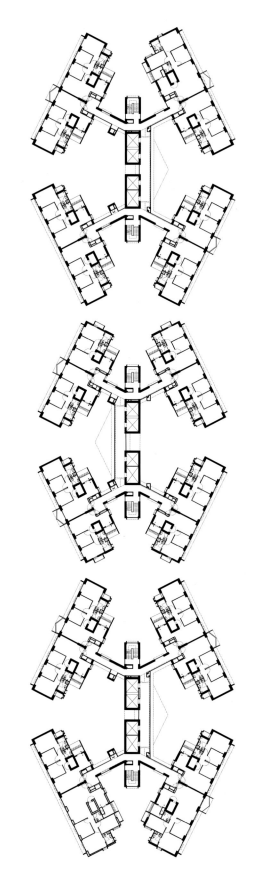

16-24层平面图

典型建筑案例及建筑体系

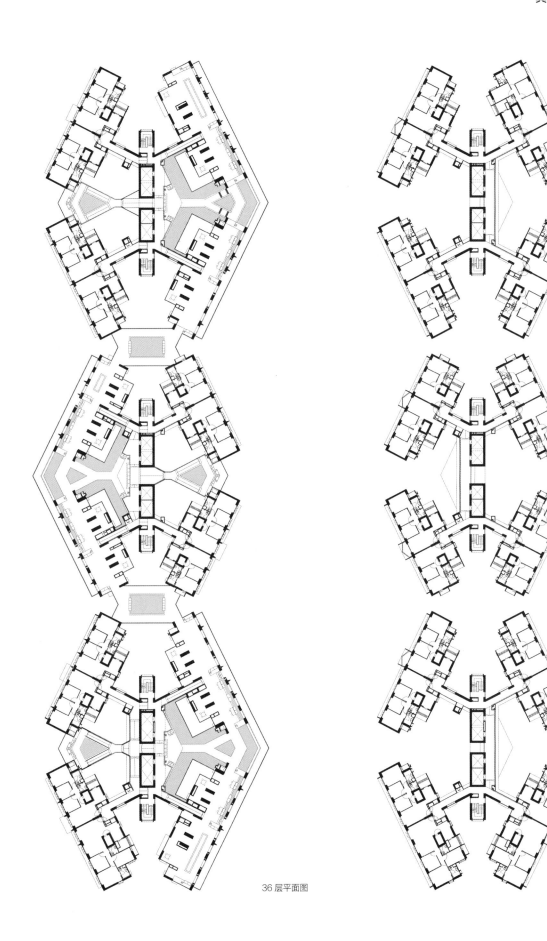

36 层平面图

38-46 层平面图

1 "SkyVille"住宅项目

工业化预制构件半成品,及在预制工厂存放构件

图片来源:WOHA建筑设计事务所

典型建筑案例及建筑体系

预制墙体构件吊装到位后，在连接部位通过现浇混凝土一次成型。安装结束后再对混凝土构件表面进行喷涂处理

图片来源：WOHA 建筑设计事务所

典型建筑案例及建筑体系

1 "SkyVille"住宅项目

墙体构件和屋面板构件通过现浇混凝土合为一体,提高了建筑的稳定性。预制混凝土板的表面处理是在组装结束后进行的

图片来源:帕特里克·宾厄姆-霍尔

典型建筑案例及建筑体系

1 "SkyVille"住宅项目

建造完工的预制装配式住宅和普通住宅并无差别，只有专业人士才能辨识出来

图片来源：帕特里克·宾厄姆－霍尔

典型建筑案例及建筑体系

1 "SkyVille"住宅项目

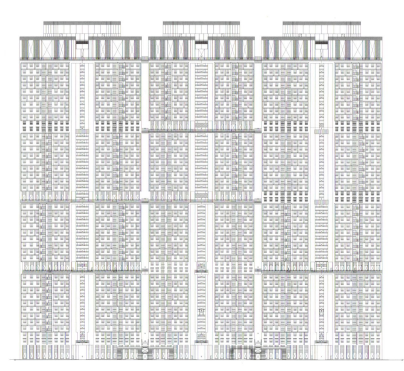

剖面图

建筑底部两层空间将竖向排列的标准化住宅和周边低层的建筑群有机联系

图片来源：帕特里克·宾厄姆-霍尔

典型建筑案例及建筑体系

2 Wellton Park 住宅楼
——KROST 建筑集团 / A-Proekt.k / buromoscow 建筑设计事务所

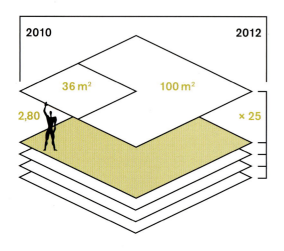

目前莫斯科的住宅市场主要分为三个层次，即社会保障型、中等普通型、奢侈豪华型。在过去的几年中，KROST建筑集团加大了针对中等收入阶层的住宅建造，其中大部分是采用预制装配式技术建造。特别在莫斯科Choroschewo-Mnewniki区的75号地块和82号地块，该区域自1999年被莫斯科市政府列为城市更新计划的首个项目，在赫鲁晓夫时代建造的五层高的建筑被拆除，取而代之的是新建多层住宅建筑。在过去近20年内，该区域从普通的预制板式住宅区一跃成为莫斯科当代住宅建筑的展示区。这里的建筑以其独特的外立面设计而闻名，色彩丰富的外立面和建筑装饰成为该项目的特色。尽管这些项目的预制率很高，但人们并不会把KROST建筑集团的工业化预制住宅项目与品质不佳建筑联系起来，而将其视作成熟建筑体系的典型项目。

三层高的预制钢筋混凝土柱、预应力屋面板构件、预制空心板等构件作为第四代工业化住宅"乐高玩具"模式的重要组成部分，这些标准化构件的组成呈现出个性化的建筑平面。尽管建筑师设计了标准建筑平面，但每座建筑的组合方式却各不相同。工业化预制住宅个性化的外立面，源于不同的表面处理技术，为此该公司不仅在自己的工厂进行面砖，彩色混凝土和浮雕状装饰等产品的研发，同时也积极使用其他公司的成熟技术。预制外立面构件作为建筑维护结构的重要组成部分，悬挂在钢筋混凝土骨架结构上，对结构没有起到支撑作用。因此可以说这些高层建筑不是组装的，而是进行了整体式建造。相较于传统的建造方式，通过应用预制装配式建筑技术，建筑造价可降低20%~30%，施工周期可以缩短到3~5个月，施工技术人员的需求也进一步降低。位于莫斯科北部KROST建筑集团旗下的现代化混凝土预制工厂，不仅可以生产预制墙板、预制屋面板等构件，还能根据建筑师的需求，定制生产预制木门窗、预制钢结构构件等多种产品。其优异的产品性能不仅满足了，雷姆·库哈斯等国际知名建筑师设计项目的技术需求，同时也为莫斯科政府起草第305-PP号决议（本书28-29页）提供了权威的技术咨询。

资料来源：Anatoly Belov

2 Wellton Park住宅楼

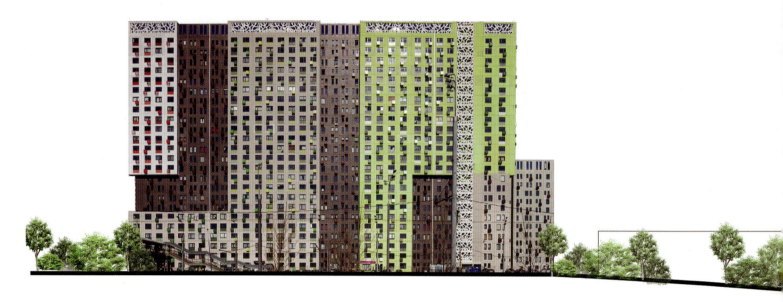

立面图

典型建筑案例及建筑体系

2 Wellton Park住宅楼

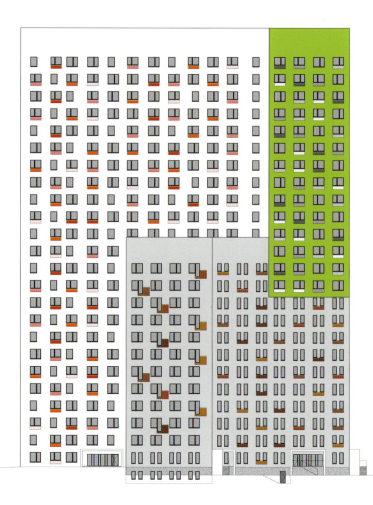

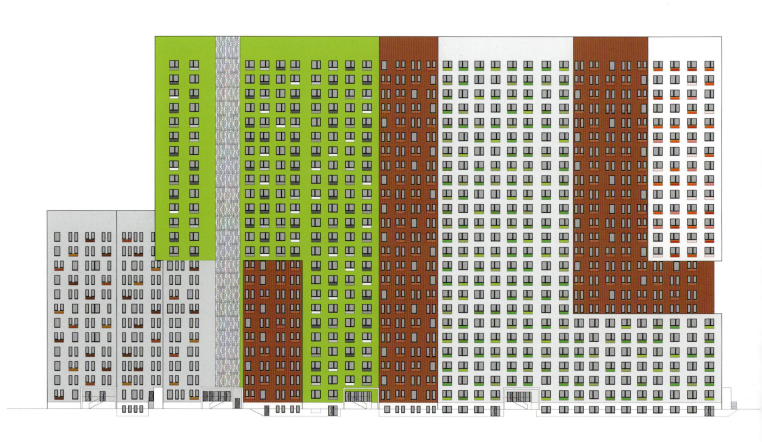

典型建筑案例及建筑体系

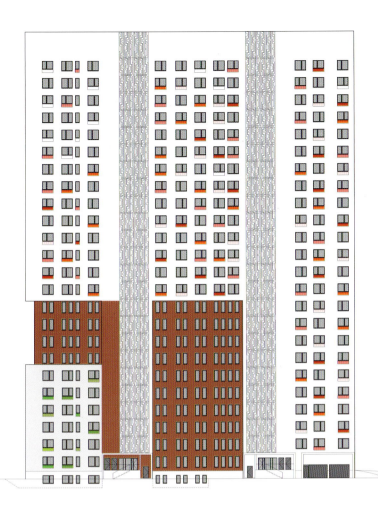

立面图展现了该项目 25 层住宅建筑标志性特点

2　Wellton Park住宅楼

该住宅平面套内面积 100 平方米

K-10 住宅建筑标准平面图
（图示未按真实比例）

典型建筑案例及建筑体系

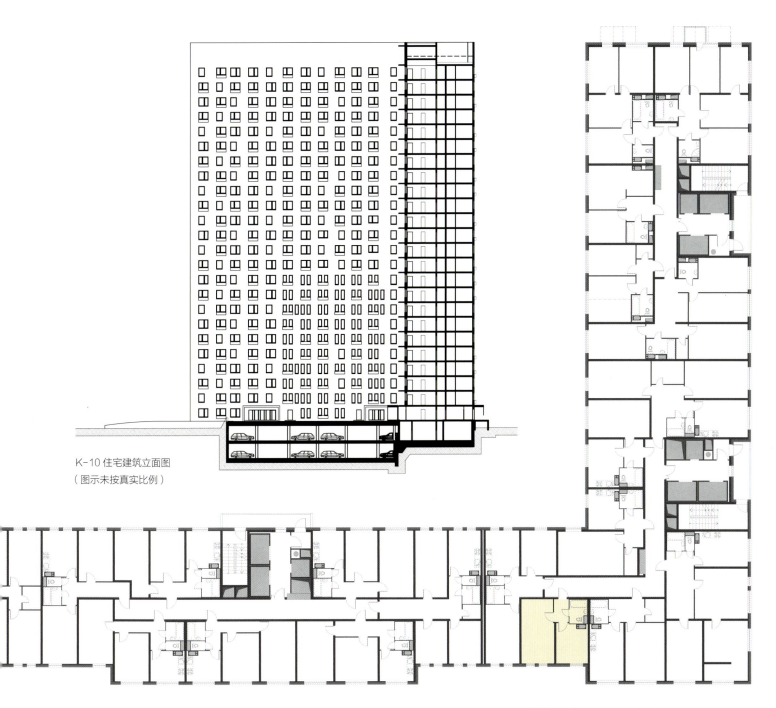

K-10 住宅建筑立面图
（图示未按真实比例）

该住宅平面套内面积 36 平方米

2　Wellton Park住宅楼

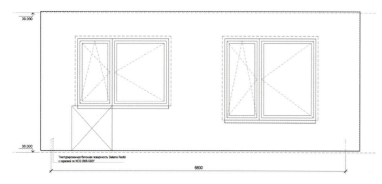
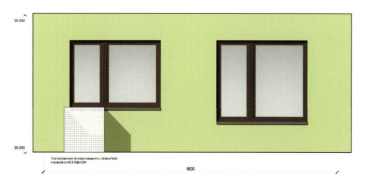
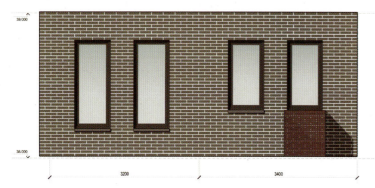
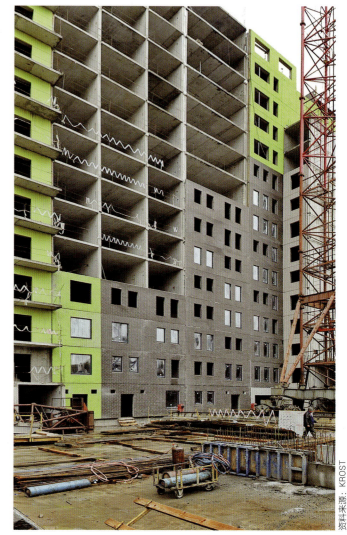

基于3.00米×6.60米标准尺寸的预制墙板设计方案

相较于传统的建造方式，通过预制装配式技术的应用，建筑造价可降低 20%~30%，施工时间可以减少到 3~5 个月

典型建筑案例及建筑体系

资料来源：KROST

2　Wellton Park住宅楼

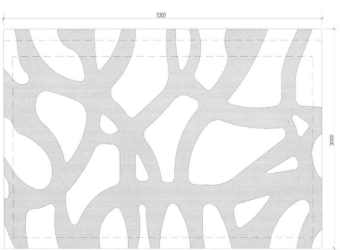

不同建筑表面处理技术，如面砖、彩色混凝土和浮雕状装饰等，展示了不同的个性化建筑外立面。外立面预制构件悬挂在钢筋混凝土骨架结构上

2　Wellton Park住宅楼

图片来源：Nikolai Podreskow

在莫斯科 Choroschewo-Mnewniki 区 75 号地块和 82 号地块，建造的预制装配式住宅典型案例

典型建筑案例及建筑体系

图片来源：Nikolai Podreskow

2　Wellton Park住宅楼

图片来源：阿纳托利·贝洛夫（Anatoly Belov）

不同的建筑部分有不同层高，避免出现单调呆板的建筑形象。建筑外立面的详细视图（下）

典型建筑案例及建筑体系

图片来源：丹尼斯·艾萨科夫

3 "PIK 1" 系列项目
—— PIK 建筑集团 / buromoscow 建筑设计事务所

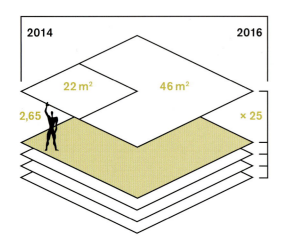

PIK 建筑集团在莫斯科有两家预制混凝土构件工厂 DSK-2 和 DSK-3（俄语：DSK = Domostroitelny Kombinat）其中 DSK-2 工厂以其在 20 世纪 80 年代开发的"KOPE"系列产品而闻名于世（俄语：Kompositsionnye Obyemno-Planirovotshnye Elementy），该系列产品通过目录式建筑构件替代了受局限的批量化系列产品类型，直到几年前，"KOPE"系列产品还在莫斯科建筑行业应用。

DSK-3 工厂也是具有多年实践经验的预制混凝土构件生产企业。苏联时期在莫斯科风靡一时的"P-3"系列产品就在这里研发生产。随着 2014 年企业内部重组以及生产设备更新换代，该企业的生产制造水平提升到了一个新的层次。通过"PIK 1"系列产品的引入，改进了此前相应的产品系列。其中包括提高住宅自然采光比例、改进预制外墙板表面处理技术、提高预制构件连接部位耐久性，以及改进阳台设计提高抵御恶劣气候影响等方面。

"PIK 1"系列标准化产品既可以在预制装配式建筑中应用，也可以在预制建筑模块中使用。目前采用该系列产品的项目已在莫斯科顺利完工。其中包括华沙路 141 号住宅项目、雅罗斯拉夫尔住宅项目以及博罗夫斯克路住宅项目等。这些项目委托为 KROST 建筑集团服务的 Buromoscow 建筑设计事务所进行了相应的设计工作，因此延续了色彩丰富的外立面设计风格。彩色面砖覆盖的建筑外立面，保证了色彩持久稳定性。色彩条纹不同的宽度产生了类似水平条形码的视觉效果。

建筑首层的公共空间高度为 3.60 米，室内空间跨度 7.20 米，解决了建筑首层空间常见的空间局促感和采光不足等问题。位于首层的住宅有独立的出入口，并与二层以上楼层隔离。屋前小型花园为整座建筑营造了舒适的居住氛围。为提高建筑平面图的灵活适应性，在"PIK 1"系列标准化产品的基础上，建筑师设计研发了四种不同的标准配置，在满足不同尺度室内空间要求的基础上，实现了每栋住宅建筑各具特点的设计目标。

3 "PIK 1"系列项目

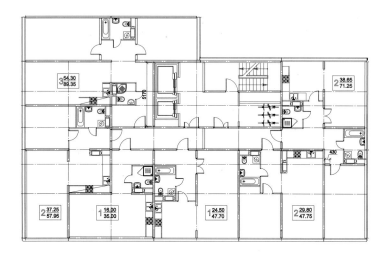

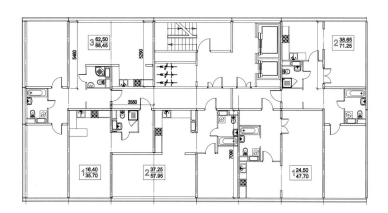

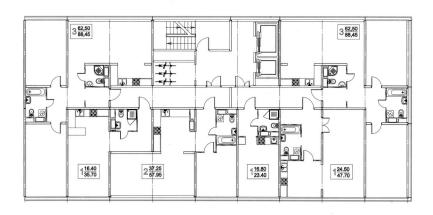

个性化平面布局

典型建筑案例及建筑体系

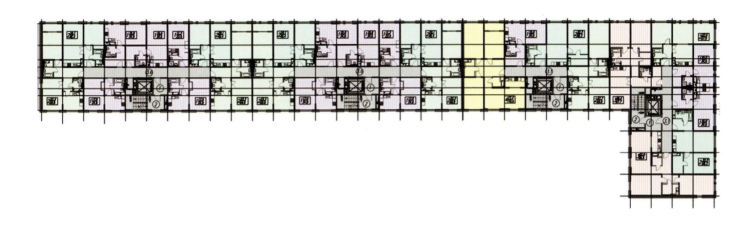

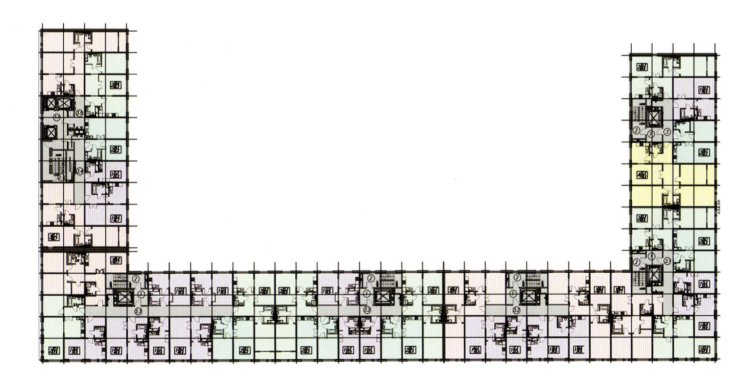

典型平面图

3　"PIK 1"系列项目

Varshavskoe Schosse 141 项目

建筑造型研究——独立排列或者体块成组　　　　　　　　　　　　　　　典型建筑案例及建筑体系

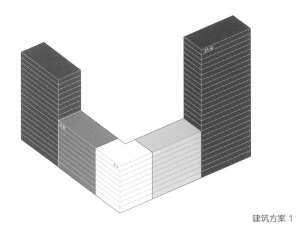

建筑方案 1

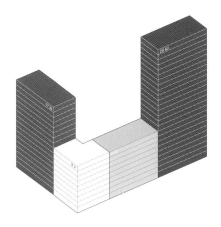

建筑方案 2

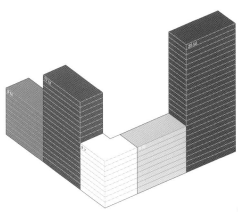

建筑方案 3

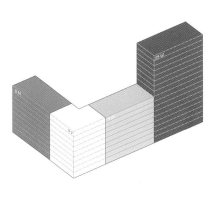

建筑方案 4

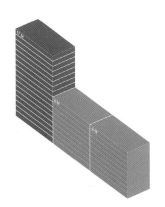

建筑方案 5

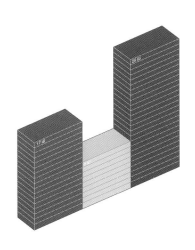

建筑方案 6

221

3 "PIK 1"系列项目

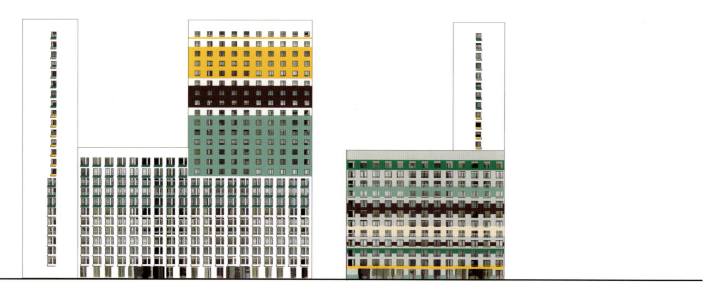

立面图 1

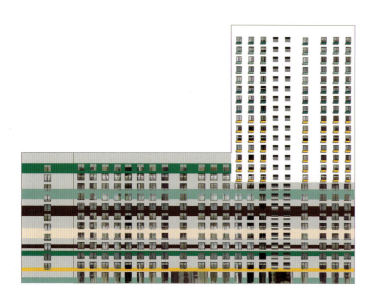
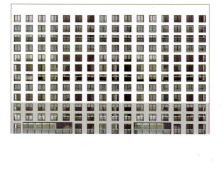

立面图 2

典型建筑案例及建筑体系

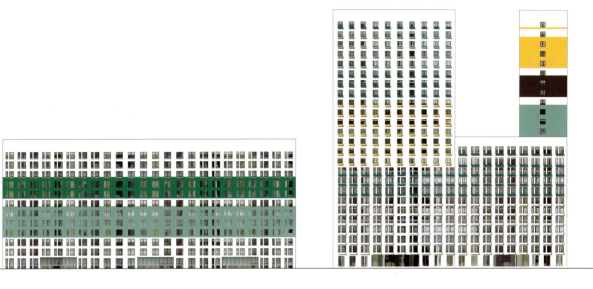

立面图 3

立面图 4

223

3 "PIK 1"系列项目

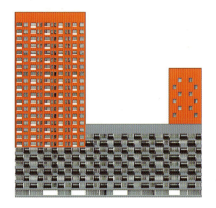

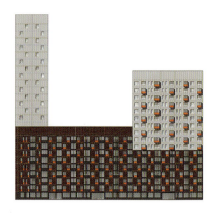
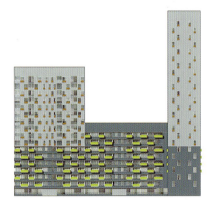
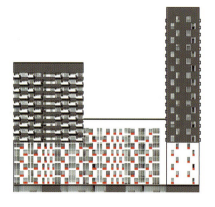

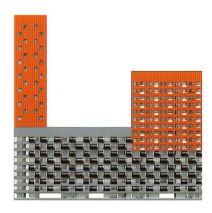

外立面色彩搭配方案　　　　　　　　　　　　　　　　　　　　　　　　　　典型建筑案例及建筑体系

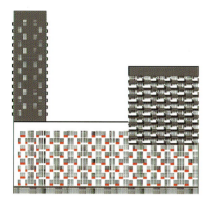
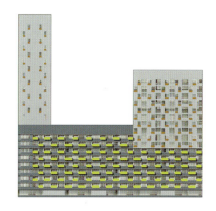
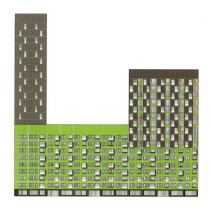
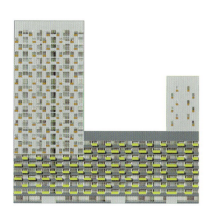

3　"PIK 1"系列项目

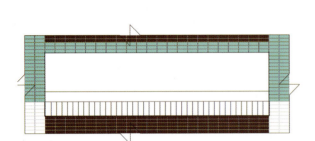

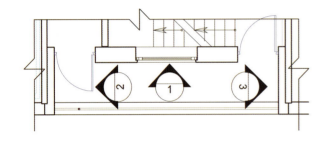

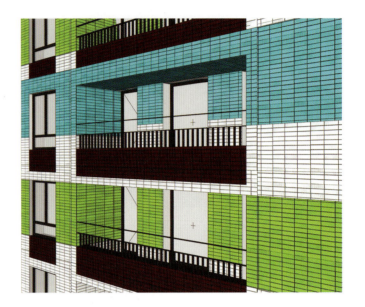

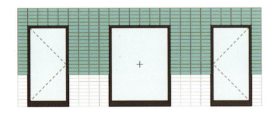

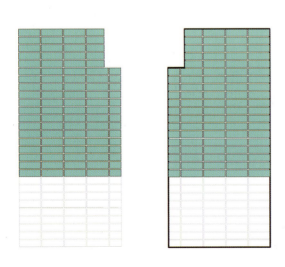

建筑外立面没有出挑阳台，而采用了开敞式内阳台形式，这种类似凉廊/敞廊的设计，源自俄罗斯建筑防火规范的相关规定：每层疏散楼梯都需要天然采光和自然通风，并宜靠外墙设置。本页图片展示开敞式内阳台的设计方案

外立面节点详图　　　　　　　　　　　　　　　　　　　　　　　　　典型建筑案例及建筑体系

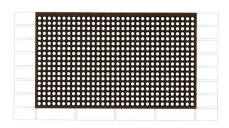

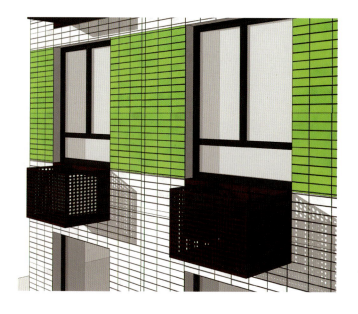

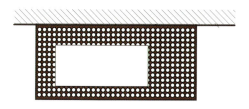

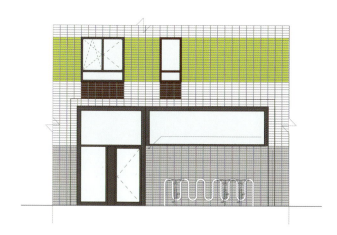

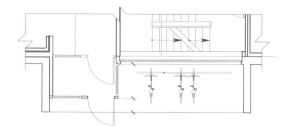

（左和上）外立面节点，阳台设计，（右上）外立面节点 - 放置空调的位置
（右下）建筑入口 - 立面设计

3 　"PIK 1"系列项目

资料来源：维多利亚·劳博（Victoria Raubo）

预制混凝土墙板生产场景（前页左上图），
在预制工厂展示预制混凝土墙板产品（左图），
2015年3月在施工现场组装预制混凝土墙板产品（下图）

典型建筑案例及建筑体系

图片来源：维多利亚·劳博

3　"PIK 1"系列项目

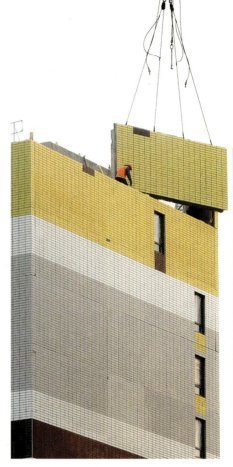

资料来源：丹尼斯·艾萨科夫

资料来源：维多利亚·劳博

资料来源：维多利亚·劳博

资料来源：丹尼斯·艾萨科夫

莫斯科雅罗斯拉夫尔某住宅项目，2015年3月和2016年3月的施工现场图片

典型建筑案例及建筑体系

3 "PIK 1" 系列项目

图片来源：丹尼斯·艾萨科夫（Denis Esakov）

232

莫斯科博罗夫斯克路住宅项目，2016 年 3 月的施工现场图片

典型建筑案例及建筑体系

3 "PIK 1"系列项目

莫斯科华沙路 141 号住宅项目，2016 年 3 月的现场施工图片

典型建筑案例及建筑体系

3   "PIK 1"系列项目

位于莫斯科西北部的泽列诺格勒市，采用"PIK 1"系列建造的标准化住宅（2017年8月）
图片来源：丹尼斯·艾萨科夫

典型建筑案例及建筑体系

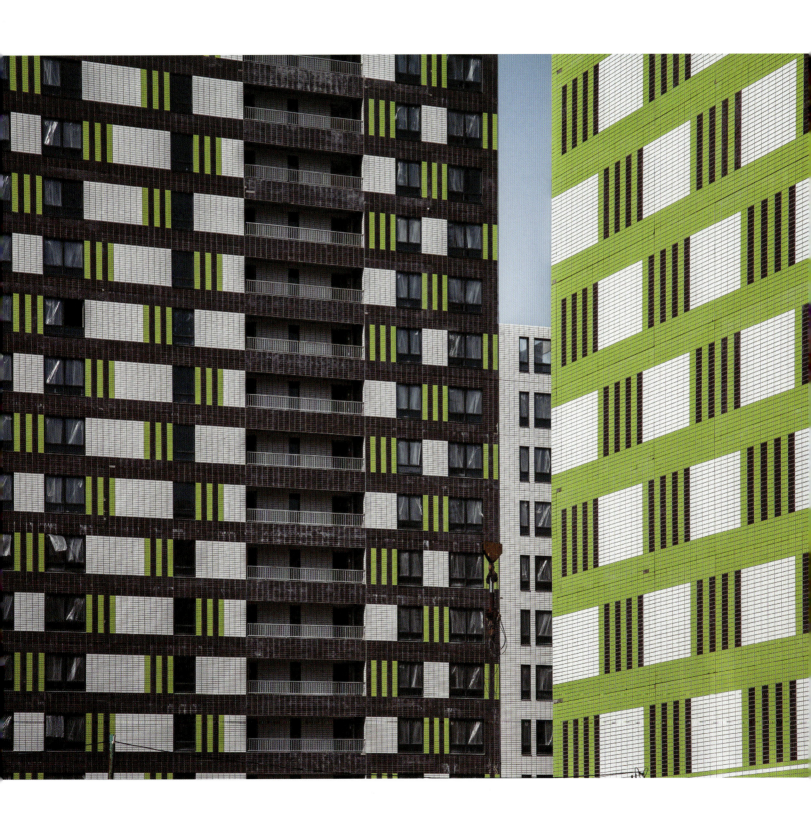

4　"Grad-1M"系列项目
——莫顿建筑集团（Morton）/ DSK Grad 预制构件厂

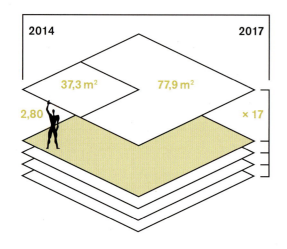

莫斯科西北部的泽列诺格勒市（"绿色城市"）是1958年设计建造的卫星城市，这里聚集了大量的科研机构。由于地理位置便利且毗邻谢列梅捷沃机场区域，因此成为莫斯科市近郊重要地区，这里建造的住宅项目备受青睐。莫顿建筑集团抓住这个市场契机，采用"Grad-1M"系列建造了首批住宅项目，该系列标准化产品是在纳罗－福明斯克（莫斯科州）2015年设立的 DSK Grad 预制构件工厂进行批量化生产。这些住宅项目位于泽列诺格勒市的西南部，和当地松散排布的传统住宅小区不同。在预制外墙板生产过程中，使用有纹理的建筑模板和彩色混凝土，在保持预制构件产品质量的前提下，满足了个性化预制墙板设计需求，也减少了外墙维护和整修费用。

住宅项目有一室、两室及三室等多种户型，建筑层高平均为2.8米，所有的住宅都有宽敞的厨房和光线充足的内阳台。建筑内部交通空间相对紧凑，首层入口大堂处设有接待室，商业设施也集中布置在首层建筑空间，满足居民日常生活需求。

与该类型其他项目类似的是，预制装配式住宅的模块化建造原则在矩形网格平面以及标准层平面清晰可见。通过丰富多样的预制构件目录，为住宅设计提供了多种不同解决方案，满足一到四室不等的标准化住宅需求，同时配套不同功能的辅助空间，例如阳台、走廊、前厅、储藏室等，并根据项目特点调整开窗方式，满足不同用户要求。

通过先进施工技术的应用，17层以内的住宅建筑可以短时间内完成装配流程。通过在施工现场优化起重设备布置，每天每台起重设备配备两个班组，可完成多达70块预制构件的组装工作。交叉墙体结构设计协调了建筑结构与外立面的冲突，优化了建筑外立面，实现了建筑美观与功能的完美统一，减少了后期处理工作量。"Grad-1M"系列产品在建筑结构，建筑外围护结构和室内设计等方面具有高度的灵活性，增加了复杂建筑类型和建筑群的表现力，破除了工业化预制住宅呆板单调的传统形象。

4 "Grad-1M" 系列项目

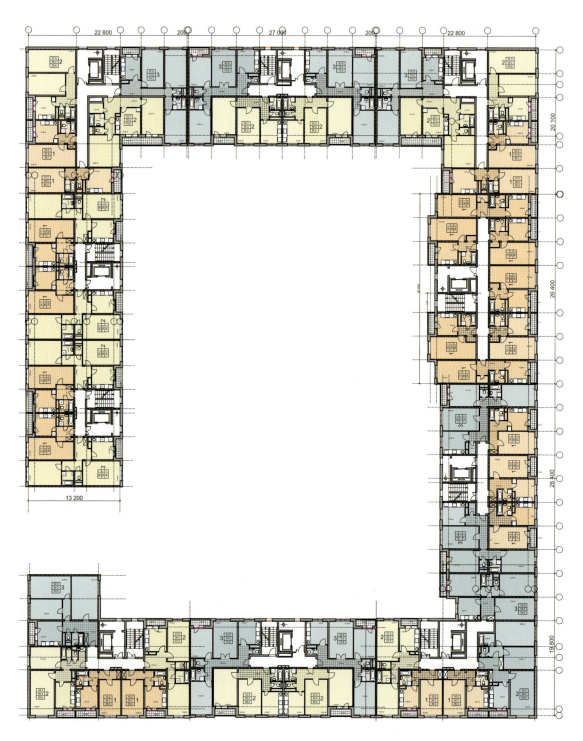

标准平面图

典型建筑案例及建筑体系

标准平面图

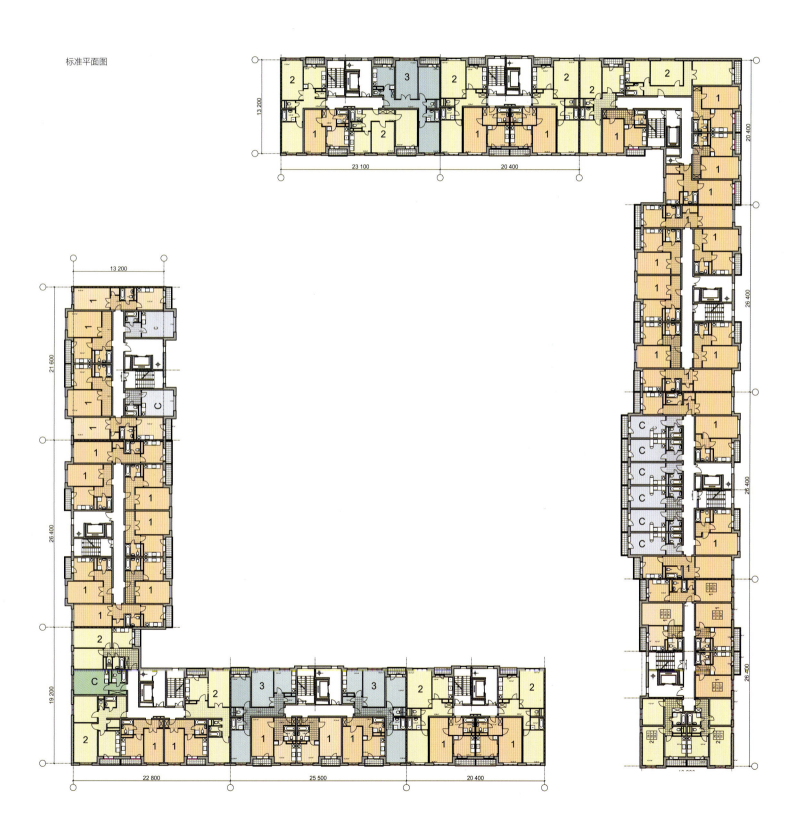

4 "Grad-1M" 系列项目

每层五套住宅组成的建筑单元

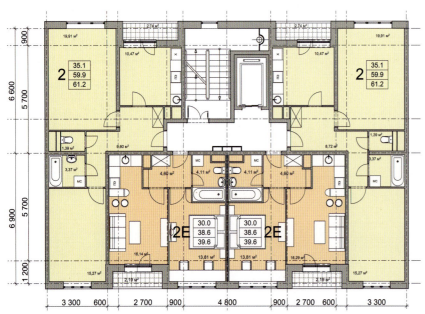

每层四套住宅组成的建筑单元

典型建筑案例及建筑体系

每层十套住宅组成的建筑单元

每层六套住宅组成的建筑单元

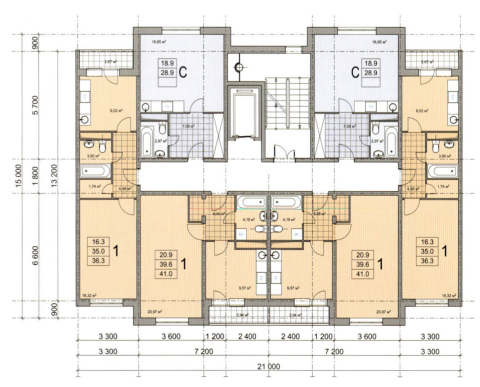

243

4 "Grad-1M" 系列项目

资料来源:莫顿建筑集团

图片来源:菲利普·莫伊泽

采用"Grad-1M"系列产品的住宅项目,和当地松散排布的传统住宅小区不同

典型建筑案例及建筑体系

4 "Grad-1M"系列项目

不同的外观设计有不同的配色方案　　　　　　　　　　　　　　　　　　　　　　　　典型建筑案例及建筑体系

4 "Grad-1M"系列项目

方案一
放置空调室外机的吊篮，没有阳台

方案二
开敞式阳台放置空调室外机

方案三
封闭式阳台放置空调室外机（换气格栅高度与室内净高相同）

方案四
封闭式阳台放置空调室外机（护栏高度与室内机高度相同）

立面图 1

立面图 2

立面图 3

立面图 4

典型建筑案例及建筑体系

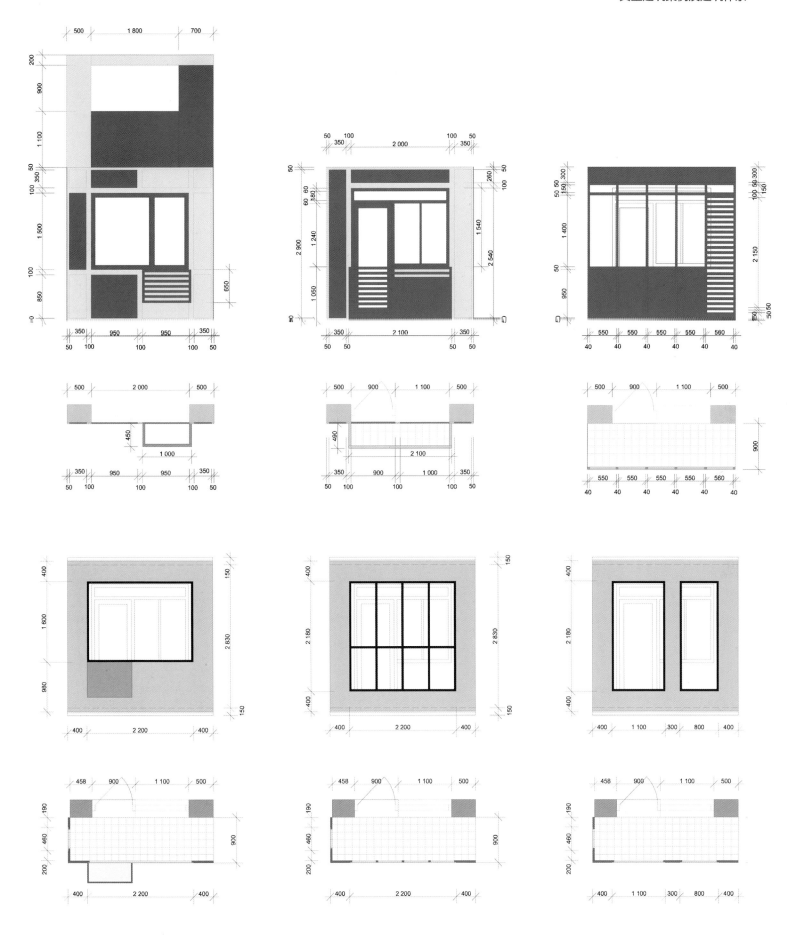

249

4 "Grad-1M"系列项目

预制构件在纳罗 – 福明斯克的 DSK Grad 工厂进行批量化生产

资料来源：菲利普·莫伊泽

典型建筑案例及建筑体系

设置钢模版

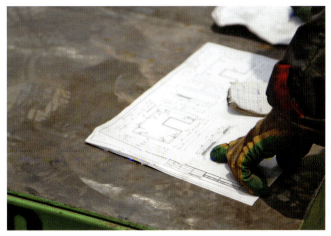
对照设计图纸校核

铺设钢筋网

安放定位泡沫，便于混凝土按照模版造型流动。

检查钢筋加固件

钢筋加固件之间的管道和垫片

4 "Grad-1M" 系列项目

位于俄罗斯纳罗－福明斯克的 DSK Grad 预制构件厂：浇筑和平整混凝土

资料来源：菲利普·莫伊泽

典型建筑案例及建筑体系

4 "Grad-1M" 系列项目

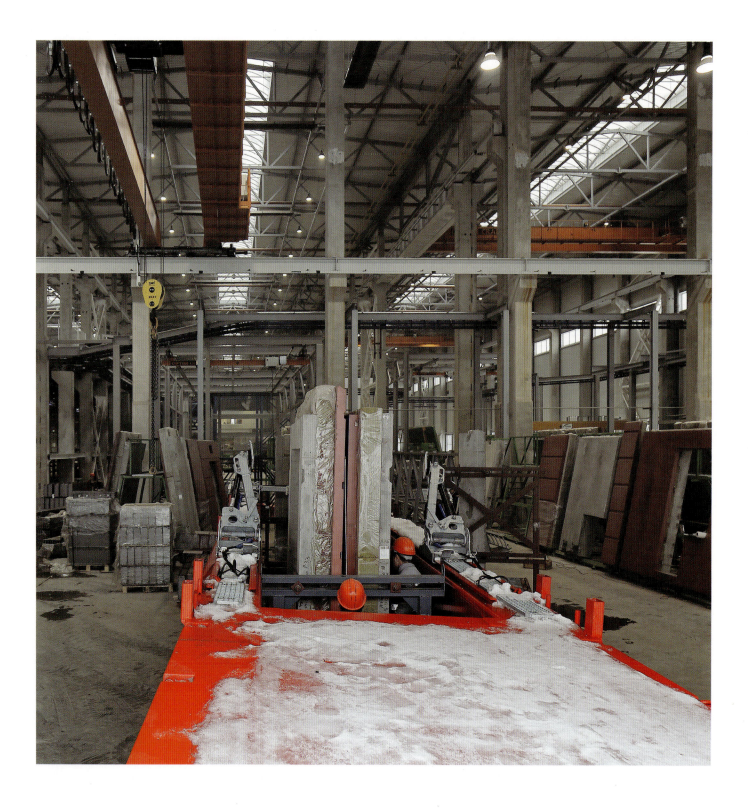

位于俄罗斯纳罗 – 福明斯克的 DSK Grad 预制构件厂：预制板临时存放处，将预制板放置在特种运输车辆上

资料来源：菲利普·莫伊泽

典型建筑案例及建筑体系

4 "Grad-1M"系列项目

施工现场，2016 年 11 月

典型建筑案例及建筑体系

资料来源：丹尼斯·艾萨科夫

4 "Grad-1M"系列项目

施工现场，2016 年 11 月 典型建筑案例及建筑体系

资料来源：丹尼斯·艾萨科夫（Denis Esakov）

4 "Grad-1M" 系列项目

施工现场，2017 年 8 月

典型建筑案例及建筑体系

资料来源：丹尼斯·艾萨科夫（Denis Esakov）

5 "Altyn Shar II" 住宅区
——GLB 住宅建设联合企业 / SA 建筑师事务所

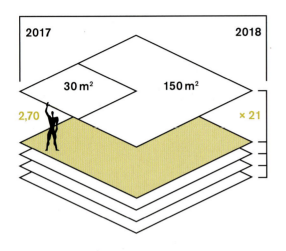

在过去十年间哈萨克斯坦人口数量增长了近20%，同时人口从边远地区向城市迁徙的趋势也在不断加剧。首都阿斯塔纳市以年均6%的人口增长率，成为哈萨克斯坦——这个世界国土面积第九大国家，人口增长最快的城市。为此该国政府制定了三项重要投资计划，以应对随之而来的城市住房短缺问题。2016年推出了哈萨克斯坦有史以来建筑业最大单笔投资计划，2017年全国建筑总量随即达到1110万平方米，其中GLB住宅建设联合企业作为该国唯一一家年产量达到350000平方米的工业化预制构件生产商，该企业的产量占到了全国建筑总量的3%。哈萨克斯坦政府计划在2030年将人均居住面积从现在的20平方米，提高到联合国制定30平方米的标准，在这种积极住宅政策的引导下，这座位于阿斯塔纳南部的企业将会发挥积极作用。

位于首都新区中心附近的"Altyn Shar II"住宅区项目，是GLB住宅建设联合企业建造的第一座实验性住宅综合体。从城市规划的角度来看，住宅综合体向南侧开放，且层数最高达21层，与苏联时代常见的大规模开发的住宅项目，以及采用传统方式建造的住宅建筑综合体几乎没有什么不同，但应用的预制装配式技术却有很大提升。该项目东侧连通市中心和机场的交通干道，住宅综合体围合而成的庭院位于中心，庭院的西侧是两层商业区和三座6~9的住宅建筑，其余的住宅建筑都较高。建筑面砖则是实现外立面造型的重要载体之一，在该项目中通过预制墙体与面砖的组合，凸显出具有标示感的建筑外立面。并设置有安装空调设备的吊篮。住宅综合体首层和第二层采用传统方式建造，其余楼层由预制混凝土板组装而成，虽然预制板与建筑主体采用装配连接技术和20世纪70年代开始应用的技术手段相差不大，但是该建筑体系的兼容度却很高。特别与莫顿集团在莫斯科应用的"Grad-1M"系列产品的相似度非常惊人（238~261页）。

5 "Altyn Shar II" 住宅区

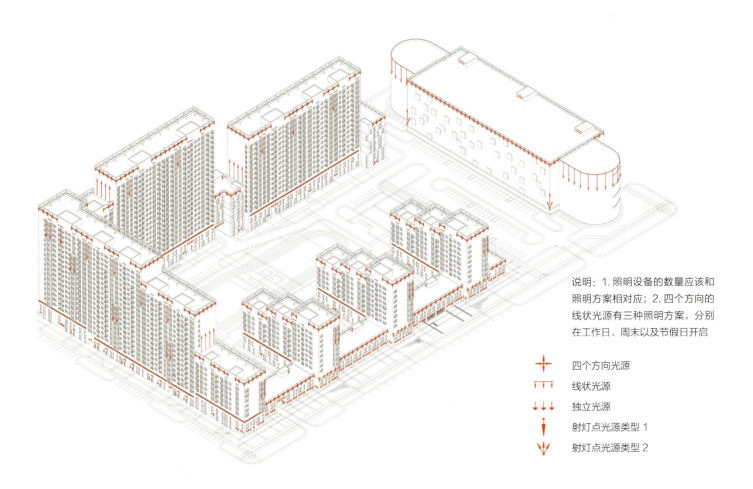

说明：1. 照明设备的数量应该和照明方案相对应；2. 四个方向的线状光源有三种照明方案，分别在工作日、周末以及节假日开启

↑ 四个方向光源
↓↓↓ 线状光源
↓↓↓ 独立光源
↓ 射灯点光源类型 1
↓↓ 射灯点光源类型 2

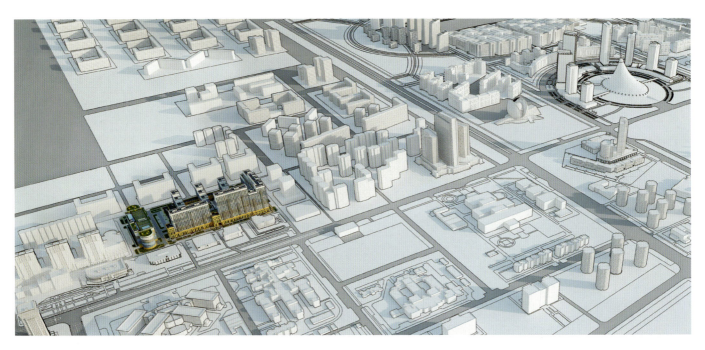

该住宅区融入周边城市肌理

典型建筑案例及建筑体系

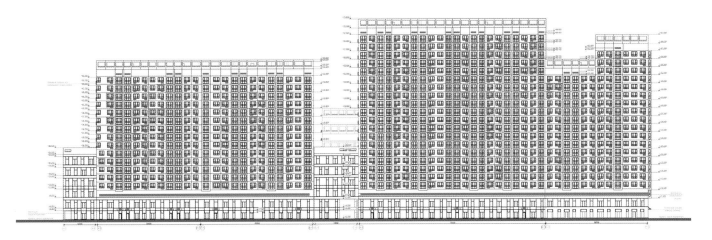

东侧立面图

西侧立面图

5 "Altyn Shar II"住宅区

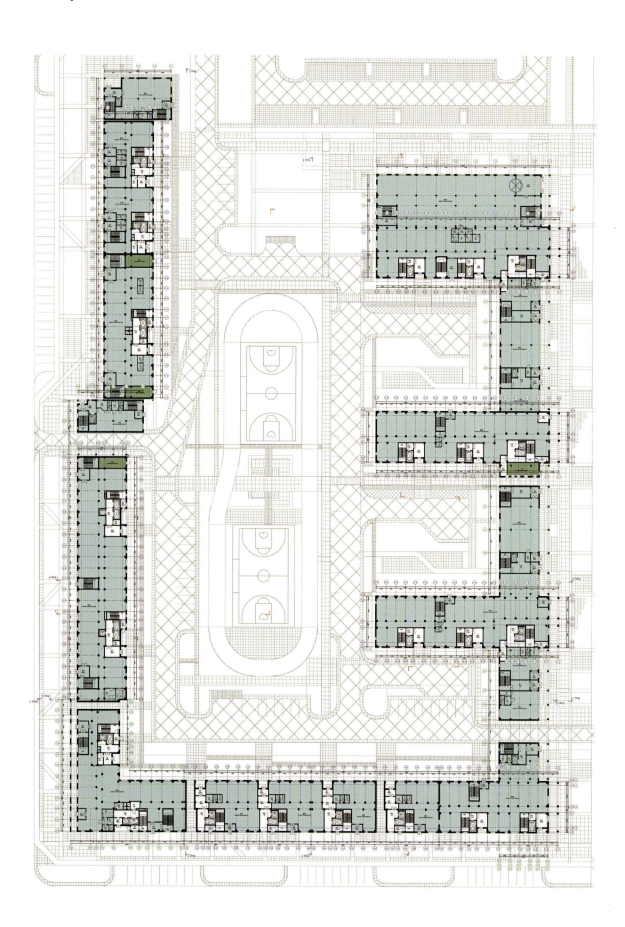

区位图

典型建筑案例及建筑体系

第三层平面图

建筑面积：229 m²

第四层平面图

建筑面积：229 m²

第六层平面图

建筑面积：229 m²

屋顶平面图

267

5 "Altyn Shar II" 住宅区

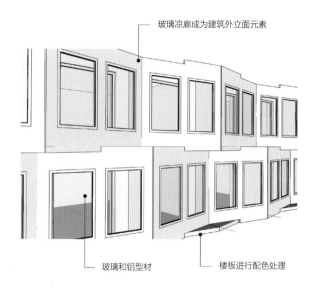

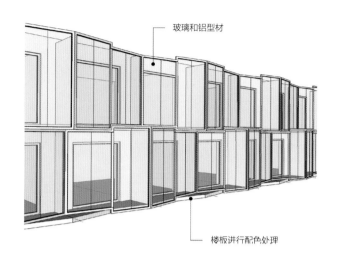

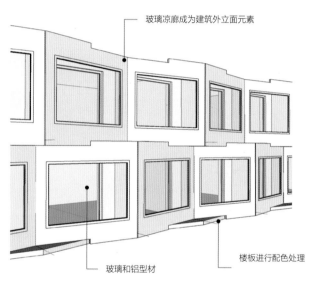

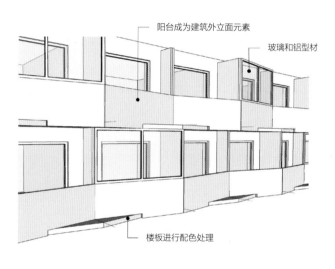

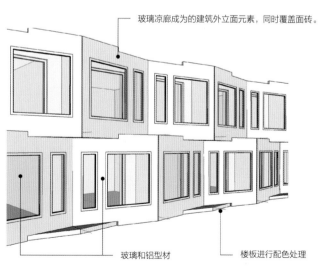

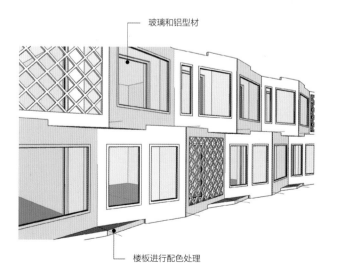

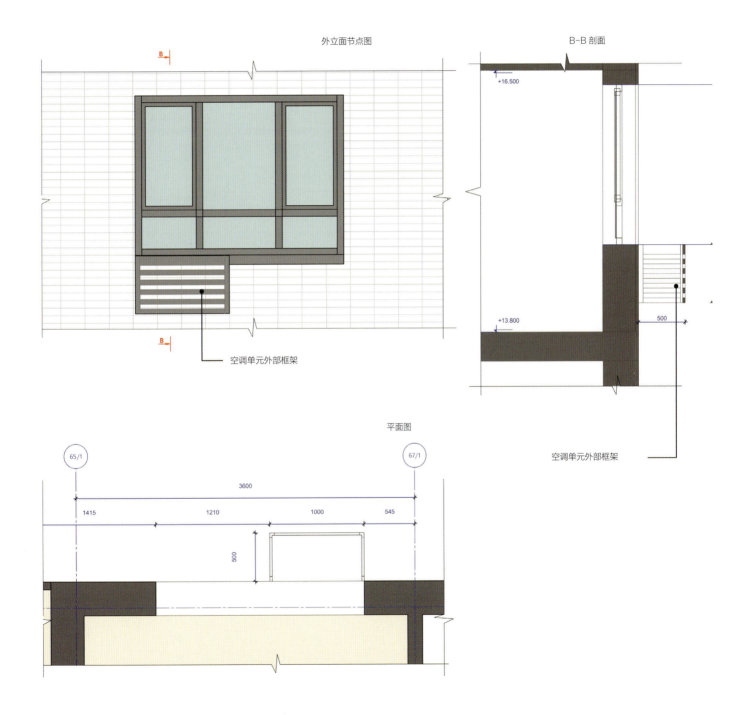

5 "Altyn Shar II"住宅区

典型建筑案例及建筑体系

实例展示室外空调机如何安装在建筑外立面

色彩方案

 1. 预制墙板饰面砖 / RAL K7 经典型号 5019

 3. 预制墙板饰面砖 / RAL K7 经典型号 7040

 2. 预制墙板饰面砖 / RAL K7 经典型号 5024

 4. 预制墙板饰面砖 / RAL K7 经典型号 9003

吊装预制墙体和楼板

典型建筑案例及建筑体系

资料来源：菲利普·莫伊泽

273

5 "Altyn Shar II"住宅区

混凝土预制标准构件有独立编码，便于组装过程中的精准定位

274

起重设备在施工现场铺设的轨道上移动，预制构件临时存放点靠近轨道设置

典型建筑案例及建筑体系

资料来源：菲利普·莫伊泽

5　"Altyn Shar II" 住宅区

建筑主体完工后的室内墙面可以看到预制混凝土板连接处的处理细节

典型建筑案例及建筑体系

资料来源：菲利普·莫伊泽

5　"Altyn Shar II"住宅区

在建筑构件组装过程中建筑主体和建筑外立面

典型建筑案例及建筑体系

资料来源：菲利普·莫伊泽

6 "Brock Commons" 学生宿舍项目
——Acton Ostry / Hermann Kaufmann 建筑师事务所

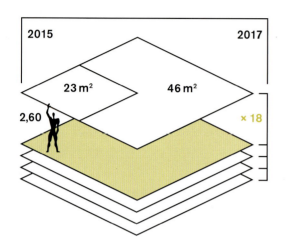

　　加拿大林木资源丰富，木材是该国重要的建筑材料，因此世界上最高的木结构建筑之一，可容纳 400 名学生的"Brock Commons"宿舍项目在温哥华落成也就不足为奇。这座于 2017 年完工的 18 层建筑，位于建筑密度较高的不列颠哥伦比亚大学校区内。该项目得到了加拿大木业协会的 Tall Wood 发展计划的支持，该计划旨在促进木材在该国建筑业中的应用，加拿大 Acton Ostry 建筑师事务所和奥地利 Hermann Kaufmann 建筑师事务所的合作促成了该项目的顺利实施的。

　　该项目临近街道，建筑标准层尺寸为 15 米 x 56 米，框架结构轴网尺寸为 2.85 米 x 4.00 米。建筑首层及竖向核心筒由现浇混凝土建造完成，建筑其他部分均由预制木构件组装完成。外立面预制构件面层覆盖矩形浅色千思板（高压层压板），通过预制屋面板内埋设的角钢与建筑主体结构进行连接。安装在外立面预留位置的深色窗户，以及在建筑转角处的大尺寸开窗满足了室内采光需求。整座建筑通过竖向通高的窗户与装饰性外墙的虚实交替，呈现出非常有韵律感的节奏变换。

　　该项目结构体系的预制构件均由高压层压木制作而成，其中承重柱横截面为 26 厘米 ×26 厘米，预制屋面板厚度为 16.6 厘米厚。通过双向承重结构体系，避免在屋面板底部出现支撑梁，这样不仅能满足快速安装的需要，同时也保证了室内空间的完整性。高温压制成型的屋面板与柱间横撑，以及预制结构柱形成了完整的稳定结构体系。建筑水平载荷通过屋面板均匀传递到现浇核心筒，而建筑竖向荷载通过预制结构柱内特殊设计的钢构件传递到建筑基础。以上这些结构措施保证了快速建造需求，达到了每周两层的施工速度。由于该项目结构主体是木材，可节省使用 2650 立方米混凝土，相当于减少 500 吨二氧化碳排放。

资料来源：KK Law / naturallywood.com

6 "Brock Commons" 学生宿舍项目

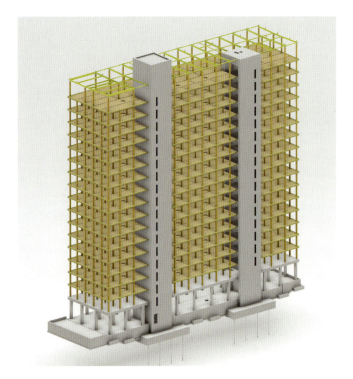

建筑结构体系

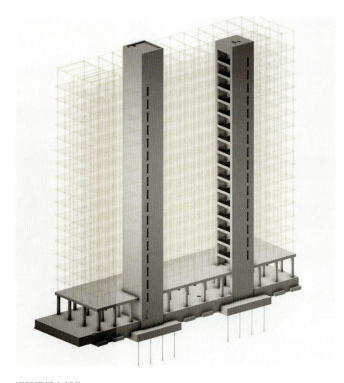

钢筋混凝土部分

2016年6月

2016年7月

资料来源:KK Law / naturallywood.com

典型建筑案例及建筑体系

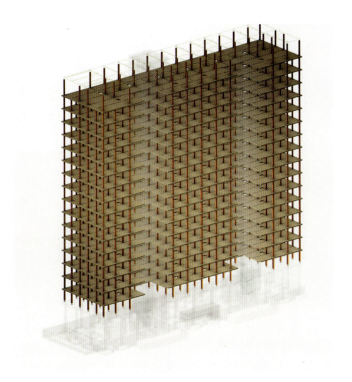

木制构件部分

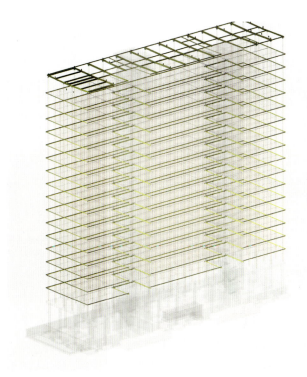

钢构件部分

资料来源：KK Law / naturallywood.com

2016 年 8 月

资料来源：naturallywood.com

2017 年 7 月

6 "Brock Commons"学生宿舍项目

资料来源:KK Law / naturallywood.com

预制结构柱内特殊设计的钢构件保证了施工现场的快速装配，实现了每周两层的施工速度

典型建筑案例及建筑体系

资料来源：KK Law / naturallywood.com

资料来源：史蒂文·埃里科（Steven Errico）/naturallywood.com

装配柱基

6 "Brock Commons"学生宿舍项目

资料来源:KK Law / naturallywood.com

施工现场2016年6月的状况,建筑首层和混凝土框架结构的楼梯层采用现浇混凝土方式建造完成,宿舍其他部分均由预制木构件组装而成

典型建筑案例及建筑体系

6 "Brock Commons" 学生宿舍项目

2016 年 6 月的施工现场　　　　　　　　　　　　　　　　　　　　　　典型建筑案例及建筑体系

资料来源：KK Law / naturallywood.com

6 "Brock Commons"学生宿舍项目

资料来源：KK Law / naturallywood.com

外立面预制构件,通过预制板预埋的角钢与建筑主体连接,竖向通高的窗户安装在相应的预留位置

典型建筑案例及建筑体系

资料来源:史蒂文·埃里科(Steven Errico)/naturallywood.com

7 "DOMRIK"系列
—— DSK-1 / 里卡多·波菲 / Taller de Arquitectura 建筑师事务所

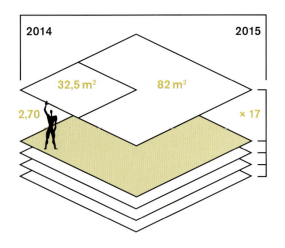

在20世纪80年代里卡多·波菲改变了工业化预制住宅的面貌，他在法国规划设计的社会保障型住宅区，采用的规划理念和设计手法，让人不由自主地联想到巴洛克时代的古典城堡。时至今日，里卡多·波菲在法国项目上应用的后现代主义设计手法，可以说是预制装配式建筑发展历程中最奢侈的案例。在冷战期间，苏联政府为改变长期以来困扰预制装配式建筑呆板单调的形象，委托里卡多·波菲以及Taller de Arquitectura建筑师事务所设计开发了DSK-1产品，里卡多·波菲也成为苏联的知名人物。

在过去超过50年的时间内，苏联莫斯科的预制混凝土联合企业延续陈旧的生产模式。20世纪90年代中期，"P-44"系列被总部位于莫斯科的"MNIITEP"建筑类型规划与研究中心引入（Moscow Research and Design Institute of Typology and Experimental Design），并在莫斯科建造了一系列新的预制装配式建筑，但这些建筑的设计与建造水平远远落后于当时技术水准。因此当西班牙DSK-1产品一旦推出，迅速超过了当时的竞争对手KROST建筑集团和PIK建筑集团的同类产品。DSK-1产品包括"DOMRIK"和"DOMNAD"两个系列，其命名可以追溯两位设计者里卡多·波菲和亚历山大·纳迪采夫。

西班牙团队使用"DOMRIK"系列产品开发了五种预制装配式住宅建筑造型，分别是长方形、正方形、两种斜向边角和圆形。这些建筑形式极大地丰富了城市设计语言。采用该系列产品在莫斯科南部的涅克拉索夫地区建造的两座17层高的实验性建筑，粘贴面砖的预制外墙构件、浅色窗框搭配尺寸变化的窗户，以及墙、柱分隔线使得这两座建筑从周围单调的"方盒子"建筑群中脱颖而出。按照莫斯科市政府的相关规定，采用预制装配建造方式的建筑首层层高最低3.16米，而采用现浇混凝土建造的建筑首层层高最低3.60米，政府对于建造模式的政策导向意图非常明显，目前在涅克拉索夫地区，预制装配式住宅对城市面貌的改变正在慢慢显现。

资料来源：丹尼斯·艾萨科夫（Denis Esakov）

7 "DOMRIK" 系列

外立面不同配色方案 　　典型建筑案例及建筑体系

295

7 "DOMRIK" 系列

建筑转角处标准平面图

建筑中部标准平面图

典型建筑案例及建筑体系

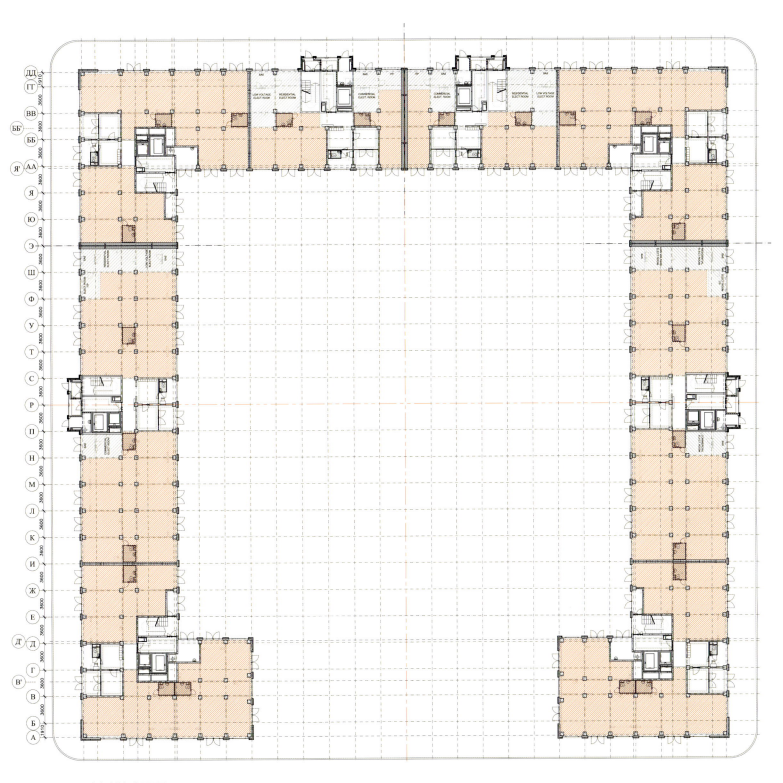

围合庭院的标准平面图

7 "DOMRIK" 系列

典型建筑案例及建筑体系

五种住宅建筑形态对城市空间结构演变产生影响

7 "DOMRIK"系列

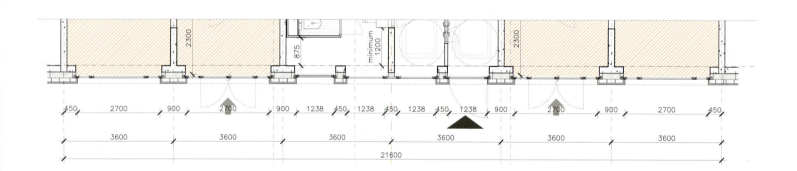

首层建筑外立面和平面图（上图）；
建筑立面图（右图）

典型建筑案例及建筑体系

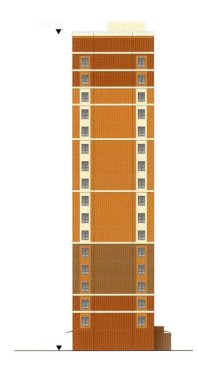

7 "DOMRIK" 系列

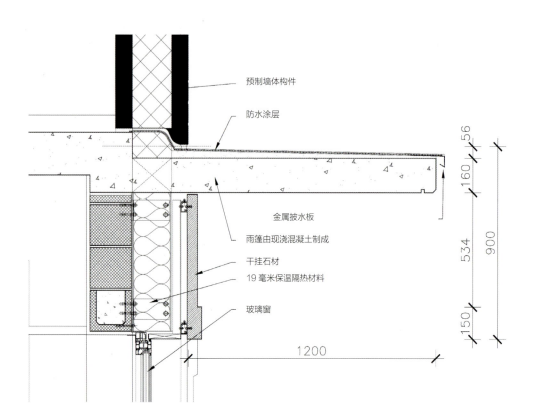

雨篷节点

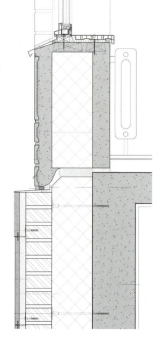

入口处立面图（左图）
一层局部剖面图（右图）

立面图和典型预制外墙板局部剖面图（下图）；
预制构件转角部位（底部图）

典型建筑案例及建筑体系

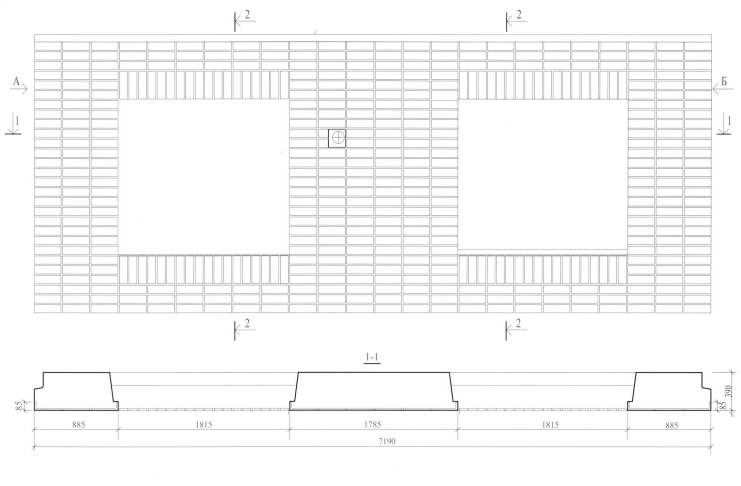

资料来源：菲利普·莫伊泽

7 "DOMRIK"系列

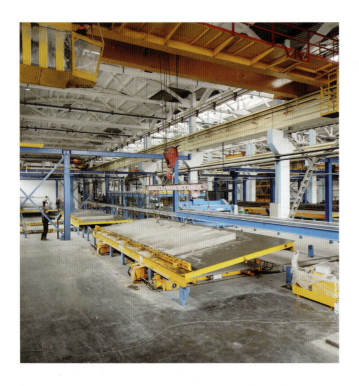

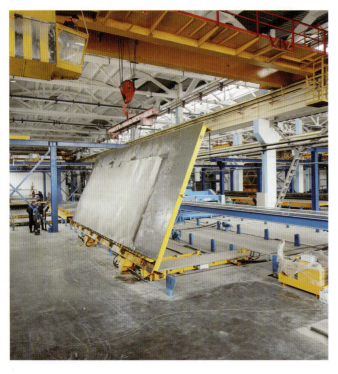
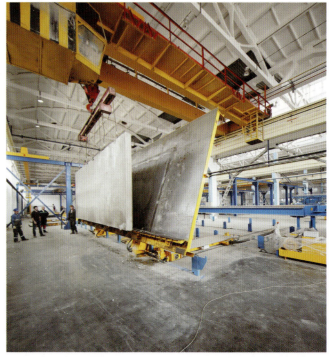

资料来源：菲利普·莫伊泽

7 "DOMRIK" 系列

典型建筑案例及建筑体系

资料来源：维多利亚·久保（victoria raubo）

2015年在莫斯科内克拉索夫卡区施工现场组装预制构件

7 "DOMRIK" 系列

典型建筑案例及建筑体系

资料来源：丹尼斯·艾萨科夫

浅色窗框搭配不同尺寸的窗户，同时突出墙、柱分隔区域提高预制墙面的辨识度

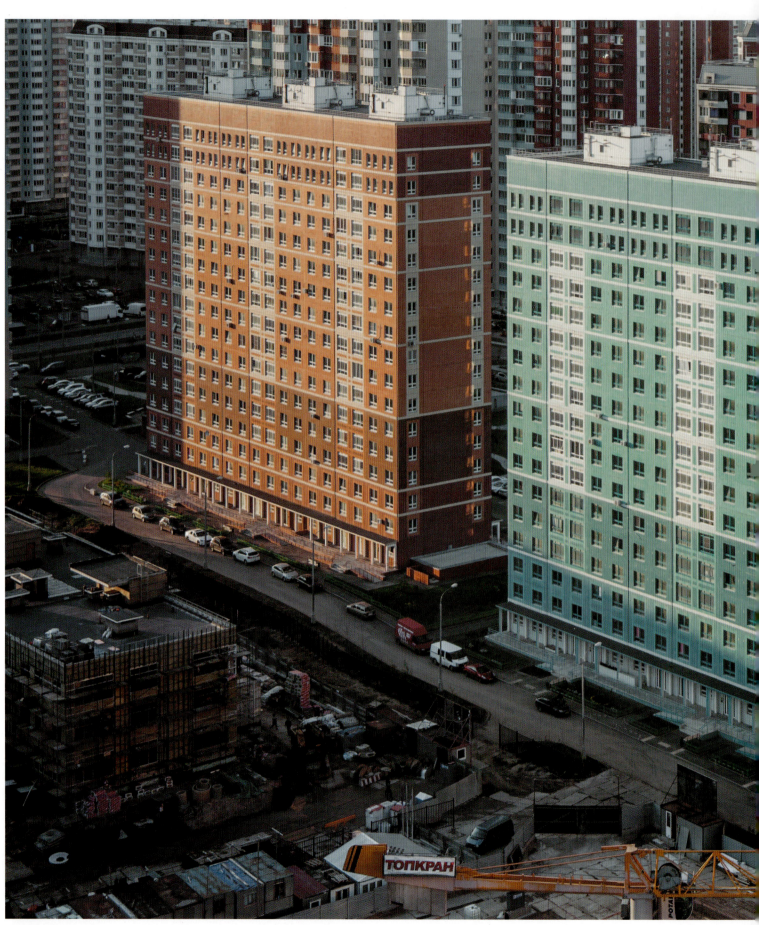

资料来源:丹尼斯·艾萨科夫

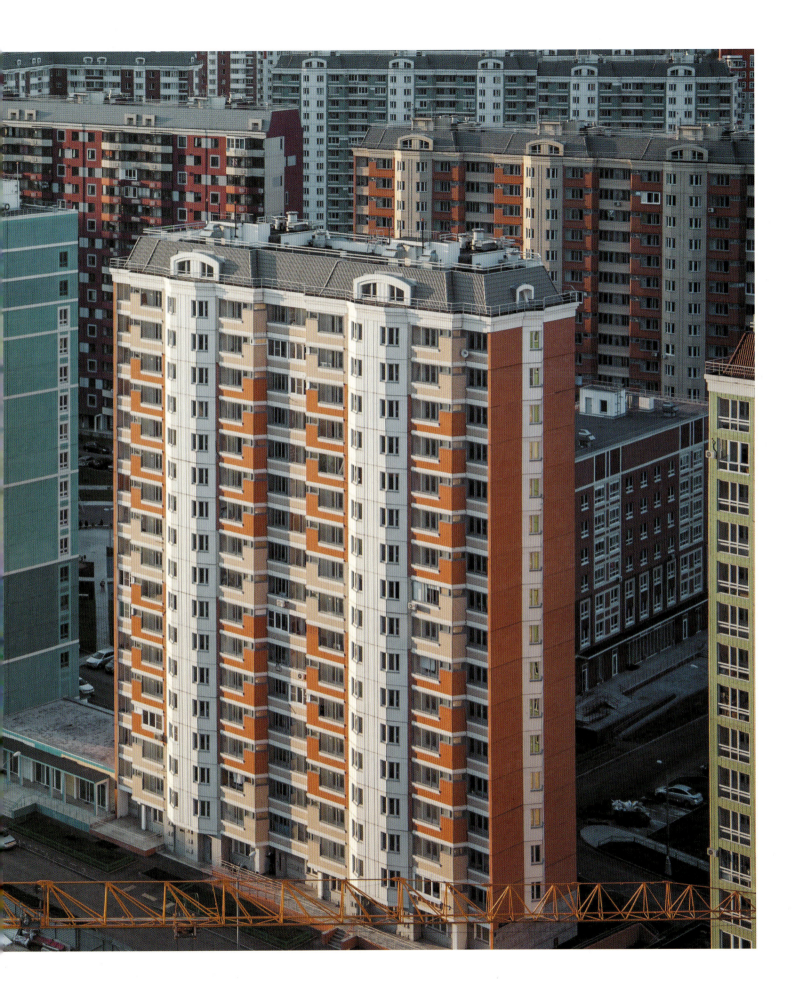

8 "糖山"区社会保障住宅项目
——戴维·阿德贾伊建筑事务所

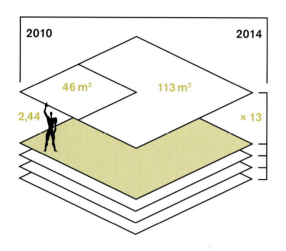

在历史悠久的纽约哈林区有大量20世纪上半叶建造的历史建筑，该街区"糖山"社会保障住宅项目成为纽约城市更新的最新实践成果。这座2014年完工的13层的预制装配式建筑项目是"百老汇住宅"公共福利建筑公司委托英国著名建筑师戴维·阿德贾伊设计的。该项目建筑高度超过了周边街道公寓以及中央公园树冠，站在楼上或屋顶露台可以欣赏曼哈顿城市天际线和中央公园的美景。在该项目较低楼层有不同尺度的办公空间，为各种不同的文化和教育机构，如儿童博物馆，一所幼儿园和艺术家工作室，提供展示和办公场所。建筑首层空间通过围合的玻璃幕墙与周边公共广场融为一体。较高楼层有1~3室，大小不等的124套保障性住宅，以及提供给无家可归者的临时庇护所。

该项目石墨色的外立面和扭曲错动的建筑造型而倍受瞩目，整座建筑由六个巨大的长方体体块组合而成。建筑平面由六个交错的梯形组合而成，建筑外立面随着楼层的变化，出现了典型的层叠变化，展示了清晰的垂直空间序列。建筑形体上半部分在第九层，整体向北侧平移悬挑，南侧出现三米宽的屋顶露台。除此之外，建筑外立面上尺寸不同，略微偏移的开窗以及玫瑰装饰图案，随着光线的变化或清晰或隐晦地出现在公众的视野中，丰富了建筑的"表情"。玫瑰装饰图案是对该区域历史悠久的"玫瑰遗产"致敬，在预制外墙构件的制作过程中将玫瑰造型在垂直细纹理的混凝土板中压制成型，将外墙构件和钢筋混凝土框架结构连接，通过观察预制板板缝的处理方式，可以对整座建筑的构造有一定的了解。

该项目在实现建筑空间与社会保障功能结合的同时，不仅满足了多种建筑功能需求，而且也有可能成为纽约哈林区的城市新地标。

资料来源：埃·德理夫（Ed Reeve）

8 "糖山"区社会保障住宅项目

三层平面图

四到八层平面图

典型建筑案例及建筑体系

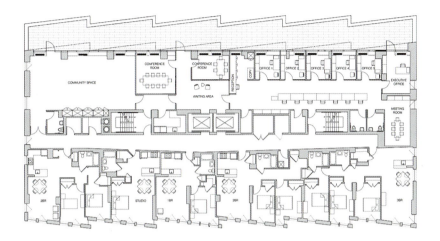

九层平面图

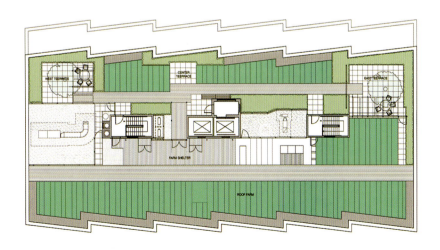

屋顶平面图

315

8 "糖山"区社会保障住宅项目

北立面图

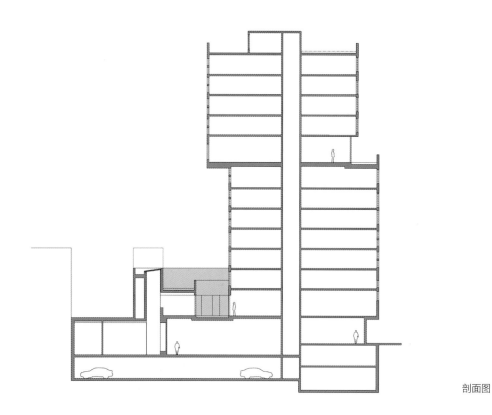

剖面图

典型建筑案例及建筑体系

南立面图

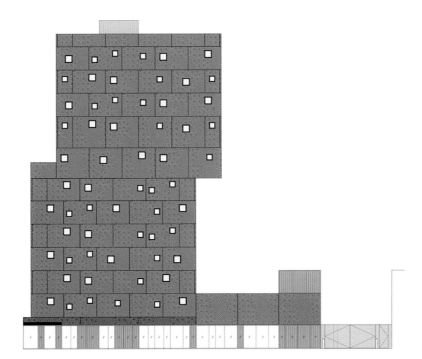

西立面图

8　"糖山"区社会保障住宅项目

预制外墙板

资料来源：戴维·阿德贾伊建筑事务所

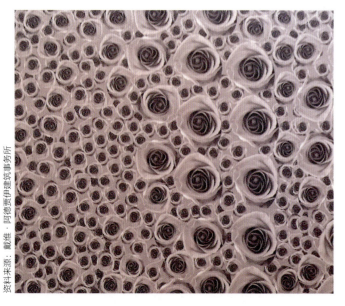

外墙板表面细部

玫瑰图案作为预制墙板设计元素

资料来源：戴维·阿德贾伊建筑事务所

典型建筑案例及建筑体系

资料来源：瓦德·齐默尔曼（Wade Zimmermann）

外立面细部

资料来源：戴维·阿德贾伊建筑事务所

资料来源：菲利普·莫伊泽

建筑主体和建筑模型

8 "糖山"区社会保障住宅项目

资料来源:埃·德理夫(Ed Reeve)

资料来源:马克·麦奎德(Marc McQuade)

2015年完工后的住宅样板间

典型建筑案例及建筑体系

外立面窗户和换气格栅

8　"糖山"区社会保障住宅项目

建筑上部整体偏移，在南侧形成三米宽的屋顶露台

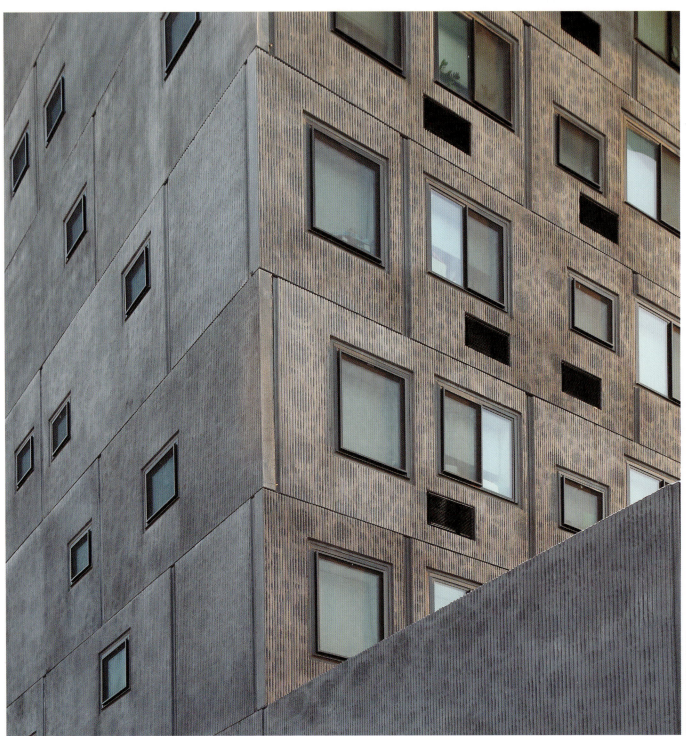

资料来源：菲利普·莫伊泽

8 "糖山"区社会保障住宅项目

资料来源：瓦德·齐默尔曼（Wade Zimmermann）

整座建筑由多个长方体组合而成

（对页图）
建筑高度超过了周边建筑及公园植被

资料来源：埃米勒·杜密松（Emile Dubuisson）

典型建筑案例及建筑体系

9 奥运村 N15 公寓
——格伦·豪厄尔斯建筑师事务所 / 尼尔·麦克劳克林建筑师事务所

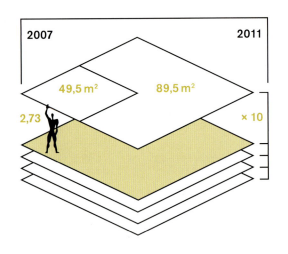

在2012年奥运会前夕，伦敦东部开工建造了大量住宅项目，在众多项目中奥运村N15公寓项目独树一帜，重新定义了欧洲大都市预制装配式住宅建筑的建造模式，该项目通过复杂的工业化预制技术创造了让人耳目一新的建筑外观。这座十层建筑位于斯特拉特福德奥运村，是由格伦·豪厄尔斯和尼尔·麦克劳克林共同设计完成的。其中外立面设计部分由尼尔·麦克劳克林负责，这也为他提供了重新诠释建筑外立面的机会。在确定外立面主题之后，尼尔·麦克劳克林开始了对哥特弗里德·森佩尔（19世纪德国建筑师、艺术评论家——译者注）和卡尔·宾特希尔（19世纪德国考古学家——译者注）理论进行研究。通过对建筑装饰理论和制作技术的深入了解的基础上，19世纪早期考古成就，同时也是最引人注目的艺术盗窃成果，被纳入外立面设计范畴，也就不足为奇了。该项目建筑外立面悬挂的浮雕状预制混凝土构件，是帕特农神庙雕饰花纹的复制品。这些文物现藏于大英博物馆，是英国大使埃尔金勋爵1801年从雅典卫城偷运回伦敦，并转卖给大英博物馆的。古希腊大理石雕塑上雕刻得栩栩如生的骑马士兵给人留下了深刻印象。

为增加建筑外立面的感染力，将光影效果以及在艺术史上凝固的历史瞬间，忠实地通过预制外墙构件展现，尼尔·麦克劳克林节选了五个著名场景。首先通过全息扫描，同时使用五轴铣切工具及合成材料进行仿制，随后将真实比例的仿制品用作铸造模具。该项目建筑外立面共由25种不同层高的预制板组合而成，宽度分别为950毫米，1200毫米，1650毫米，1800毫米和2200毫米。奥运村N15公寓项目共有近300套公寓，分别为两室、三室和四室，每套公寓均有阳台、阳光房、露台或花园。除了浮雕般历史感的建筑外立面外，该项目采用了首层保持相对独立的设计方式，底层公寓有独立出入口和带有围栏户外花园，同时和其他楼层进行隔离。这一点显然对莫斯科的PIK建筑集团的相关设计产生了启发（214页）。

9 奥运村N15公寓

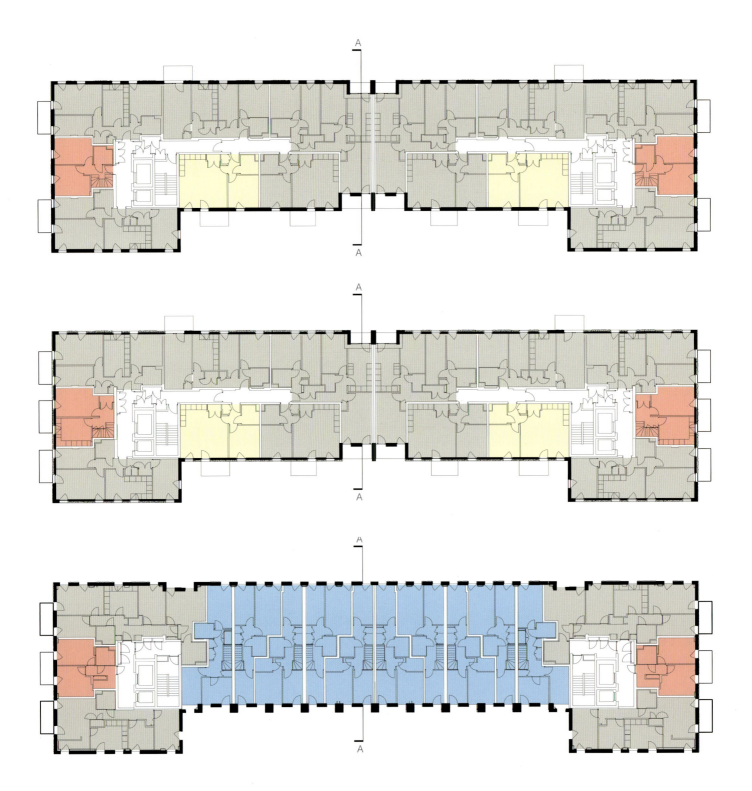

北立面及不同楼层平面图 典型建筑案例及建筑体系

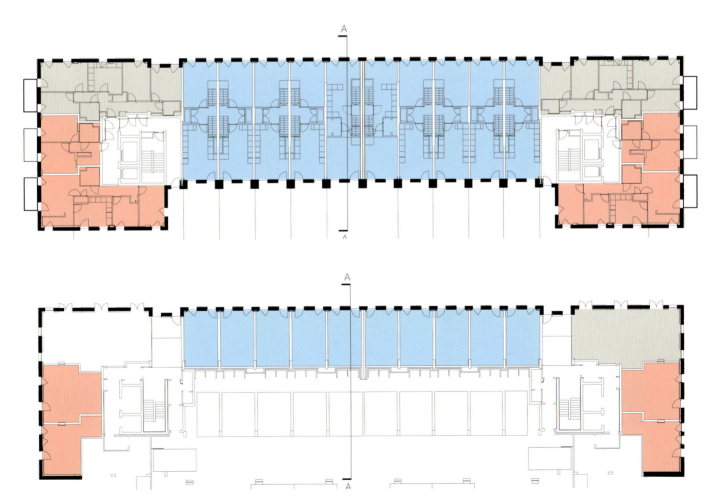

9　奥运村N15公寓

在大英博物馆原作上节选了五个场景

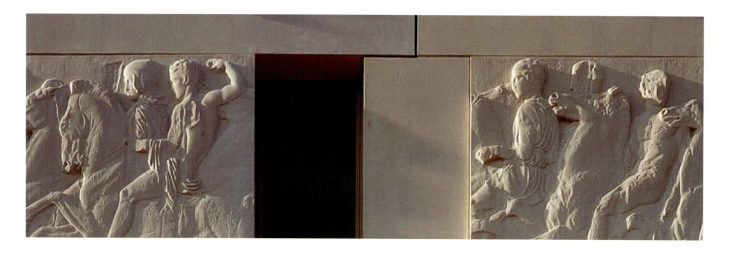

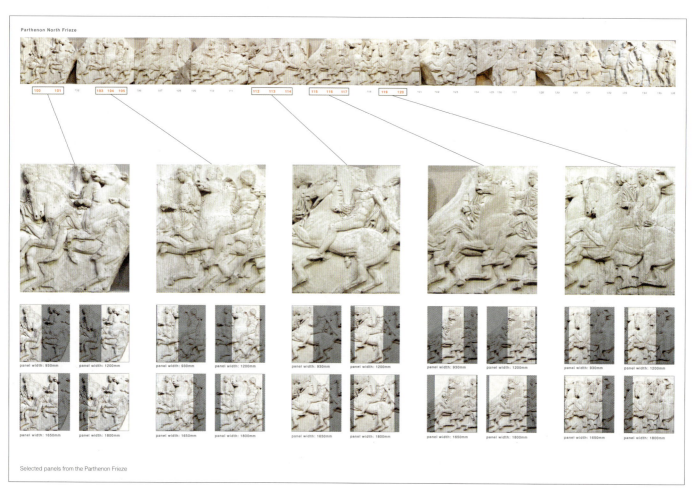

Selected panels from the Parthenon Frieze

扫描之后使用五轴铣切工具，通过合成材料进行仿制

资料来源：尼尔·麦劳克林建筑师事务所

9 奥运村N15公寓

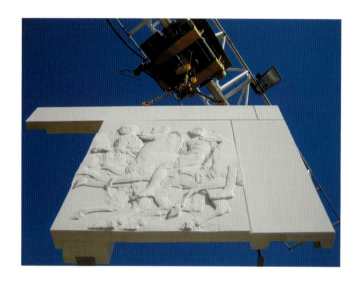

安装预制外墙构件

典型建筑案例及建筑体系

资料来源：尼尔·麦克劳克林建筑师事务所

外墙节点

9　奥运村N15公寓

选取的五个场景生动地展示了骑马士兵的形象

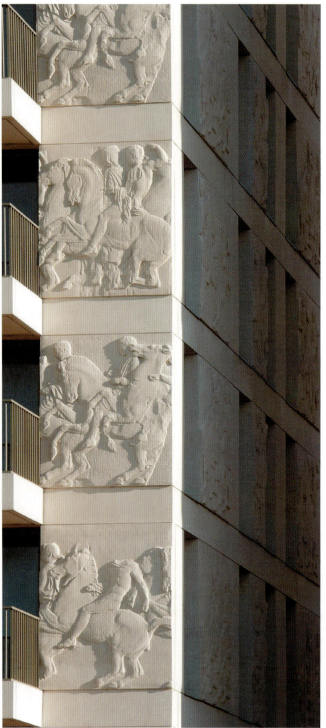

资料来源：尼尔·麦克劳林建筑师事务所

资料来源：菲利普·麦伊泽

外立面节点详图　　　　　　　　　　　　　　　　　　　　　　　　　　　　　　　　典型建筑案例及建筑体系

1. 钢筋混泥土建筑框架
2. 建筑标准层
3. 外挂式预制墙板
4. 底部固定
5. 上部固定
6. 窗洞口
7. 防火阻燃材料
8. 室内装修层

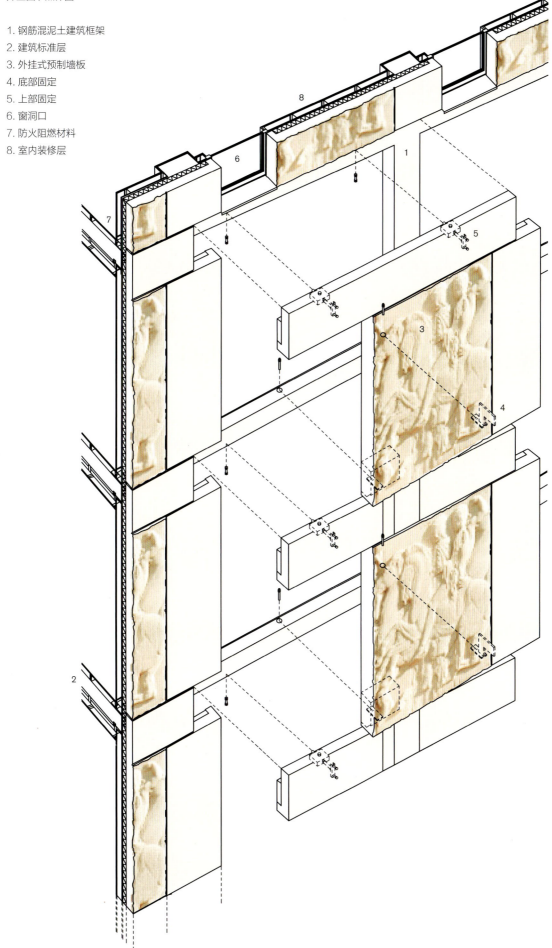

9 奥运村N15公寓

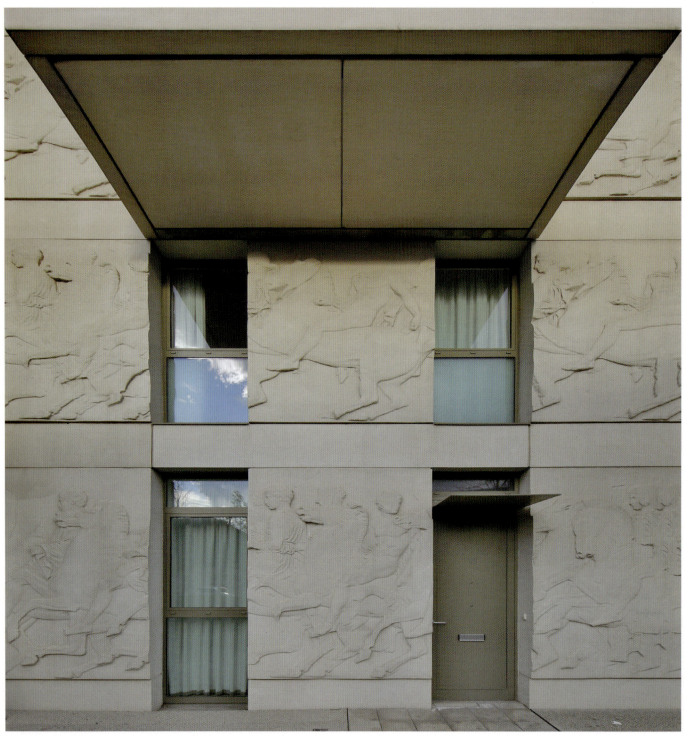

预制浮雕墙板展示了让人印象深刻的光影效果

典型建筑案例及建筑体系

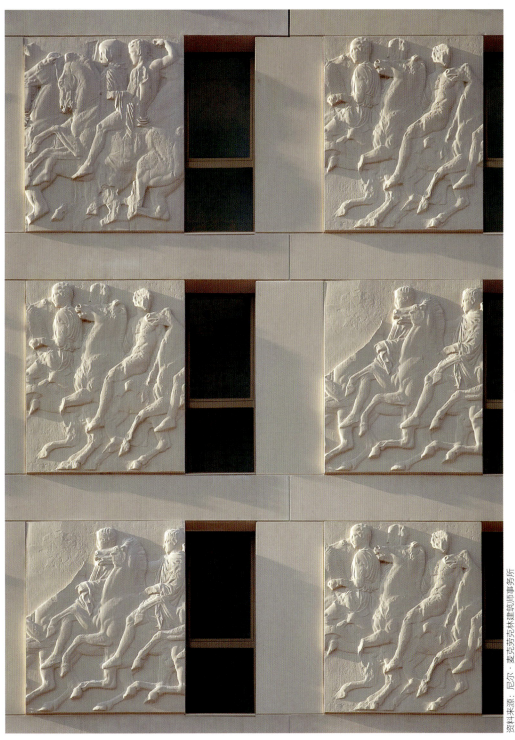

资料来源：尼尔·麦克劳克林建筑师事务所

9 奥运村N15公寓

奥运村 N15 公寓位于伦敦斯特拉特福德奥运村

典型建筑案例及建筑体系

奥运村 N15 公寓位于伦敦斯特拉特福德奥运村

资料来源：尼尔·麦克劳克林建筑师事务所

9 奥运村N15公寓

资料来源：菲利普·莫伊泽

每套公寓都配有阳台、阳光房和露台，一层住宅设有入户花园。

10 "maxmodu"建筑系统
——马克斯博格公司

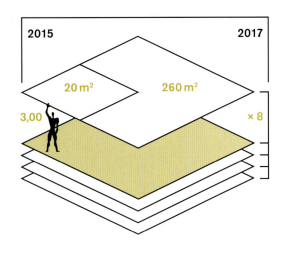

2015年大量涌入欧洲的难民导致的"住宅危机"中，催生了关于低成本住宅解决方案的讨论。德国马克斯博格公司研发的以砖石为材料的模块化建筑系统，受到了建筑行业的关注。这家来自于巴伐利亚的基础设施及桥梁建设企业在2017年投产了一条专门生产建筑模块的生产线。"Maxmodu"建筑系统的模块化组成部分，例如集成卫生间、内置窗户和预制墙板、屋面板，均可以采用该条生产线生产，按照一定的设计原则进行组装，在预制模块尺寸、模块外立面设计及标准化建造等方面展示了高度的组合性及广泛的适用性。此外，"maxmodu"建筑系统的模块化住宅的配套设备通过布置在水平和垂直竖井中，满足了住宅的使用需求的同时，增加了住宅的使用面积。

"maxmodu"建筑系统的基本设计原理源自由预制混凝土板组装而成的自承重的混凝土立方体块，其外立面的窗户尺寸、栏杆高度可根据遮阳防晒，以及防止视线干扰等使用要求进行相应调整。该系统开发的两种模块可建造八层高的建筑，其中六人的模块尺寸为6.36米×3.18米×3.16米，七人的模块尺寸为7.15米×3.18米×3.16米。从建筑的尺度来看，该系统建筑平面图的组合方式可以像俄罗斯方块游戏一样灵活自由，可满足不同尺度住宅的设计需求。其中最小住宅单元面积为20平方米，最大住宅单元面积可达260平方米。从城市的尺度来看，该建筑系统可实现所有可能的设计造型，满足不同类型欧洲城市建筑建造需求。由于"maxmodu"建筑系统采用砖石为材料制造的预制构件组装模块化建筑，因此该系统的建筑材料选择范围，也和其他系统及产品有很大不同，建筑模块也可使用木材混合材料生产。

回顾100多年来工业化预制技术在住宅建筑的发展史，只有极少的案例采用了有别于传统二维预制板模式的三维预制构件建造思路。一方面，这与生产技术需求有关，另一方面也和日趋增强的运输能力有关，与传统的预制板相比，建筑模块的运输需要更强的物流能力。由于建筑模块高预制率的特点，以及日益提升的模块生产效率，相较于传统预制板系统"maxmodu"建筑系统具有较大的优势。

资料来源：莱因·哈德梅德勒（Reinhard Mederer）

10 "maxmodu" 建筑系统

建筑模块轴侧图,展示两个外立面和屋面板结构

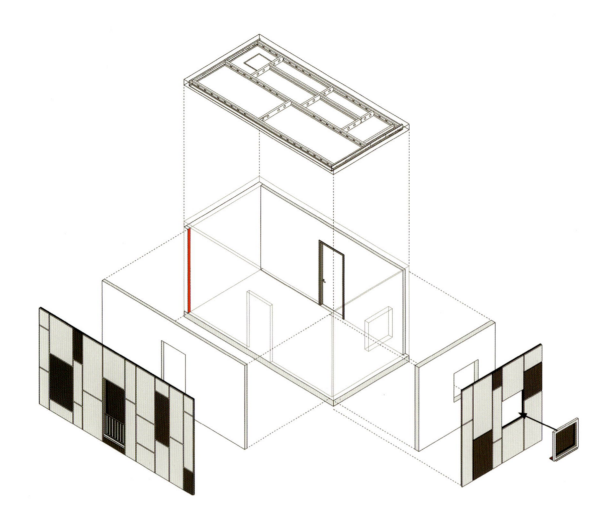

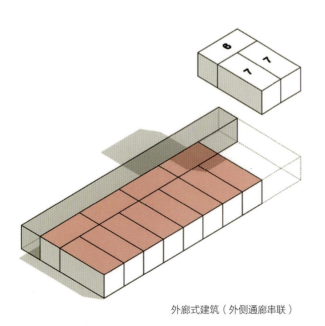

外廊式建筑(外侧通廊串联)

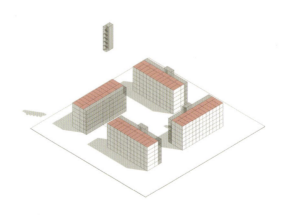

按照交通系统定义的建筑类型（从上到下）点状住宅、成组住宅、通廊式住宅

资料来源：Syntax 建筑师事务所

典型建筑案例及建筑体系

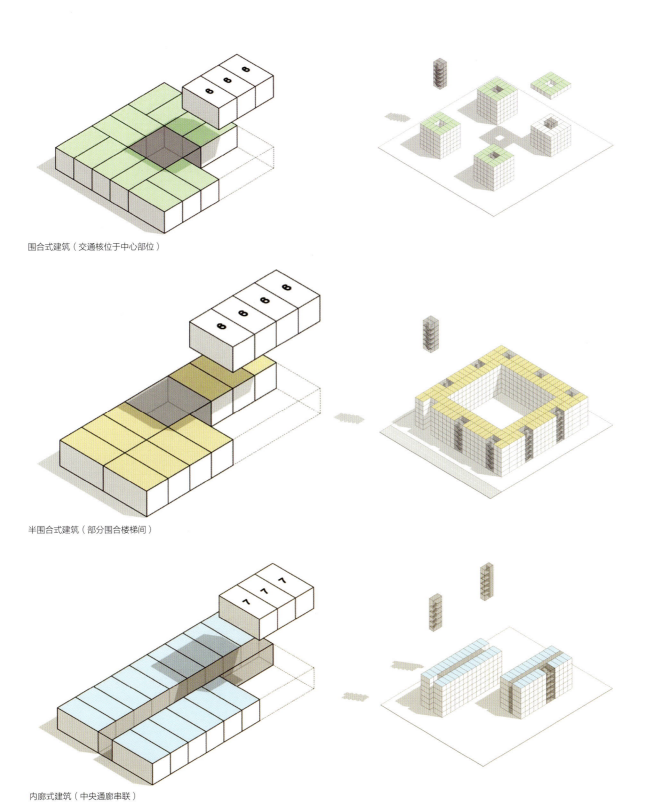

围合式建筑（交通核位于中心部位）

半围合式建筑（部分围合楼梯间）

内廊式建筑（中央通廊串联）

10 "maxmodu"建筑系统

建筑系统可以实现外立面的个性化和多样化效果

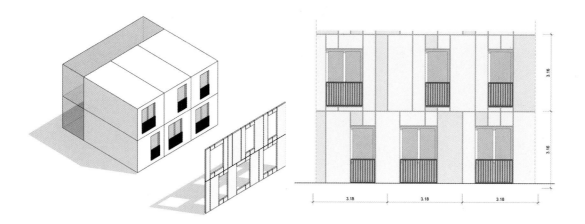

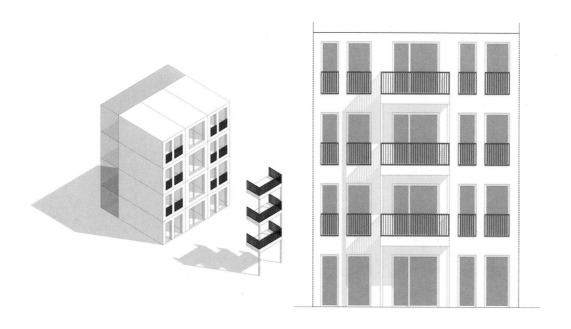

阳台组合方式

在墙面上预留门窗位置

资料来源：Syntax 建筑师事务所

典型建筑案例及建筑体系

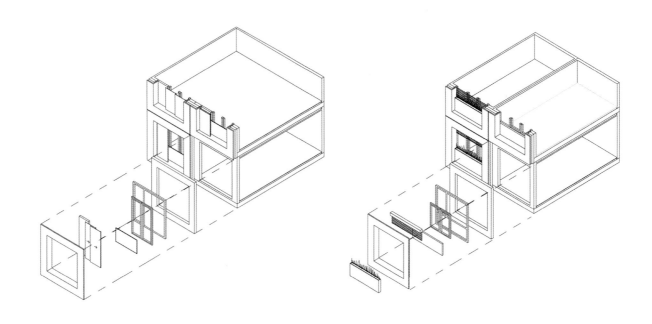

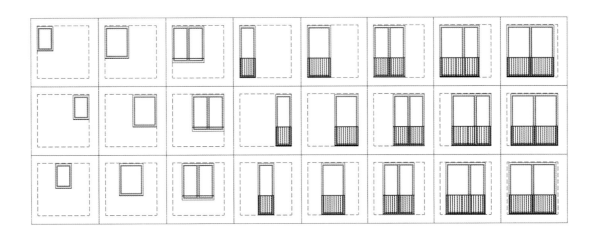

窗户和门连窗的目录

10 "maxmodu"建筑系统

建筑设备系统

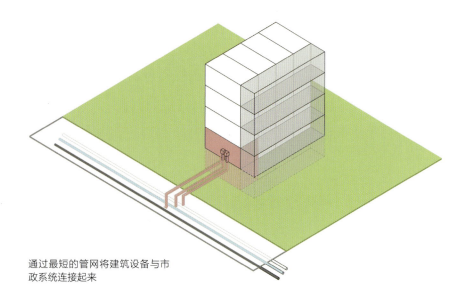

通过最短的管网将建筑设备与市政系统连接起来

墙内的管道系统

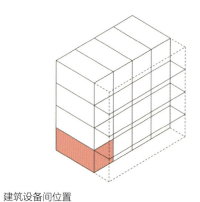

建筑设备间位置

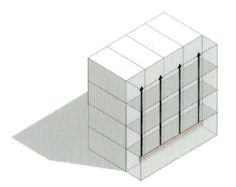

分散的竖向系统：设备管线分散布置，每个住宅单元通过标准设备竖井进行连接

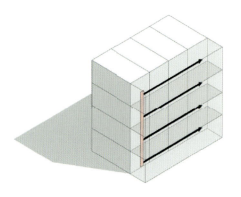

集中的竖向系统：按照建筑楼层进行布置，通过集中管道连接每个住宅单元

垂直交通也是标准化设计的一部分，楼梯及相关空间模块也采用预制方式生产

资料来源：Syntax 建筑师事务所

典型建筑案例及建筑体系

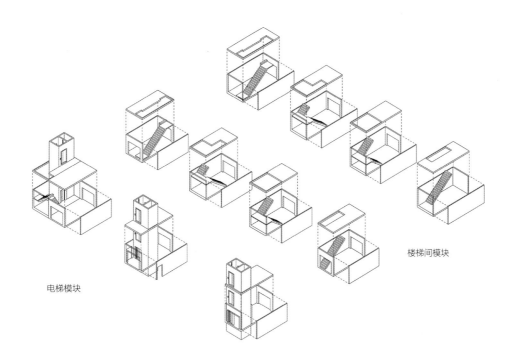

电梯模块　　　　　　　　　　　楼梯间模块

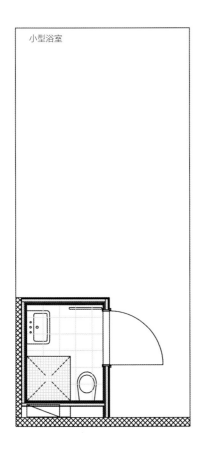

小型浴室

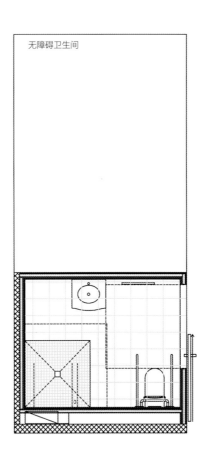

无障碍卫生间

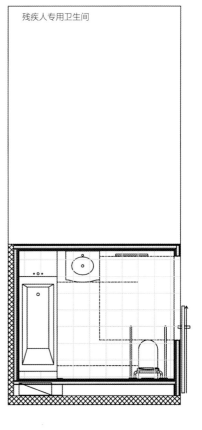

残疾人专用卫生间

10 "maxmodu" 建筑系统

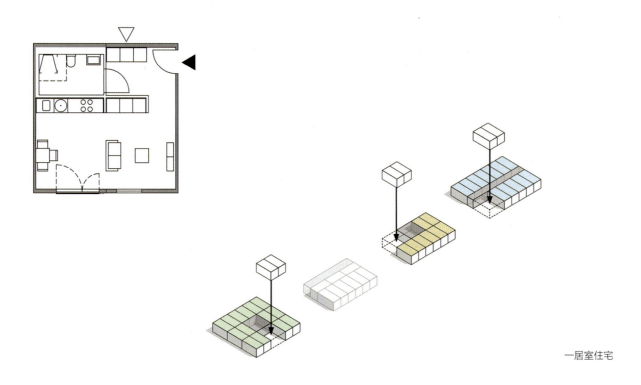

一居室住宅

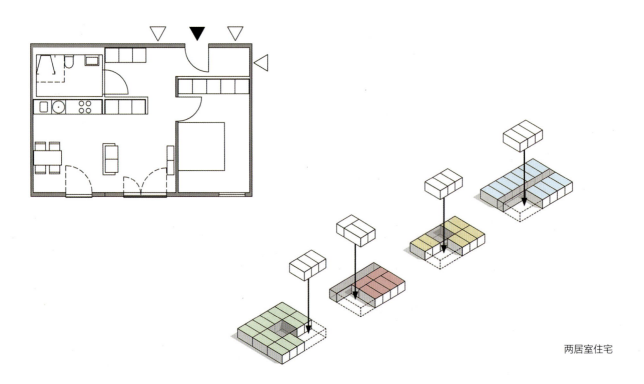

两居室住宅

标准化住宅目录

资料来源：Syntax 建筑师事务所

典型建筑案例及建筑体系

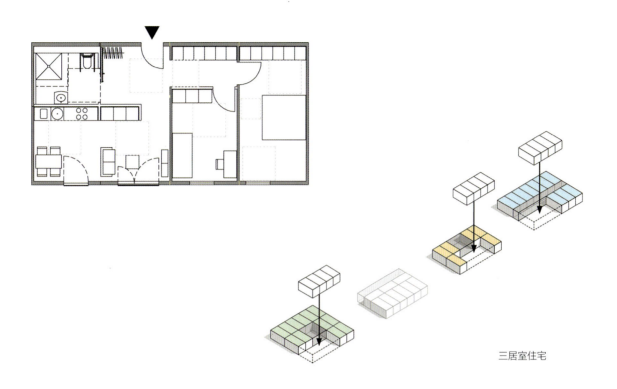

三居室住宅

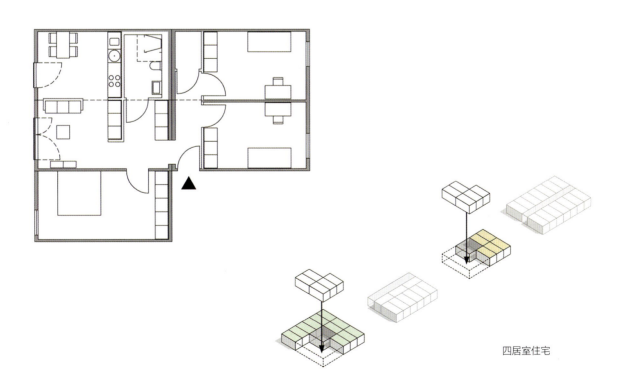

四居室住宅

10 "maxmodu"建筑系统

在钢模板内提前绑扎钢筋放置套管,随后使用自动设备浇铸混凝土

建筑模块不是采用隧道模块成型技术一次成型，而是通过预制墙板、预制屋面板组合成型

典型建筑案例及建筑体系

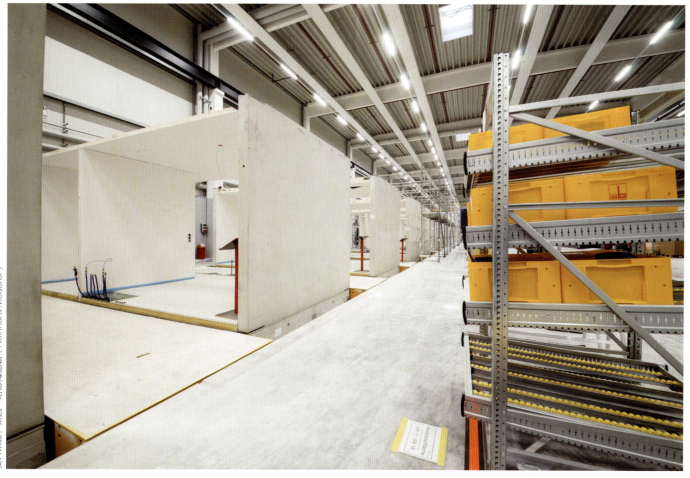

资料来源：莱因·哈德梅德勒（Reinhard Mederer）

10 "maxmodu"建筑系统

在建筑模块运输过程中采取积极的防护措施,防止恶劣天气的侵扰

建筑模块的平均重量在 14~25 吨之间,只需借助特殊起重设备完成吊装工作

典型建筑案例及建筑体系

资料来源:莱因·哈德梅德勒(Reinhard Mederer)

11 "大卫·拉切贝尔"住宅区项目
——巴斯·凯拉拉建筑师事务所

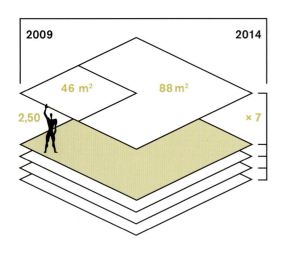

"大卫·拉切贝尔"住宅区（the Quartier de La Chapelle）位于毗邻日内瓦的朗西市近郊。该住宅区于2014年完成建设，一年后附近的一所学校，托儿所和疗养院也陆续投入使用。为弥补在该区域大规模施工对周边环境产生的影响，建筑师通过积极应用节能环保措施降低建筑能耗，这些措施包括在屋顶架设太阳能热水板、废水循环利用，以及通风循环与余热回收设备等。因此该项目也被视为基于工业化预制装配式住宅理念，设计建造的生态环保社区的范例。

该住宅区项目中当地建筑师安德里亚·巴斯和罗伯托·凯拉拉，完成了其中四栋公寓楼的设计工作。这些六层或八层的住宅建筑外观几乎相同，周边围绕大片公共绿地。长方体建筑四个边角处内置整体感很强的阳台模块，由于内阳台凸出长方形建筑体块，厚实的内阳台护栏以及墙体，让人不由自主地联想起沉重的石砌建筑体，但外立面的砂浆拼缝则可以清晰地看到，这些建筑是由半成品预制构件组合而成。为满足低能耗建筑标准，该项目在建造过程中大量使用了"三明治"夹层板和承重保温构件，部分构件在预制工厂封装运抵施工现场组装而成。

建筑师在设计过程中尝试寻找合适材料，为此专门开发的"乡村风格"建筑外立面混凝土涂装材料里混有粗砂，搭配上温暖的色彩，和该地区建筑外墙的风格非常相似。此外，大面积预制墙板也强化了建筑外立面的统一感和秩序感。大面积开窗展示建筑尺度的同时，也建立起居民日常生活空间和周边城市景观的联系。

每栋建筑的内庭院有两处楼梯贯通各个楼层，每个楼层有七个住宅单元，每个单元2~4个房间数目不等，楼层环廊将该层建筑内部空间联通起来。内庭院抛光混凝土墙面传递出了独特的结构美学，住宅单元地面铺设的实木复合地板和窗户的木框架，在营造温馨居住氛围的同时，让人忘却了该项目的社会保障住宅的属性，而在此居住的住户可享受高达60%租金补贴的现实。

资料来源：迪迪埃·乔丹（Didier Jordan）

11 "大卫·拉切贝尔"住宅区项目

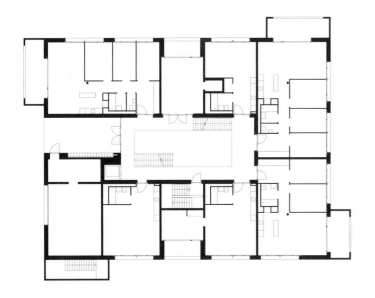

一层平面图

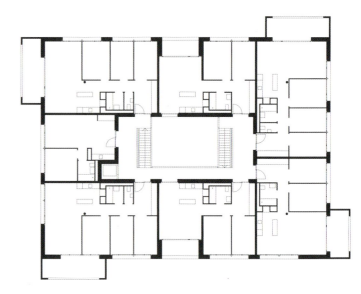

标准平面图

实木复合地板的室内、木窗框和整体厨房

资料来源：迪迪埃·乔丹

典型建筑案例及建筑体系

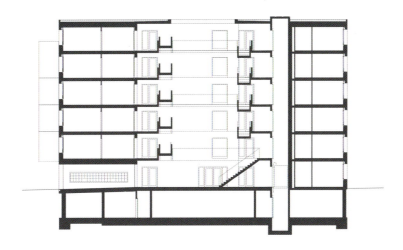

剖面图

该住宅区四栋几乎完全类似的预制装配式住宅

11 "大卫·拉切贝尔"住宅区项目

资料来源：Schöck 建筑构件公司

典型建筑案例及建筑体系

资料来源：迪迪埃·乔丹

建筑内庭院作为交通空间，预制混凝土墙体充分展示了虚实之间的结构美学

361

11 "大卫·拉切贝尔"住宅区项目

资料来源：巴斯·凯拉拉建筑师事务所

运输和组装半成品预制构件

资料来源：Schöck 建筑构件公司

预制屋面板和内阳台交接处进行防热桥处理

典型建筑案例及建筑体系

半成品预制板

内阳台的外立面构件

资料来源：巴斯·凯拉拉建筑师事务所

11　"大卫·拉切贝尔"住宅区项目

均质的外立面通过减少预制板形式实现

典型建筑案例及建筑体系

资料来源：迪迪埃·乔丹

建筑入口区域和周边环境的设计
简洁明快

12 湖畔学生公寓
——ABMP 建筑师事务所

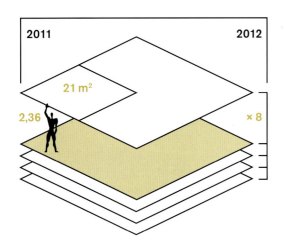

德国弗莱堡学生公寓区的建造过程中采用预制混凝土大板建造模式，具有悠久的历史传统，早在 20 世纪 60 年代已在该区域学生公寓项目中应用。1966 年建筑师沃尔夫·爱瑞恩，赖纳·格拉夫和沃尔夫·迈尔设计建造的学生公寓至今仍是该区域重要的建筑。然而随着学生数量的增加导致学生公寓的需求急剧增加。因此，自 2013 年以来，该市决定新建两座工业化预制装配式公寓，以满足 1500 名学生住宿需求，这两座学生宿舍坐落在 Flückiger Lake 湖畔，通过林间小径联系在一起，宿舍之间是大片的绿地，这两座宿舍也成为当地规模最大的住宅建筑综合体。

这两座立方体学生宿舍由 ABMP 建筑事务所设计建造，该公司长期以来致力于低成本住宅的研发工作。新建的两座学生公寓呈"L"形建筑造型，分别由一座 8 层塔楼和一座 3 层配楼组合而成，建筑尺度与周边老建筑协调一致，新建筑的结构和材料也和老建筑相似。

由预制清水混凝土板组合而成的建筑外立面结构清晰，沿着建筑长边，矩形预制构件成组排列，预制混凝土墙面和楼层等高的窗户对应宿舍单元。相邻楼层的开窗位置逐层偏移，形成类似棋盘网格状图案。相比之下，建筑短边的开窗较规整，居中的连续开窗和竖向垂直预制混凝土板，形成了简洁明快的建筑造型。侧面出挑的阳台与宿舍公共活动区域相连，从塔楼外侧可以清晰地看到。不同强度的建筑外立面喷砂处理，以及白水泥和普通混凝土混合而成的浅色预制混凝土板，将建筑外立面的节奏感和韵律感展露无遗。公寓入口区设在塔楼和配楼连接部位，悬挑楼板和预制板覆盖的门廊，免受风雨侵袭。

学生公寓的墙体构件的厚度为 50 厘米，外墙多层保温结构体系满足德国相关节能要求。宿舍单元的开间 3.6 米，进深 7.2 米，层高 2.8 米（采光高度 2.36 米）即使在冬季开工建设，也达到了一周一层的施工进度，因此整个项目得以十个月内完工。

资料来源：约翰·泽尔丁（Yohan Zerdoun）

12 湖畔学生公寓

入口区立面图

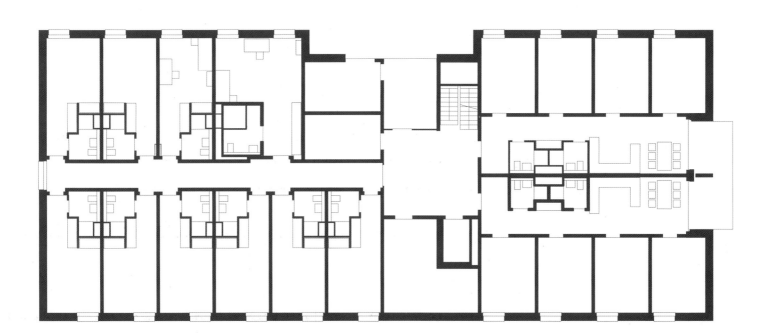

一层平面图

典型建筑案例及建筑体系

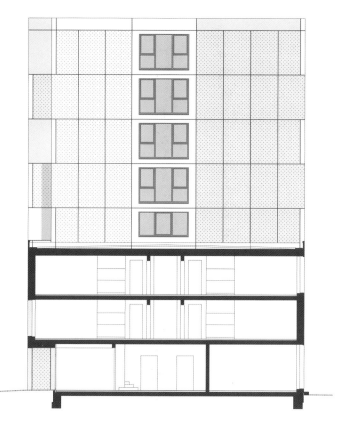

配楼剖面图

塔楼剖面图

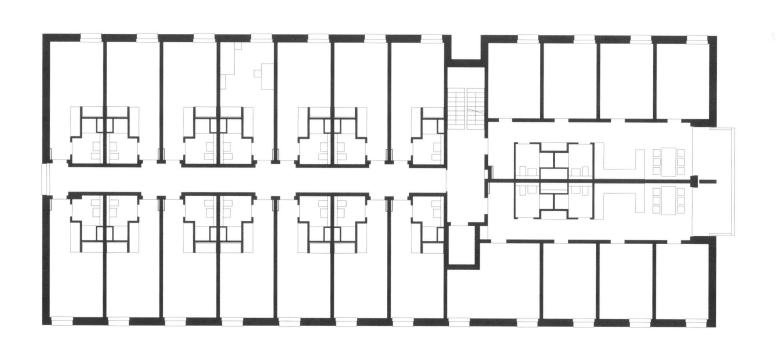

高层平面图

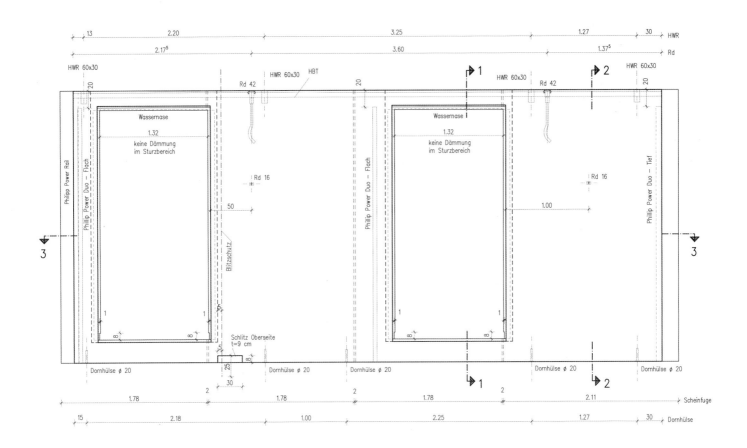

"三明治"预制板 S1，模板（上图）
模板剖面图 3-3（下图）

"三明治"预制板 S1，配筋承重护板（对面页上图）
模板和配筋剖面图 1-1（对面页左图）和剖面图 2-2（对面页右图）

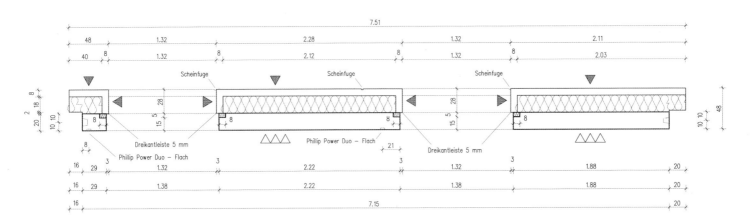

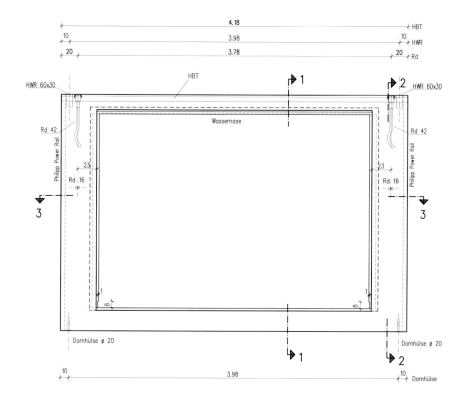
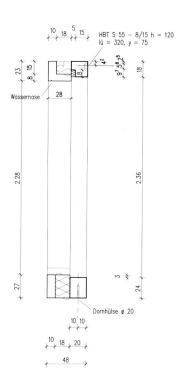

"三明治"预制板 S106,模板(上图)
模板剖面图 1-1 和剖面图 2-2(右上图)

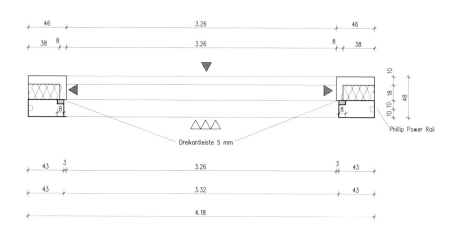

"三明治"预制板 S106,
模板剖面图 3-3

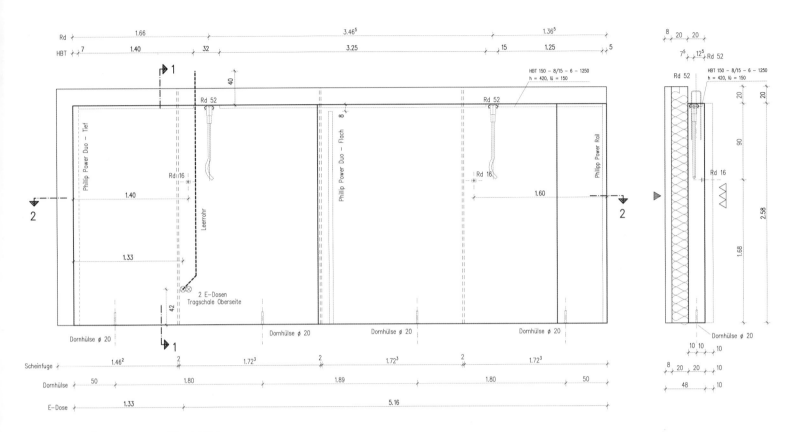

"三明治"预制板 S107,模板(上图)
模板剖面图 1-1(右图)
模板剖面图 2-2(下图)

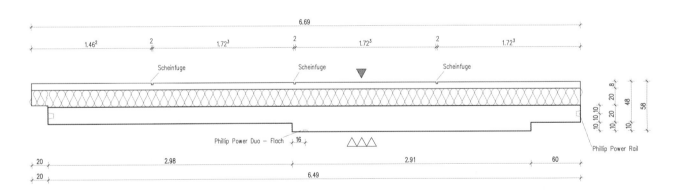

(对面页)
配筋承重护板(上图)
配筋附加护板,剖面图 2-2(中图)
配筋附加护板(下图)

典型建筑案例及建筑体系

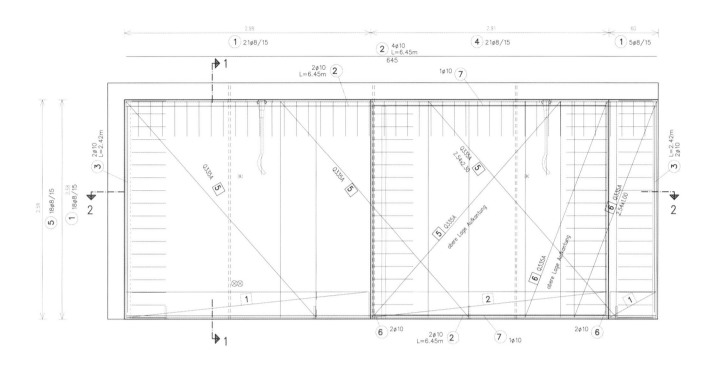
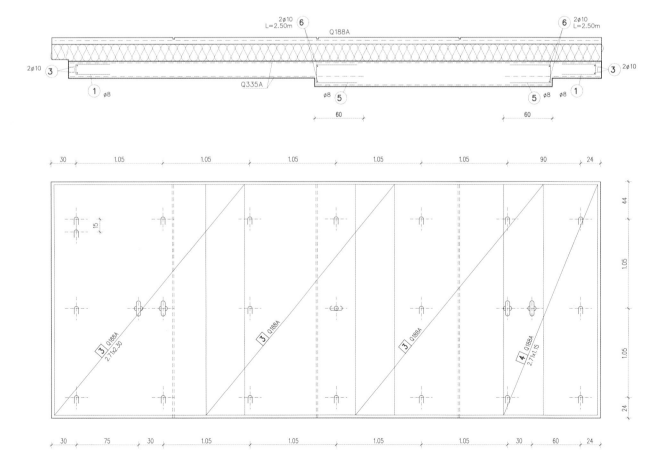

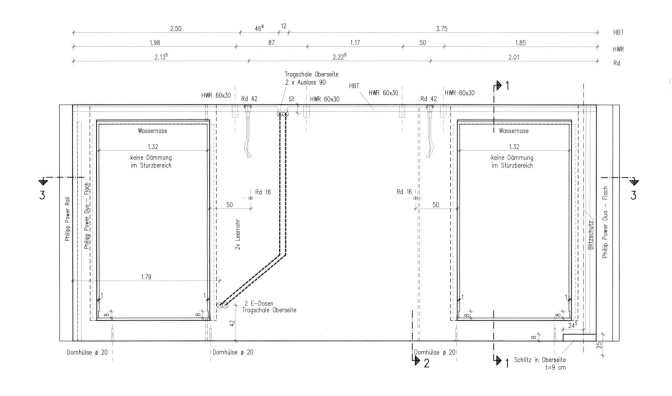
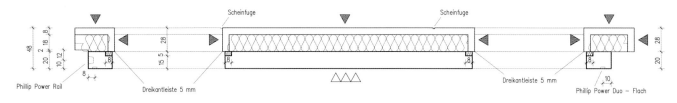
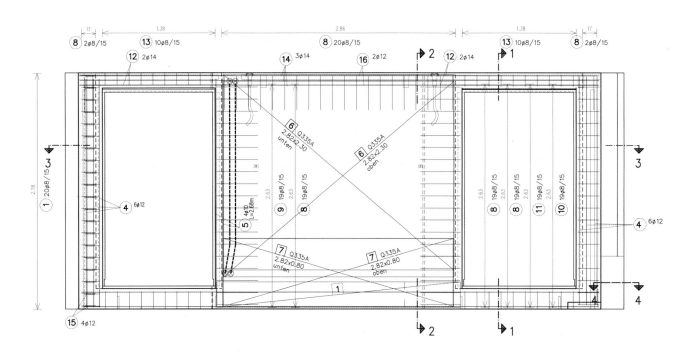

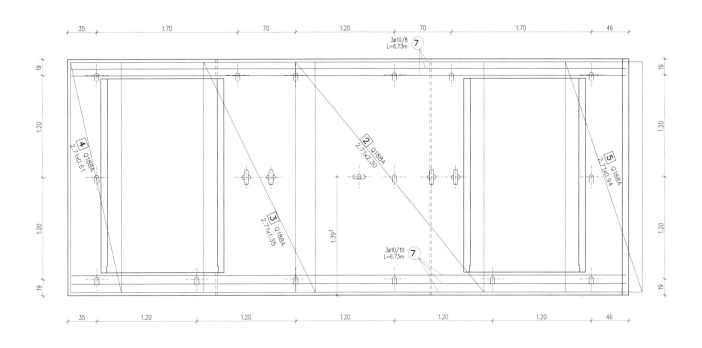

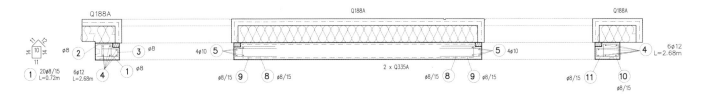

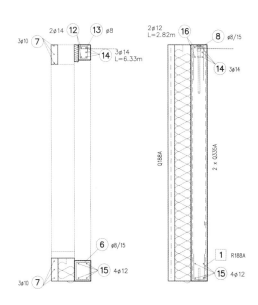

（对面页）
"三明治"预制板 S108，模板（上图）
模板剖面图 3-3（中图）
配筋承重护板（右图）

配筋附加护板（上图）
配筋附加护板，剖面图 3-3（中图）
剖面图 1-1 和 2-2（下图）

12 湖畔学生公寓

典型建筑案例及建筑体系

资料来源：ABMP 建筑师事务所 / Zuber 混凝土工厂

吊装没有预装窗户的墙体构件

12 湖畔学生公寓

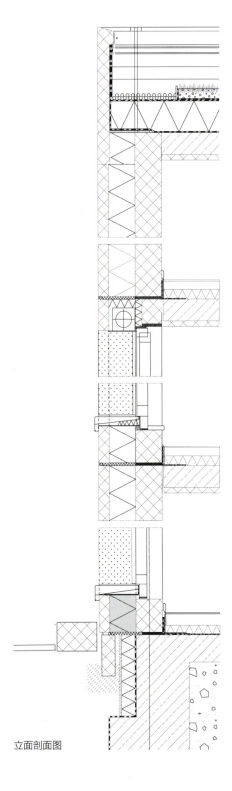

立面剖面图

资料来源：ABMP 建筑师事务所 / Zuber 混凝土工厂

阳台和屋面板剖面图以及建筑剖面图（下图）

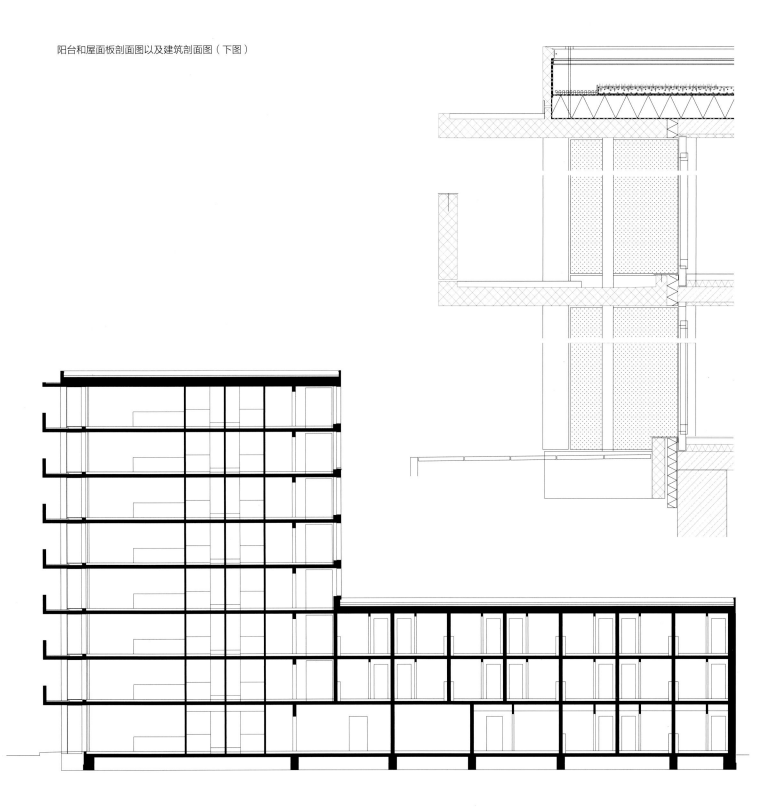

12 湖畔学生公寓

典型建筑案例及建筑体系

建造完工后和建造过程中的施工工地，现场搭设脚手架便于后期安装窗户

资料来源：约翰·泽尔丁（Yohan Zerdoun）

资料来源：ABMP / Zuber Betonwerk

12 湖畔学生公寓

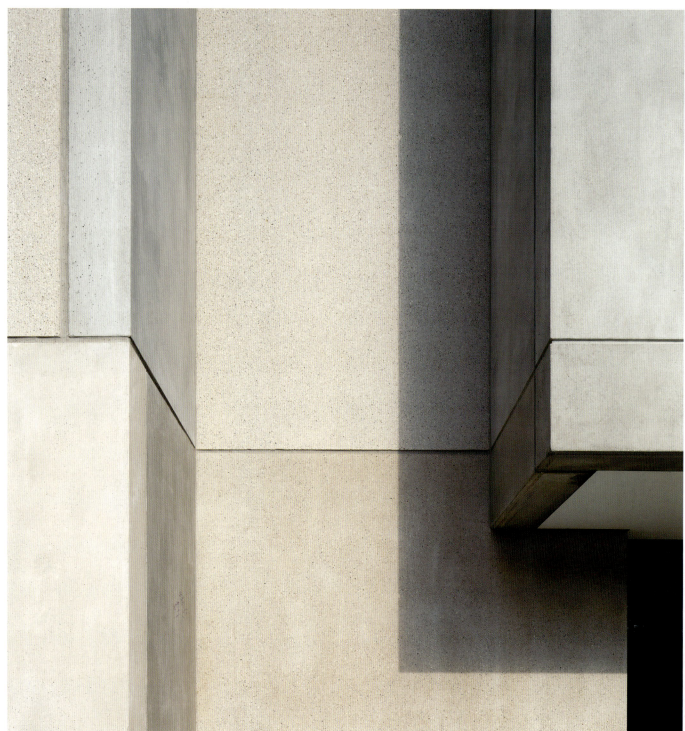

资料来源：约翰·泽尔丁（Yohan Zerdoun）

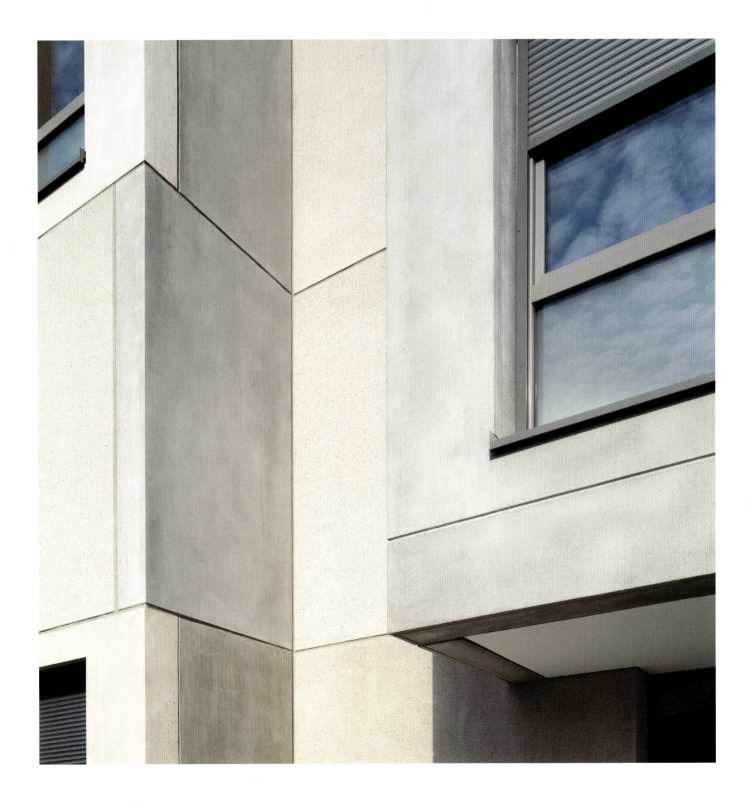

建筑外立面喷砂效果

13 "通用设计区"住宅项目
——布鲁尔荷顿建筑师事务所/考夫曼木结构系统公司

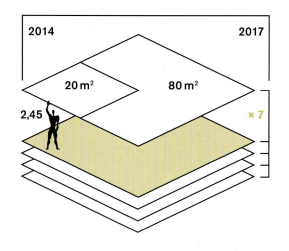

坐落于汉堡的"通用设计区"住宅项目是目前世界上最大的木结构模块化住宅项目之一，也是汉堡市的创新之举。该项目位于汉堡威廉堡区2007~2013国际建筑展览会所在地，易北河北部和南部分支之间的岛上。毗邻汉堡城市发展和住宅局新办公大楼，周边是小型住宅社区和大批新建筑。该项目的核心驱动力是吸引以学生群体为主体的人群在此居住，促进该区域发展。

项目伊始建筑师就依据通用设计标准，提出了建筑全生命周期循环利用的设计理念。整座建筑坐落在钢筋混凝土基座上，"E"型布局的建筑平面与邻近街道平行，建筑长轴方向建筑层高为六层，住宅单元分别朝向街道一侧和运河一侧。建筑短轴方向分为三部分，每部分均由五层的建筑模块组合而成。所有模块均在奥地利预制生产运到施工现场，在预先处理好的建筑基础上组装而成。

整座建筑预制率达到80%，371套住宅从内到外均采用实木建筑材料，给人留下了深刻的印象，建筑内部，预制模块的木质墙壁触手可及，建筑外部，预制模块的木质外墙装饰板引人注目。以落叶松为材料，经过色调处理的深色矩形装饰窗框，环绕在窗户周边，富有韵律感的上下错动，在楼层间形成不断变化的波形装饰带。

钢筋混凝土框架为整座建筑提供了足够的结构支撑，底部清水混凝土墙面成为整座建筑的第二层壳体。建筑师也对建筑造型进行了轻量化设计，沿着建筑长轴方向将建筑首层架空，为街道和运河创造了视觉通廊的同时，也为400多辆自行车提供了最佳的挡雨棚。沿着建筑短轴方向叠放在悬挑的平台上的建筑模块，给人带来视觉错觉，仿佛建筑首层休息室的玻璃幕墙在支撑着整个混凝土平台，而整座建筑仿佛飘浮在空中。

该项目建造过程中，所有的建筑模块均满足承重力、隔音防噪以及其他多种使用规定，同时也满足汉堡当地的建筑规范中有关防火性能的各项规定，使得这座22米高的木结构模块化住宅建筑得以呈现在我们面前。

资料来源：菲利普·奥伊泽

13 "通用设计区"住宅项目

该项目建造方案首先将钢筋混凝土基座和交通核制作完成，在此基础上将住宅单元的木制建筑模块依次叠加进行组装

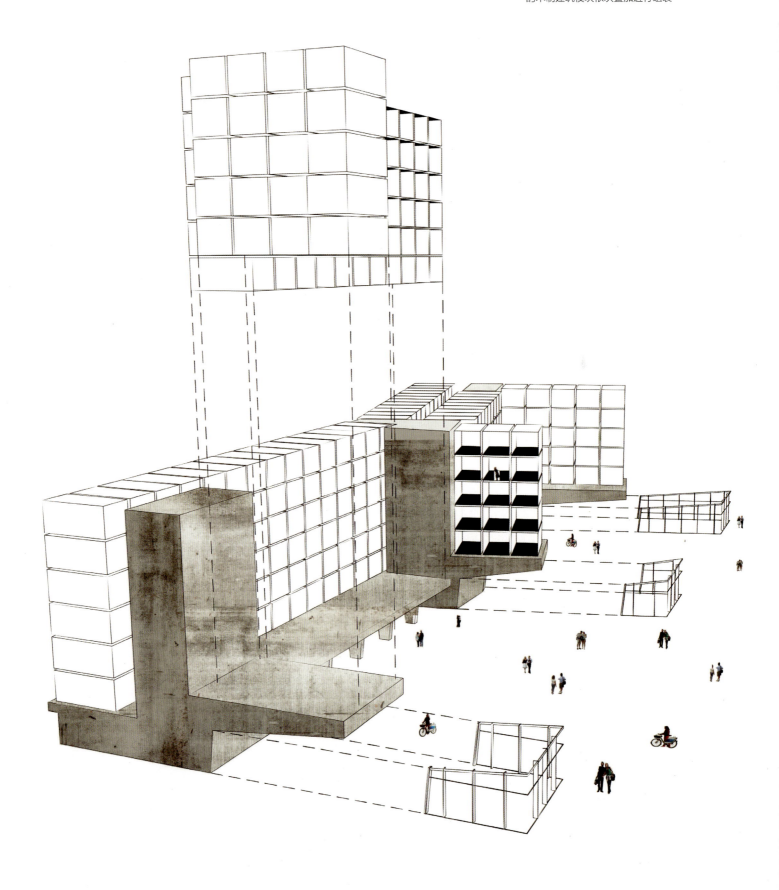

木制建筑模块的组装示意图 | 典型建筑案例及建筑体系

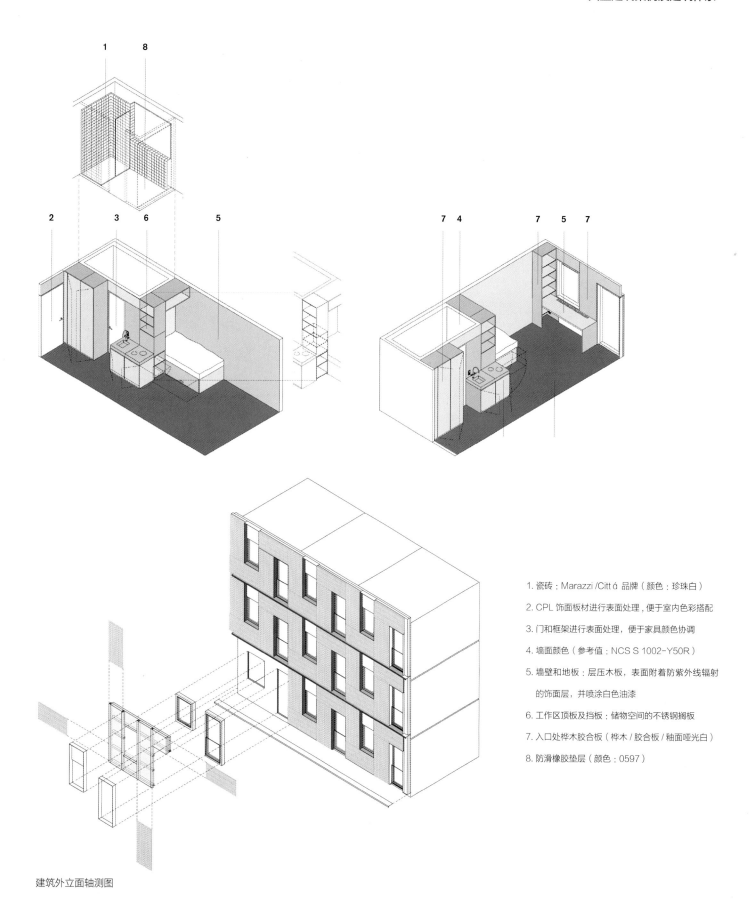

1. 瓷砖：Marazzi /Città 品牌（颜色：珍珠白）
2. CPL 饰面板材进行表面处理，便于室内色彩搭配
3. 门和框架进行表面处理，便于家具颜色协调
4. 墙面颜色（参考值：NCS S 1002-Y50R）
5. 墙壁和地板：层压木板，表面附着防紫外线辐射的饰面层，并喷涂白色油漆
6. 工作区顶板及挡板：储物空间的不锈钢搁板
7. 入口处桦木胶合板（桦木/胶合板/釉面哑光白）
8. 防滑橡胶垫层（颜色：0597）

建筑外立面轴测图

13 "通用设计区"住宅项目

资料来源:考夫曼木结构系统公司

资料来源:考夫曼木结构系统公司

典型建筑案例及建筑体系

奥地利预制生产的建筑模块运抵汉堡后,在施工现场进行组装

资料来源:考夫曼木结构系统公司

资料来源:考夫曼木结构系统公司

13 "通用设计区"住宅项目

资料来源：PRIMUS 公司

资料来源：考夫曼木结构系统公司

建筑平面呈现略微折叠的"E"造型（上图）在工厂生产的预制建筑模块（下图）施工现场安装在集装箱上的实体模型（对页图）

在汉堡港口堆放的集装箱提供了设计灵感

典型建筑案例及建筑体系

资料来源：菲利普·莫伊泽

13　"通用设计区"住宅项目

木质窗框形成波形装饰带,环绕在楼层之间

资料来源:菲利普·莫伊泽

13 "通用设计区"住宅项目

资料来源：PRIMUS 公司

住宅单元模块

典型建筑案例及建筑体系

14 "林德斯泰格"住宅项目
——Graser 建筑师事务所

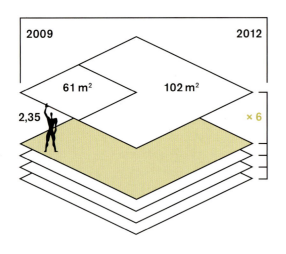

申比尔地区靠近卢塞恩湖，位于卢塞恩市中心区域，自 20 世纪 60 年代起，该地区陆续建成了阿尔瓦·阿尔托设计的高层建筑，以及一批松散排布的住宅建筑。2012 年由 Graser 建筑师事务所设计的两栋住宅楼，在这个建筑风格多样的地区，靠近林德斯泰格社区建造完工。这两栋造型类似的六层住宅建筑相对排列，避免了相互遮挡和视线干扰，在保证住户良好自然采光的同时拥有最佳景观视野。

每栋住宅由两部分组成，通过双侧覆盖玻璃的楼梯间进行连接。建筑长轴方向的外立面由水平带状预制混凝土板和水平窗户带层叠组成，混凝土板顶端的收口处理，使得整座建筑外立面非常纯粹。从视觉感受上来讲，深棕色窗框衬托下的浅色带状预制混凝土板显得异常轻盈。水平带状预制混凝土板也通过装饰性的、连续破损的水平细纹进一步强化这种视觉效果。建筑短轴方向的外立面由悬挑阳台和预制混凝土板组成，阳台内铺设有木地板。临近楼梯间部位的建筑侧面覆盖大面积的预制混凝土板。建筑内部住宅的尺度不同，每一楼层较窄部分布置一个五室住宅，较宽部分分别布置一个三室和四室住宅。

该项目建筑构件以 12 厘米为基本模数单位，所有建筑构件自成体系。在项目实施过程中建筑师尝试了多种预制混凝土应用可能性，最终实现了建筑材料与建筑功能的有机融合。该项目建筑结构采用钢筋混凝土框架结构体系，建筑基础部分特别是地下室采用现浇混凝土形成了坚实的建筑基座，建筑框架和墙体部分均采用预制构件组装而成。矩形排布贯通建筑的结构柱网使得建筑内部空间井然有序。建筑外立面具有装饰功能的预制混凝土板使用了特殊的处理方式：首先在混凝土模板中加工成型，随后用锤子和凿子将腹板的边缘进行人工处理，形成特殊的破损肌理。

资料来源：拉弗尔·菲纳（Ralph Feiner）

14 "林德斯泰格"住宅项目

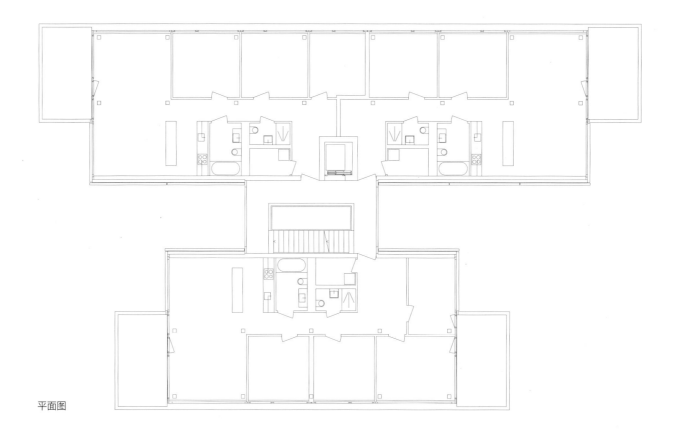

平面图

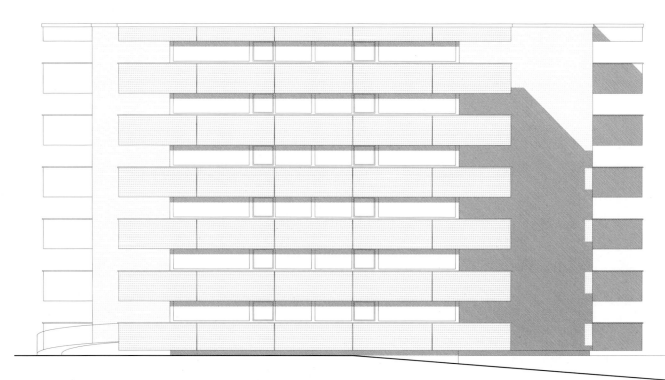

长轴剖面图和短轴剖面图

典型建筑案例及建筑体系

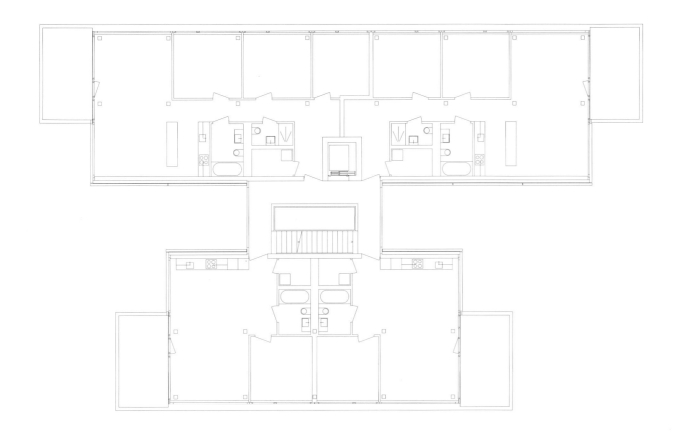

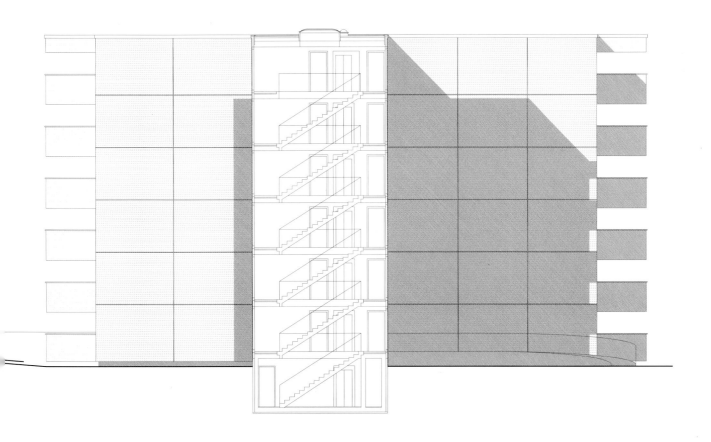

399

14 "林德斯泰格"住宅项目

资料来源：Graser 建筑师事务所

资料来源：Graser 建筑师事务所

外立面预制构件的加工现场

典型建筑案例及建筑体系

资料来源：Graser 建筑师事务所

资料来源：Graser 建筑师事务所

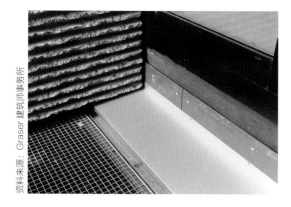

资料来源：Graser 建筑师事务所

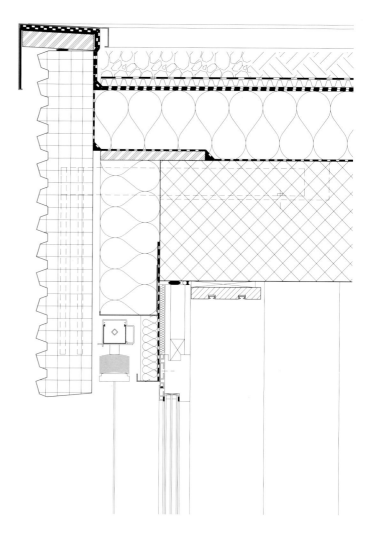

节点详图未按实际比例

特殊效果的外立面预制构件节点，
以及檐口处节点详图

401

14 "林德斯泰格"住宅项目

资料来源：拉弗尔·菲纳（Ralph Feiner）

典型建筑案例及建筑体系

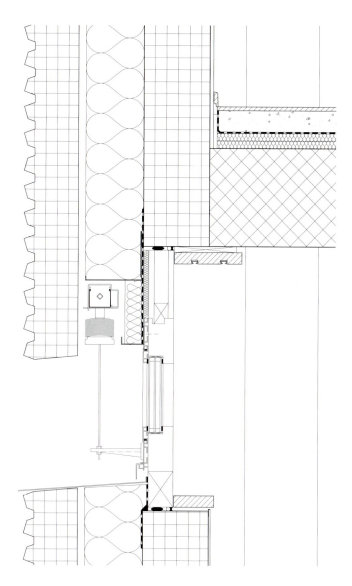

节点详图未按实际比例

阳台侧向视图（对页图）；
室内效果及窗户节点详图（上图）

403

14 "林德斯泰格"住宅项目

资料来源：拉弗尔·菲纳

外立面图（上图）和从楼梯间看到的样板间室内效果（下图）

典型建筑案例及建筑体系

外立面细部

14 "林德斯泰格"住宅项目

资料来源：拉弗尔·菲纳（Ralph Feiner）

室外立面效果

15 模块化难民住宅
——Klebl 公司 /aim 建筑师事务所

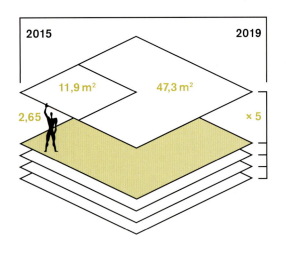

2015 年夏季的欧洲难民危机以及随之而来的住宅短缺，导致德国各州都在积极寻找相应的建筑解决方案。柏林市政府也不例外，通过设计和建造 30 多座模块化预制装配式住宅，以满足日益增长的临时安置需求，这些模块化难民住宅可最多同时容纳 450 名难民。

模块化住宅的设计基本单位是模块单元。模块单元通过不断扩展和变形，最终实现建筑平面的多样化，以适应不同建筑类型及不同建筑基地条件。模块化住宅应用范围非常灵活，可以在既有建筑之间的空地，例如村镇广场、运动和游乐场以及公共绿地等场所进行建造。模块单元内部空间布局紧凑，可划分为公共空间和私密空间，平均 15 平方米起居空间可满足两人正常生活，也可以满足多人临时安置需求。模块单元不仅可以横向延展为 1~2 层的模块化住宅，也可以竖向叠加组合为 3~5 层的大容量模块化住宅，通过附加整体式的楼梯和坡道，以满足竖向交通需求。

模块单元长边由 6 米宽、3 米高的预制"三明治板"组装而成，模块单元短边由通高的开窗以及部分预制墙体组合而成。通过三面预制窗框构件围合的开窗部位，在模块化住宅长轴方向的规则排列，以及与预制墙板的相互交错，增加建筑外立面的变化，丰富了建筑表情。模块化住宅短轴方向的竖向窗户带，在满足建筑中央走廊的照明需要的同时，也可以清晰地展示模块化住宅的结构关系。

预制外立面"三明治板"由内外两侧厚度分别为 16 厘米和 10 厘米的墙体组合而成，在墙体中间填充 16 厘米厚的保温隔热材料。内侧墙体为承重墙，外侧清水混凝土预制墙面不做任何装饰。建筑核心部位的支撑墙，及屋面板也是通过预制装配方式生产。模块化住宅也可根据使用需求进行定制，但需要在设计和预制生产过程中充分考虑预制墙体和屋面板和组合搭配。

此次柏林市政府主导的模块化预制装配式住宅设计建造活动中，在不依赖固定尺寸的"集装箱"解决方案的情况下，遵循公共住宅设计建造标准解决了难民临时安置问题。

15　模块化难民住宅

建筑类型 A，
一层建筑平面图（上图），
平面图局部（对页图）

典型建筑案例及建筑体系

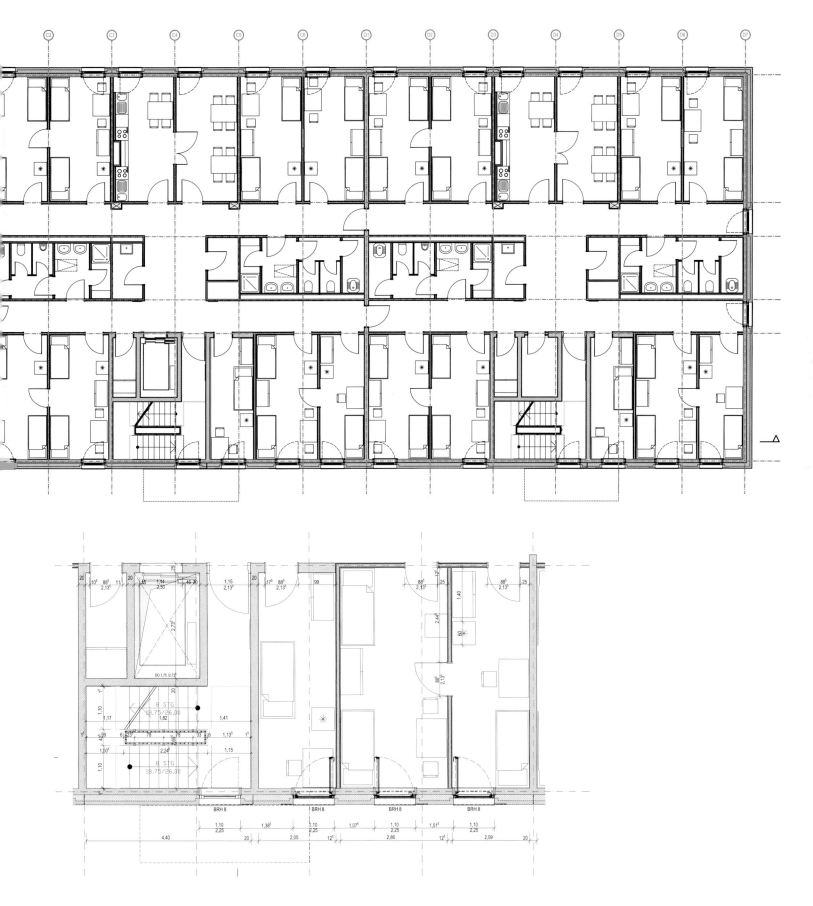

15　模块化难民住宅

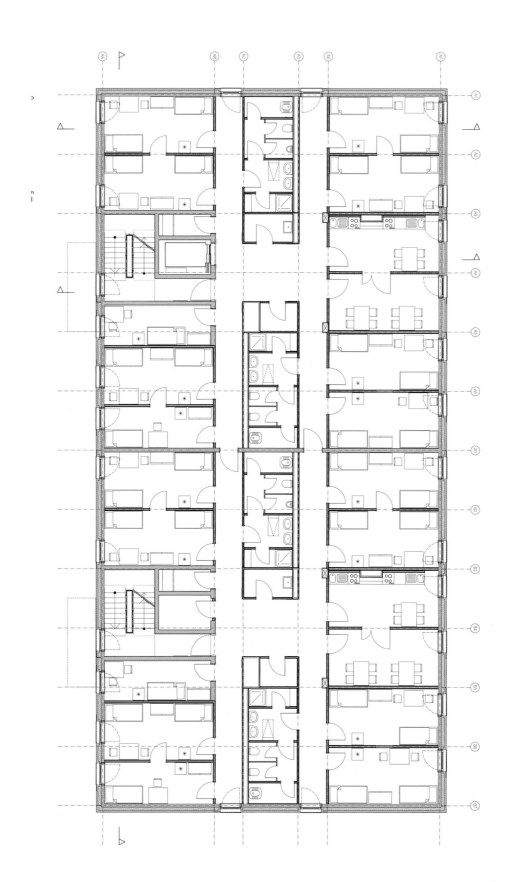

建筑类型 B，
标准层建筑平面图

典型建筑案例及建筑体系

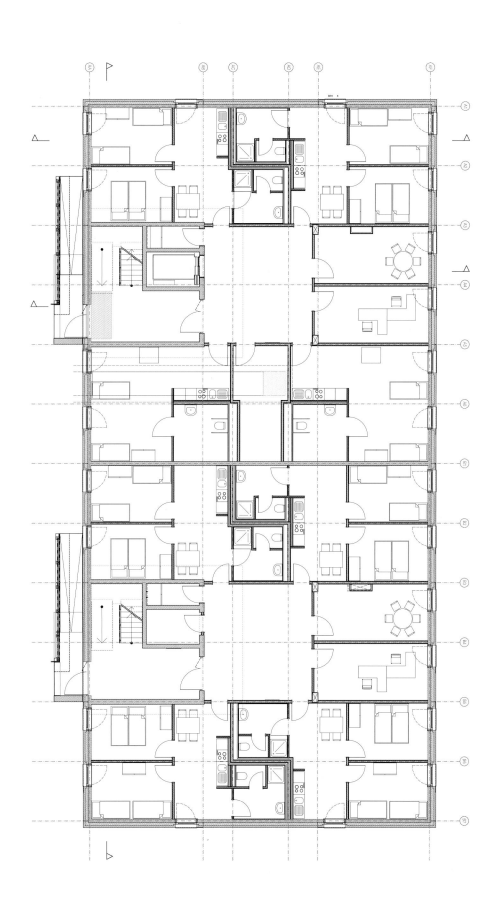

一层建筑平面图

15 模块化难民住宅

混凝土预制板配筋过程中的备料和钢筋绑扎工序

资料来源：菲利普·莫伊泽

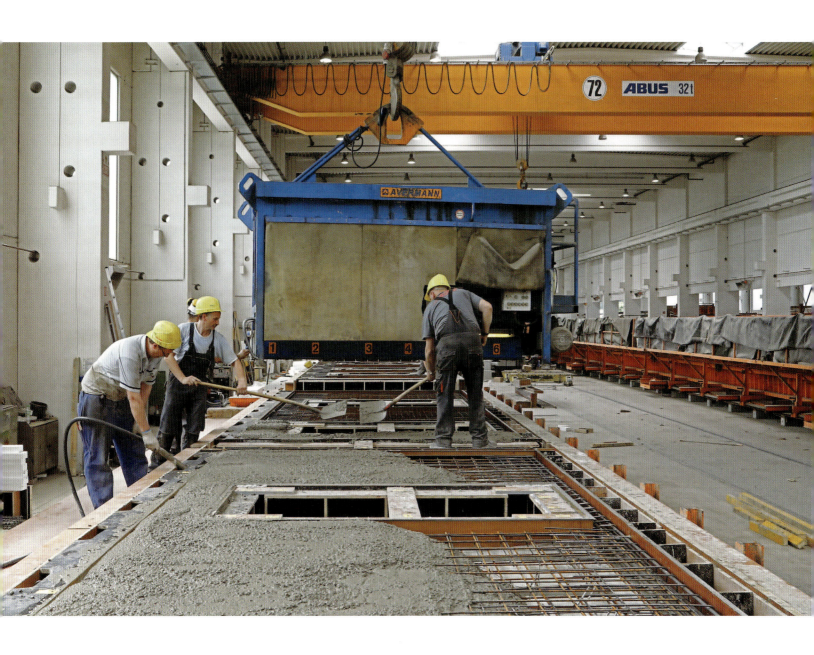

在模板中浇铸混凝土，在使用机械振捣之前进行人工灌浆

15 模块化难民住宅

在工厂车间里6米宽的墙体预制构件(左图)堆放在室外场地(下图)

柏林马察恩区首个预制装配式难民住宅施工现场,正在安装没有窗户的预制混凝土墙板

资料来源:菲利普·莫伊泽

15　模块化难民住宅

两个三层标准化住宅安装预制混凝土墙板

资料来源：Klebl 公司/AIM 建筑师事务所

15　模块化难民住宅

资料来源：汉斯·马丁·弗莱舍 (Hans Martin Fleischer)

建筑外立面不规则的横条纹展现了明暗对比效果

典型建筑案例及建筑体系

外立面细部（上图）
五层住宅的外立面（右图）

421

15 模块化难民住宅

资料来源：安德烈亚斯·穆斯（Andreas Muhs）

典型建筑案例及建筑体系

屋面板作为半成品的预制构件运到施工现场，完成整体浇铸（对页图），外墙建造过程中首先安装没有窗户的预制外墙板

15 模块化难民住宅

资料来源：安德烈亚斯·穆斯

住宅主体完工后地面涂层(对页图)以及整体地面涂层(上图)。不承重的分隔墙是通过干法施工,后期添加的

15 模块化难民住宅

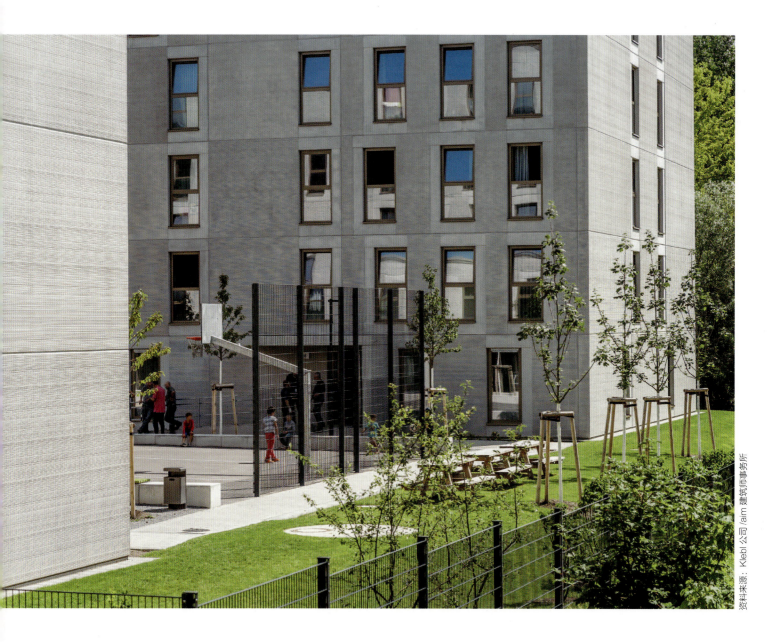

资料来源：Klebl 公司 /aim 建筑师事务所

2017年夏季完工的模块化难民住宅 典型建筑案例及建筑体系

索引

Systems, Series, and Series Types

Atterbury (US) 49, 51
Barets (France) 78
Brecast (UK) 109
Brodie (England) 49, 51
Camus (France) 64, 76–8, 81–2, 91, 109
Coignet (France) 78, 108
Costamagna (France) 78
Descon-Concordia (US) 108
DOMNAD (Russia) 292
DOMRIK (Russia) 185, 292–311
Estiot (France) 78
G-57 (Czechoslovakia) 108
Göhner G-2 (Switzerland) 109, 113
Grad-1M (Russia) 142, 144, 185, 238–261
Gran Panel IV (Cuba) 109
Gran Panel 70 (Cuba) 109
Gran panel soviético (Cuba) 82, 108
Hennebique (France) 48–9, 51
I-335 (USSR) 108
I-464 (USSR) 82, 108
I-447 (USSR) 90
I-510 (USSR) 109
IGECO (Switzerland) 108, 116
II-18 (USSR) 90
II-35 (USSR) 109
II-38 (USSR) 90
II-68-01 (USSR) 93
Ital-Camus (Italy) 109
Jugomont 61 (Yugoslavia) 109, 116
K-7 (USSR) 90, 109
KODA (Estonia) .... 126f.
Kolos I-1279 (USSR) 89, 96
KOPE (USSR) 96, 216
KPD (Chile) 109
L 4 (GDR) .... 71, 90f.
Larsen & Nielsen (Denmark) 78, 108
LSR (Russia) 26f., 125
maxmodul (Germany) 185, 342–355
Occident (Germany) 51, 53
P 1 (Germany) 72, 76
P 2 (Germany) 76, 93
P-3 (USSR) 216
P-44 (Russia) 292
Patent Bron (Netherlands) 51
PIK1 (Russia) 144, 185, 216–237
Q 3a (GDR) .... 71, 90f.
Q 6 (GDR) 71
Q P (GDR) 76
Q X (GDR) 71
Skarne S66 (Sweden) 108
Taisei (Japan) 108
T-DSK (Uzbek SSR) 78
VAM (Netherlands) 108
VEP (Chile) 108
WBS 70 (GDR) 62, 76, 84, 94–5, 109

Estates, Buildings, and Projects

Antigone, Montpellier 84
Arcades du Lac, Montigny-le-Bretonneux 10
Asylum seekers' accommodation, Tübingen 123

Beton 2+ modular house, Stuttgart 104
Betondorp, Amsterdam 51
Bordeaux-Pessac 38–9

C-5, Tashkent 38–9
Carmel Place, New York 173, 178–9
Chapman Project 51
Cité Industrielle 51
Cité Radieuse 81
Ciudad Lineal 42–3
Copper House (Berlin Building Exhibition 1932) 61

Edalgo, Moscow 19

Fabriciusstraße, Hamburg 78
Forest Hills, Long Island / New York 49, 51

Großlohe-Süd, Hamburg 78

Habitat 67 83
Hellersdorf, Berlin 95
Hohenhorst, Hamburg 78
HoHo Wien, Aspern / Vienna 164, 166–7
Houses in Finland 150–1

Illwerke Zentrum Montafon, Vandans 156, 159
Ingalls Building, Cincinnati / Ohio 36–7

Karl-Marx-Allee, Berlin 92–3

Les Arènes de Picasso, Noisy-le-Grand 11, 97
Les Espaces d'Abraxas, Paris 97
LifeCycle Tower ONE, Dornbirn 156, 175
Linear-city concept 42–4, 46–7
Lohbrügge-Nord, Hamburg 78
Lustron House 81

Maison Citrohan 37
Maison Dom-ino 36
Metastadt Wulfen 9, 83, 173
Modular accommodation for refugees 185, 408–427
Monolit, Moscow 27
Murray Grove Tower, London 168–9

Nakagin Capsule Tower, Tokyo 83, 173–4
Narkomfin building, Moscow 14
Nekrasovka, Moscow 292, 307
Nikolaiviertel, Berlin 84, 95
Novaja Shodnya, Moscow 103

Paper Log House 151
Plan Voisin 41
Praunheim, Frankfurt am Main 53

Quartier de La Chapelle, Geneva 132, 136, 185, 356–365

Römerstadt, Frankfurt am Main 56, 117

smallhouse 123
Southgate Estate, Manchester 84
Splanemann-Siedlung, Friedrichsfelde, Berlin 49–51, 53
Systemhaus 1, Lauterach / Austria 104
Systemhaus 2, Hörbranz / Austria 99

Triemli, Zurich 89, 105, 170–1
Törten, Dessau 59–60, 62

Universal Design Quartier, Hamburg 185, 384–395

ZILART, Moscow 27

Residential developments

158 Wilbury Road, London 51
Altyn Shar II, Astana 185, 262–279
Am Seepark, Freiburg 136, 185, 366–383
Aschurny, Moscow 116–7
Borovskoye Schosse, Moscow 216, 233
Brock Commons, Vancouver / Canada 158, 177, 185, 280–291
Dalston Lane, Hackney / London 164, 167–8
Esmarchstrasse, Berlin 167
J1, Heilbronn 167
Lindensteig, Lucerne 136, 185, 396–407
Olympic Athletes' Village, London 185, 326–341
SkyVille, Singapore 185–199
Sugar Hill, New York 128, 132, 185, 312–325
Wagramer Strasse, Vienna 162–164
Warschawskoje Schosse, Moscow 24, 216, 220, 235
Weissenhof, Stuttgart 57–59, 117
Wellton Park, Moscow 146, 185, 200–215
Wenlock Road, Hackney / London 164
Yartsevskaya Ulitsa, Moscow 24–5, 216, 231

Architects and Protagonists

Aalto, Alvar 150–1, 396
ABMP Amann Burdenski Munkel Preßer 185, 366
Abrosimov, Pavel 70
Acton Ostry Architects Inc. 177, 185, 280
Adjaye, David 132, 185, 312
Aidinova, Ophelia 39
aim busse architekten ingenieure 185, 408
Alonso, Pedro 109
A-Proekt.k 200
ARTEC Architekten 99, 104
ASCORAL 46
Aspdin, Joseph 49
Atterbury, Grosvenor 49, 51

Ban, Shigeru 150–1
Bartning, Otto 51
Bassicarella Architectes 132, 185, 356
bauart architekten und planer 123
Behrens, Peter 32, 35, 38
Belov, Anatoly 18
bernath + widmer 161
Blochin, Pavel N. 117
Bofill, Ricardo 10, 84, 96–7, 185, 292
Bötticher, Karl 326
Braun, Gisela 68
Brodie, John Alexander 49, 51
burckhardtpartner 105
buromoscow 22, 25, 185, 200, 216
Burov, Andrey K. 117

Camus, Raymond ....
.... 48, 64, 76–78, 81–2, 91, 116
Chevreul, Eugène 142
Collein, Edmund 93

Dietrich, Richard J. 9, 83, 173
DSK Grad 185, 238, 251, 253, 255
DSK-1 .... 185, 292, 305
DSK-2 216
DSK-3 216
Dutschke, Werner 93

Eesteren, Cornelis van 40
Elzner & Anderson 36
Engels, Friedrich 42

Flierl, Bruno 66, 72
Ford, Henry 32, 34, 59
Foster, Norman 86

Garnier, Tony 51
Giedion, Sigfried 40–1, 56
Ginsburg, Moisei 14
Gißke, Erhardt 95
GLB Engineering 185, 262
Goethe, Johann Wolfgang von 142
Graf, Reiner 366
Graffunder, Heinz 95
Graser Architekten 185, 396
Gropius, Walter 32–34, 38, 57–59, 61–63

Haefele Architekten 123
Hagmüller Architekten 162
Hain, Simone 68
Haller, Fritz 173, 175
Hawkins Brown Architects 164
Hebebrand, Werner 68
Hecker, Zvi 83
Hennebique, François 49, 51
Henselmann, Hermann 68
Hernández, José 109
Hilberseimer, Ludwig 41–2, 45
Hopp, Hanns 68
Howells, Glenn 185, 326

Inteko Group 131, 134–5, 147
Iofan, Boris 47
Irion, Wolf 366

Jeanneret, Pierre 40
Johnson, Isaac Charles 49
Junghans, Kurt 48

Kaden + Lager 167
Kahn, Albert 78
Kaufmann, Hermann 156, 175, 185, 280
Kaufmann Holzbausysteme 185, 384
Kazanskiy DSK 134
Khrushchev, Nikita 18, 20, 67–71, 82
Klebl Fertigteilbau 185, 408
Koolhaas, Rem 200
Kosel, Gerhard 67, 71–2
Kramer, Ferdinand 57
KROST 20, 125, 185, 200, 216, 292
Kurokawa, Kisho .... 83, 173–4f.
Kuznetsov, Sergey 18

Lagutenko, Witalij 81
Lambot, Joseph-Louis 49
Le Corbusier ....
30, 32, 35–8, 40–1, 43–4, 58, 81
Leonidov, Ivan 43
Leucht, Kurt W. 91
Liebknecht, Kurt 66–68
Linnecke, Richard 69
Loos, Adolf 33, 35
LSR Group 27, 125
Lundgren, Gillis 12

Maier, Wolf 366
Mangiarotti, Angelo 171
Marx, Karl 42
Max Bögl Firmengruppe 185, 342
May, Ernst 53–59, 62–3, 67, 78, 108, 116–7
McLaughlin, Níall 185, 326
meier + associés architectes 105
Mendelsohn, Erich 35
Mies van der Rohe, Ludwig 32, 34–5, 38
Milyutin, Nikolay Alexandrovich 43, 47
MNIITEP 292
Monier, Joseph 49
Morton Group 24, 185, 238, 262
Muratov, Alexey 27
Muthesius, Hermann 34, 36

Nadysev, Aleksander 292
nARCHITECTS 173, 179
Neufert, Ernst 56
Neumeyer, Fritz 31
Newton, Isaac 142
Nickerl, Walter 91
Nuñez-Yanowsky, Manuel 11

Okhitovich, Mikhail 43, 47
OSA (group of architects) 46
Osthaus, Karl Ernst 34
Ozenfant, Amédée 36

Paxton, Joseph 30–1
PIK Group ....
.... 22, 24–5, 115, 125, 185, 216, 292, 326
Posochin, Michail 81
Primke, Wilhelm 51

Rose Group 23
Rüdiger Lainer + Partner 167
Ruskin, John 31–2

SA Architects 185, 262
Sabsovich, Leonid 43
Safdie, Moshe 83
Sauerbruch Hutton 185, 384
Schluder Architektur 162
Schmidt, Hans 56, 64, 66–72, 76
Schüttauf, Rudolf 66
Schütte-Lihotzky, Margarete 56, 59, 67
Semper, Gottfried 326
Siedler, Eduard Jobst 54, 56
Smeaton, John 49
Soria y Mata, Arturo 42–3
speech 23
Stalin, Josef 47, 67, 78
Stimmann, Hans 27
Stirling, James 84, 108
Strandlund, Carl 81
Studio Vacchini Architetti 171–2
SU-155 .... 125, 134
Sulzer, Peter 77

Taut, Bruno 59
Tchoban, Sergei 23

Ulbricht, Walter 71

van de Velde, Henry 34
von Ballmoos Krucker 99, 105, 170–1

Wagner, Martin 49–51, 53, 57, 59, 62–3, 69
Waugh Thistleton Architects 164, 169
Wimmer, Martin 64, 68, 76
WOHA Architects 185–6

ZhBI-6 (concrete factory) 26–7
Ziegler, Udo 104
ZNIIEP schilischtscha (design institute) 39

附录
专业词汇

архитектурно-планировочное решение	architectural design and layout	architektonisch-planerische Lösung
балка-стенка	deep beam	Spannbalken Riegel
башенный тип	tower block high-rise residential tower	Hochhaustyp
бескаркасная система	frameless structure	rahmenloses System
блок-вставка	insert unit	Mittelsektion
блок-секционный метод	method of construction using sectional units	aus Sektionen zusammengesetzte Bauart
блок-секция	section unit	Sektion/Gebäudeabschnitt
вестибюль	entrance hall lobby	Eingangshalle Vorhalle
внутриквартирный коридор	corridor situated inside an apartment	Flur innerhalb der Wohnung
галерейный дом	apartment building with balcony access	Laubenganghaus
дом повышенной этажности	multi-storey building	mehr- oder vielgeschossiges Gebäude
домостроительный комбинат ДСК	house-building factory	Wohnungsbaukombinat
жилая застройка	residential development	Wohnbebauung
жилая площадь	residential floor area	Wohnfläche ohne Nebenflächen
жилой комплекс	residential complex	Wohnkomplex
жилой район	residential area	Wohnbezirk
завод железобетонных изделий ЖБИ	factory producing reinforced-concrete components	Fabrik für Stahlbetonerzeugnisse
закрытая система типового проектирования	closed system for design of standardised buildings	geschlossenes System für Typenplanung
каркас	frame framework	Rahmentragwerk
каркасно-панельный	frame-and-panel	Rahmentragwerk mit Platten zur Ausfachung
климатический район	climate zone	Klimazone
коридор	corridor	Korridor
коридорный дом	corridor-access house	Korridorhaus
крупноблочный	large-block	Großblock-
крупнопанельное домостроение КПД	large-panel house-building	Großplattenbau
крупнопанельный	large-panel	Großplatten-
лестничная клетка	staircase	Treppenhaus
лестничная площадка	staircase landing	Treppenabsatz
лестнично-лифтовой узел	staircase and lift unit	Treppen- und Fahrstuhlbereich
лестничный марш	flight of stairs	Treppenarm
микрорайон	microrayon	Wohnquartier Wohnbezirk Mikrorajon
многопустотное перекрытие	multi-cavity floor slab	Hohldeckenplatte
многосекционный дом	multi sectional building	Mehrsektionshaus
незадымляемая лестничная клетка	smoke-free staircase	rauchgeschütztes Treppenhaus
номенклатура изделий/секций	catalogue of components/sections	Auflistung der Komponenten/Sektionen
обшая площадь	total floor area as distinct from 'residential floor area'	Gesamtfläche einer Wohnung

объект типизации	object to be standardised	Typisierungsobjekt
объемно-блочный	prefabricated spatial units / modules	Raumzellen
объемно-пространственное решение	architectural design and layout	architektonische Lösung im Gegensatz zum Städtebau
огнестойкость	fire resistance	Feuerfestigkeit
односекционный дом	single-section house	Einsektionshaus
однослойные / многослойные наружные панели	single-layer / multi-layer external panels	einschichtige / mehrschichtige Außenplatten
открытая система типового проектирования	open system of standardised planning and design	offenes System der Typenplanung
парадная	main entrance	Haupteingang
перегородка	partition wall	Trennwand
перекрытие размером на комнату	room-size floor slab	Deckenplatte in der Größe eines Zimmers
подсобные помешения	ancillary rooms	Nebenräume
подъезд	staircase / porch	Treppenhauseingang
поколение	generation	Generation
полносборный	fully prefabricated	vollmontiert
поперечные несушие стены	transverse bearing walls	Quertragwände
продольные несушие стены	longitudinal bearing walls	Längstragwände
проектные институты	design and planning institutes	Planungsinstitute
прокатная панель	vibro-rolled panel	Platte aus Walzfertigung
противопожарная стена	firewall	Brandschutzwand
самонесушие стены	self-supporting wall	selbsttragende Wände
санитарный узел	bathroom and toilet	Sanitäreinheit
сборное железобетонное изделие	prefabricated reinforced-concrete component	Betonfertigteil
секция	section	Sektion
селитебная территория	residential area	Wohngebiet
сквозное проветривание	transverse ventilation	Querlüftung
сплошная железобетонная панель	solid reinforced-concrete panel	massive Stahlbetonplatte
строительные нормы и правила СНиП	construction standards and regulations	Baunormen und -regeln
технико-экономические показатели ТЭП	technical and economic indicators	technische Verbrauchswerte
типовая серия	standardised series	Typenserie
типовой проект	standardised design	Typenprojekt
типоразмер	standard size	Typenmaß
точечный тип	tower block	Punkthochhaus
унифицированный каталог	standardised catalogue	einheitlicher Katalog
часторебристые панели	multi-ribbed panels	vielrippige Platten
этажность	number of floors	Geschosszahl

Compilation/translation: Dimitrij Zadorin, Philipp Meuser, Dmitrij Chmelnizki, John Nicolson, Galina Kim

编后语

在我们的日常生活中遍布着，从牙刷到汽车的大规模工业化产品，以及从婴儿尿布到墓地棺椁的标准化用品。但我们始终认为建筑设计是塑造我们文化生活的重要组成部分，是为每项任务寻找全新个性化解决方案的手段，这种态度也塑造了建筑师群体的日常生活。德国联邦建筑与空间规划部对于建筑师的创新发展及建造规则的尝试持保留态度，在某种程度上也限制了建筑师的创造力。而德国联邦建筑师协会对于德国联邦建筑与空间规划部提出的举办工业化、模块化建筑竞赛的安排，表达了一定顾虑，似乎"工业化预制装配"在建筑界是一个不太受欢迎和重视的话题。因而促进建筑业界开放式的对话和讨论非常重要。

本书基于笔者在该领域多年的专业研究和实践活动。重点通过为建筑师群体展示相关设计理论和实践案例，提出遵照历史发展脉络的专业化建议。近年来笔者多次遇到针对类型化建筑项目及工业化预制建造方式的偏见。其中有一种观点是有目共睹的：在很多装配式建筑项目中建筑工程师（土木工程师）成为项目的主导者，因而造就了许多呆板单调的建筑，这对于创建人性化城市以及营造宜居环境起不到任何作用。因此必须强调的是，装配式建筑既不是呆板单调城市形象诞生的原因，也不是工业化预制技术的结果。问题的焦点在于，要划分建筑设计师艺术创作和建筑工程师（土木工程师）结构方案之间的界限，这也是本书的出发点。一方面要展现不容置疑的建造技术和技术条件，另一方面也要明确建筑设计的引导作用，在一定范围内发挥设计自由度。

本书还介绍了部分苏联和俄罗斯的案例，70多年来工业化预制住宅在该国建筑行业扮演了非常重要的作用。虽然在苏联时期出现了最为单调和呆板的城市形象，但在当前及未来装配式住宅的发展中这些问题将不会重现。在这里，我必须感谢维多利亚·劳博，他对于我在莫斯科开展的研究给予了支持和帮助。

菲利普·莫伊泽
于2018年9月，柏林